Prix de l'Atlas : Broché....................... **3 fr. 50**

—   Reliure anglaise.............. **4 fr.** »

ATLAS

DES

Champignons

Comestibles et Vénéneux

PAR

M. J. COSTANTIN

Maître de Conférences à l'École Normale Supérieure.

Ouvrage contenant la description
de toutes les espèces comestibles et vénéneuses de la France.

---

228 figures en couleurs

PARIS

PAUL DUPONT, ÉDITEUR

4, RUE DU BOULOI, 4

—

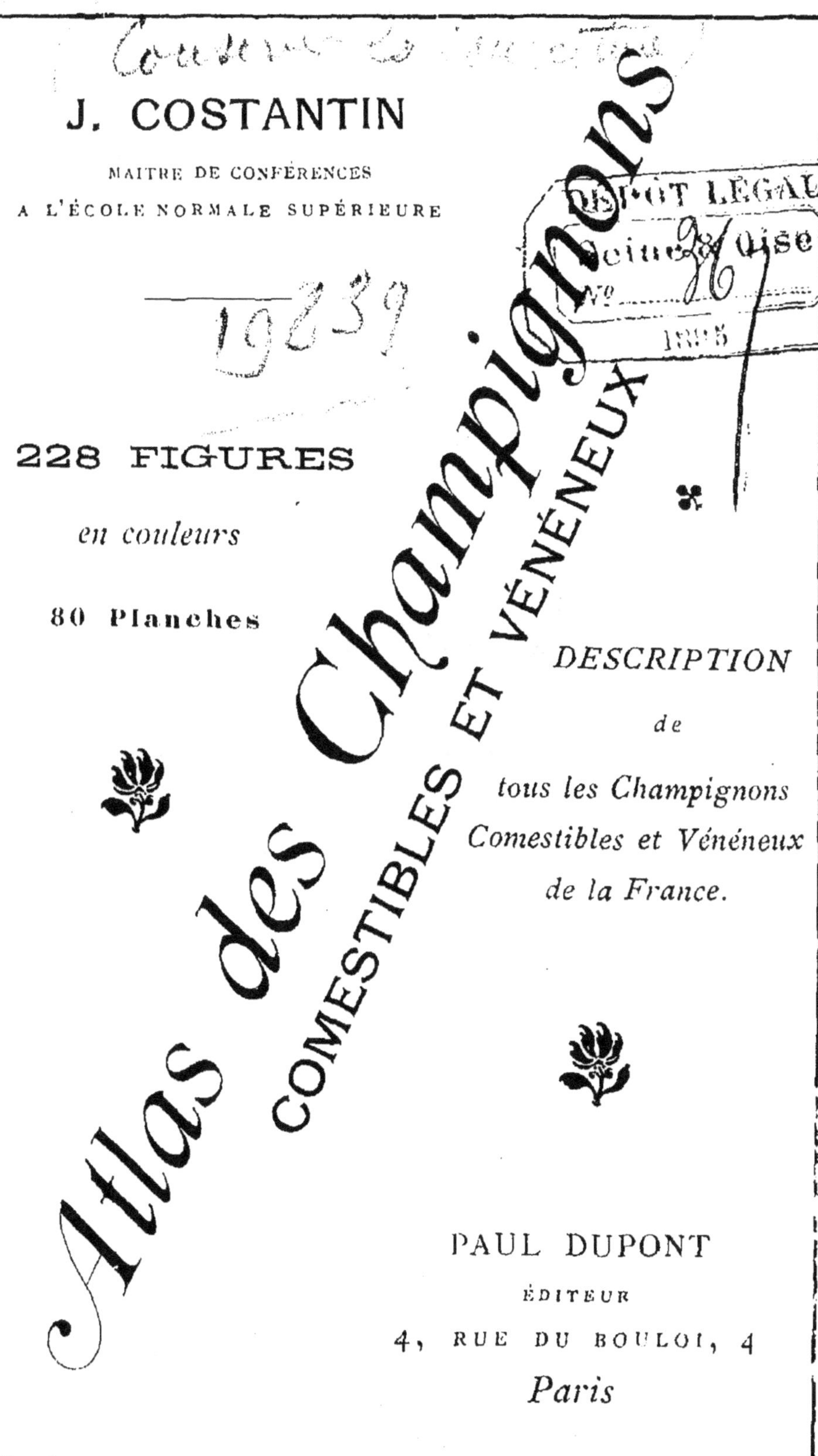

J. COSTANTIN

MAITRE DE CONFÉRENCES

A L'ÉCOLE NORMALE SUPÉRIEURE

228 FIGURES

en couleurs

80 Planches

Atlas des Champignons

COMESTIBLES ET VÉNÉNEUX

DESCRIPTION

de

tous les Champignons

Comestibles et Vénéneux

de la France.

PAUL DUPONT

ÉDITEUR

4, RUE DU BOULOI, 4

Paris

ATLAS

DES

Champignons

Comestibles et Vénéneux

DES MÊMES AUTEURS

Chez PAUL DUPONT, Éditeur.

4, RUE DU BOULOI, PARIS.

COSTANTIN et DUFOUR. — **Nouvelle Flore des Champignons** pour la détermination de toutes les espèces de France, *avec 3904 figures*, 2ᵉ édition.

    Ouvrage broché.............................. 5 fr. 50
    Avec reliure anglaise...................... 6 fr. »

Cet ouvrage est le complément de l'*Atlas des Champignons comestibles et vénéneux*. Il est nécessaire aux personnes qui veulent faire une étude complète des Champignons.

L'expérience a suggéré pour cette seconde édition beaucoup de modifications qui rendent plus aisé l'usage des tableaux synoptiques ; en particulier, la clé des genres a été complètement remaniée, et de nombreuses figures nouvelles y ont été intercalées.

COSTANTIN et DUFOUR. — **Petite Flore des Champignons comestibles et vénéneux**, avec 351 figures intercalées dans le texte.

    Ouvrage cartonné.............................. 2 fr.

Ce petit livre *qui contient des clés* permet d'arriver avec la plus grande rapidité et la plus grande facilité à la détermination des espèces, grâce à la multiplicité des figures intercalées dans le texte, à l'emploi de caractères simples aisément vérifiables et à la suppression de tous les termes techniques qui embarrassent le débutant.

En préparation :

COSTANTIN. — **La culture et les maladies du Champignon de couche.**

PRÉFACE

Quiconque a parcouru les bois en automne sait avec quelle profusion on y rencontre les champignons ; le fait suivant en donne une idée : dans ces dernières années, des industriels avisés ont organisé méthodiquement la récolte des Cèpes dans les grandes forêts et c'est fréquemment par voitures pleines qu'on les dirige vers les gares pour les expédier sur Paris. La variété des formes que l'on peut trouver n'est pas moins remarquable que l'abondance de chacune d'entre elles, et d'ordinaire, en une très courte excursion, on ramasse une centaine d'espèces.

Beaucoup de ces champignons constituent des aliments sains et substantiels, quelques-uns même peuvent fournir des mets très délicats. Cependant bien peu de gens osent les récolter, de crainte d'empoisonnement. Ces végétaux suspects inspirent une défiance extraordinaire et ceux-là sont nombreux qui, pour rien au monde, ne voudraient goûter d'un plat d'espèces trouvées dans les bois ; il est même des gens timorés qui se défient de l'inoffensif champignon de couche.

Ces craintes sont très exagérées et tous ceux qui veulent faire une étude attentive des espèces vénéneuses peuvent arriver très rapidement à connaître les plus redoutables. Grâce aux grands progrès des études sur les végétaux inférieurs réalisés dans ces dernières années, on peut dresser la liste complète des espèces nuisibles de la France. Cette liste n'est pas très longue et on sait aujourd'hui que ce sont *presque toujours les mêmes espèces (deux ou trois) qui produisent les empoisonnements graves.*

La remarque précédente n'est certes pas faite pour enlever au lecteur toute prudence; sur une question qui intéresse autant la vie humaine, on ne saurait prendre trop de précaution, aussi trouvera-t-on d'abord dans le présent livre une description très détaillée des espèces comestibles; le lecteur sera de plus averti, pour chacune de ces dernières, des confusions qu'il pourrait faire avec les espèces vénéneuses et comment il évitera ces méprises.

Une liste très complète des noms vulgaires usités dans les diverses régions de la France fournira aux chercheurs un contrôle utile dans leurs études.

Puisse ce petit livre permettre aux amateurs de champignons de profiter des ressources alimentaires que la nature leur offre avec tant de prodigalité !

Qu'il me soit permis, en terminant, de remercier M. CRÉTÉ du soin qu'il a mis à composer et à tirer cet ouvrage.

TABLE DES MATIÈRES

COMMENT ON RECONNAIT

UN

CHAMPIGNON COMESTIBLE

(A LIRE ATTENTIVEMENT)

Les caractères mauvais ou insuffisants. — On doit combattre un certain nombre de préjugés acceptés par beaucoup de gens relativement aux caractères qui permettent de dire si un champignon est comestible ou vénéneux.

1° *La pièce d'argent qui noircit.* — Beaucoup de personnes ont l'habitude de mettre une pièce de monnaie avec les champignons pendant leur cuisson : si l'argent noircit, l'espèce est déclarée mauvaise ; si elle reste intacte, on la mange avec confiance. Ce caractère n'a aucune valeur, car les poisons qui existent dans les champignons vénéneux ne noircissent pas l'argent. Les récits très nombreux d'empoisonnements par les champignons, qui ont été publiés par des savants compétents, apprennent que bien souvent le moyen précédent avait été employé et qu'il n'avait pas préservé de la mort ceux qui avaient eu confiance en lui.

2° *Les champignons qui ont bonne odeur.* — Si un champignon a une odeur agréable et parfumée ou une odeur de farine, il est souvent déclaré bon par certains amateurs. Il faut se méfier de ce caractère, car on connaît des espèces, comme l'Entolome livide, qui sont vénéneuses, bien qu'ayant une odeur agréable de farine.

3° *Les bons champignons ont une saveur douce.* — D'ordinaire un champignon qui a une saveur *âcre* doit être rejeté. Fréquemment, il est vrai, cette âcreté disparaît à la cuisson, et on peut citer beaucoup d'espèces comme le Lactaire poivré, la Fistuline foie, l'Amanite rougeâtre, l'Armillaire de miel qui sont comestibles, malgré leur chair poivrée, acide ou astringente. Les Amanites les plus vénéneuses, par contre, n'ont pas un goût désagréable.

4° *La chair des mauvais champignons bleuit, verdit, rougit ou noircit.* — On connaît de nombreux Bolets ou Cèpes dont la chair devient *bleue* ou *verte* quand on brise le chapeau ; en général on fait bien de rejeter ces champignons, mais il y en a cependant quelques-uns qui sont d'excellents aliments comme le Bolet bai-brun (*Boletus badius*). La chair de l'Amanite rougeâtre, du Bolet rude (dans la variété dure) rougit et ces deux espèces sont cependant comestibles. La variété brune de ce dernier Bolet présente, quand on coupe le chapeau et le pied, une coloration brune ; on peut cependant la manger impunément. Le Lactaire délicieux qui verdit est vendu sur un grand nombre de marchés.

5° *Il faut se méfier des espèces qui ont du lait.* — Quand on brise la chair des Lactaires, il en sort du lait ; on ne doit cependant pas rejeter sans examen toutes les espèces de ce genre dont quelques-unes, comme le Lactaire à lait abondant (*Lactarius lactifluus*) ou le Lactaire délicieux (*L. deliciosus*), sont excellentes.

6° *Les bonnes espèces poussent dans les prés ou les lieux découverts.* — Il est certain que la plupart des champignons de prés et de champs sont bons ; c'est là que poussent les Psalliotes, les Mousserons, les Faux Mousserons, etc., mais on connaît des espèces suspectes croissant dans des endroits découverts. Certes il faut récolter les espèces comestibles des prés, mais il serait bien regrettable de se priver des ressources alimentaires que fournissent les forêts ombragées et sombres où poussent les Cèpes, les Girolles ou Chanterelles, etc.

Je crois inutile d'insister plus longuement sur ce qui précède. D'une façon générale, *ce n'est pas sur* UN CARACTÈRE ISOLÉ *que l'on reconnaît un bon champignon*. Il faut, pour être bien certain de ne pas se tromper et pour ne pas s'exposer à des méprises qui peuvent coûter la vie, déterminer les champignons comme on détermine une plante à fleurs, par UN ENSEMBLE DE CARACTÈRES.

Les caractères dont on doit se servir. — Il existe deux sortes d'ouvrages pour déterminer un végétal : les *Flores* et les *Atlas accompagnés de descriptions.* Ces derniers séduisent plus volontiers les débutants : chacun espère, en feuilletant des planches en couleurs, arriver à reconnaître la fleur qu'il a ramassée. Quand il s'agit de nommer des champignons qui doivent être mangés, il faut beaucoup de prudence, le commençant fera donc bien de ne pas se borner à l'examen des planches, il devra *toujours lire avec la plus grande attention la description détaillée de l'espèce* et ne pas se contenter de regarder des dessins. Je me suis efforcé dans le présent ouvrage, qui rentre dans la deuxième catégorie de ceux cités plus haut, non seulement de donner des descriptions complètes, mais d'indiquer la saison de la récolte, l'habitat, etc. J'ai cherché surtout à bien spécifier, pour chaque espèce comestible, avec quels champignons suspects ou vénéneux on peut la confondre.

Les *Flores*, ouvrages de la première catégorie, qui possèdent des clefs guident aussi le chercheur avec sûreté, pour ainsi dire pas à pas, et, par une série de questions, l'amènent au nom de l'espèce étudiée. En même temps que cet ouvrage, paraît une *Petite Flore élémentaire* qui pourra rendre d'utiles services à ceux qui veulent s'initier à la science mycologique (1).

Quels caractères emploie-t-on pour reconnaître un champignon ?

Il est impossible de répondre à cette demande autrement qu'en engageant le lecteur à parcourir le livre qu'il a sous les yeux. Afin de lui donner une idée du travail qu'il aura à faire, je vais passer rapidement en revue quelques-uns des principaux caractères qu'il devra employer.

Le champignon a-t-il une volve ? — Une des premières questions à se poser est la suivante : l'espèce examinée a-t-elle une volve ? C'est parmi les champignons à volve que se trouvent les comestibles les plus estimés (exemple l'Oronge ou Amanite des Césars) et aussi les espèces les plus redoutables. *celles qui produisent presque tous les empoisonnements* (Amanite phalloïde, citrine, etc.). Cette volve entoure d'abord complètement le champignon jeune ; sur l'adulte, elle reste autour du pied comme un étui ou bien elle se divise en écailles de couleur spéciale qu'on observe sur le chapeau, comme on peut le voir sur les dessins ci-joints (p. 3, fig. 1 et 2). Pour reconnaître la volve, il faut

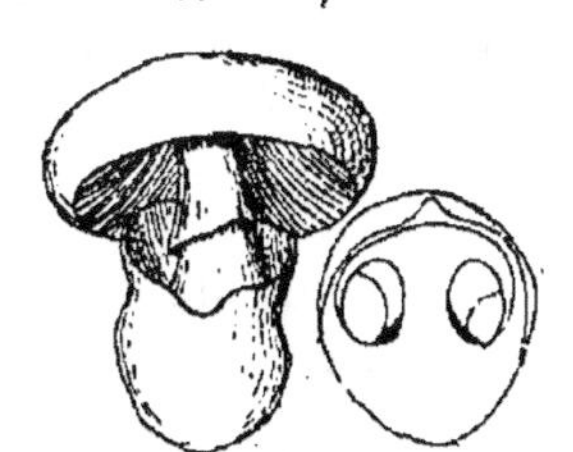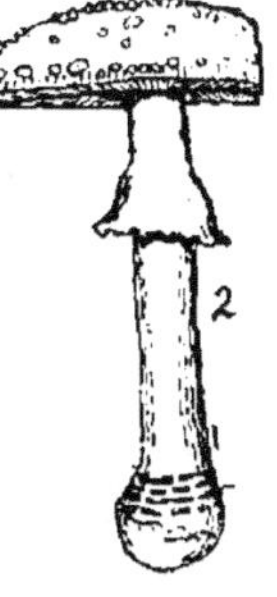

Fig. 1 et 2. Champignons à volve. — Dans la figure 1 le volve subsiste à l'état d'étui (autour du pied). Dans la figure 2, elle reste sous forme d'écailles sur le chapeau.

donc *déterrer* le pied avec soin. C'est ce que ne font pas les ramasseurs de champignons qui ne veulent pas mettre de terre dans la récolte qu'ils désirent vendre. La fâcheuse pratique qui consiste à couper le champignon au ras du sol est la cause de beaucoup d'empoisonnements.

Le champignon a-t-il un anneau ? — Fréquemment il existe vers le haut du pied une collerette ou anneau ou bague (fig. 3, p. 4). Ce caractère très important permet d'isoler un certain nombre de genres : Lépiotes, Armillaires, Pholiotes, Psalliotes, etc. Les recherches se trouvent

(1) *Petite Flore des champignons comestibles et vénéneux* par MM. Costantin et Dufour — Dupont édit., rue du Bouloi, 4. Paris.

immédiatement circonscrites si l'échantillon examiné présente cette parti-
cularité.

Je ne veux pas passer en revue tous les caractères qui doivent être
successivement étudiés. Y a-t-il une cortine (fig. 4, p. 4; on désigne sous
ce nom un ensemble de filaments réunissant le bord du chapeau au
haut du pied et laissant sur le pied de l'adulte un anneau filamenteux)?

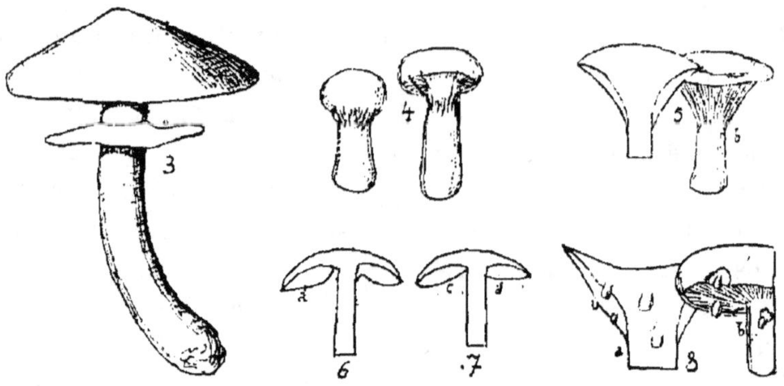

Fig. 3. Champignon ayant un anneau sur le haut du pied. — Fig. 4. Deux individus
ayant une cortine. — Fig. 5. Champignon à feuillets décurrents (la figure de gauche
représente le champignon coupé en deux au milieu). — Fig. 6. Moitié gauche, *a* feuillets libres; moitié droite, *b* feuillets échancrés près du pied. — Fig. 7, à gauche
feuillets sinués, *c*, à droite feuillets adhérents, *d*. — Fig. 8. Champignon ayant du lait.

Y a-t-il du lait quand on brise le champignon (page 4, fig. 8)? Les
feuillets descendent-ils en s'amincissant le long du pied, c'est-à-dire
sont-ils décurrents (fig. 5)? sont-ils libres ou *échancrés* (fig. 6 à 7), etc.?
Je n'insisterai que sur un caractère, parce qu'il est lié à la couleur de
la spore ou germe reproducteur du champignon; or la teinte de
cette poussière propagatrice a une importance considérable pour la détermination d'un champignon.

Quelle est la couleur des feuillets? — Si l'on regarde en dessous du
chapeau d'un champignon de couche, on voit des espèces de petites lamelles disposées autour du haut du pied comme les rayons d'une roue
autour du moyeu. C'est à la surface de ces feuillets que se forment les
spores ou germes. Si elles sont fortement colorées, elles colorent les
feuillets, de sorte que *très souvent la couleur des feuillets d'un champignon adulte est celle des spores.*

Il y a des exceptions malheureusement, et on conçoit tout de suite
pourquoi. Si les feuillets sont eux-mêmes colorés, ils ont, quand ils sont
jeunes, leur teinte propre, et, quand ils sont âgés, une teinte composée
résultant du mélange de leur nuance et de celle de la spore.

Comment on détermine la couleur de la spore. — Rien n'est heureusement plus simple que de déterminer la couleur des spores d'un champignon. Il suffit de le placer pendant douze heures dans une chambre sur une feuille de papier blanc (ou coloré, si on suppose les spores blanches). Au bout de ce temps, on aura sur la feuille une poussière blanche, rose, ocracée ou noire (fig. 9, p. 5) produite par l'accumulation de milliers de spores microscopiques.

Quand on connaît la couleur de la spore, le champ des recherches se trouve singulièrement diminué : pour ne citer qu'un exemple parmi ceux indiqués plus haut, si le champignon a un anneau et si les spores sont ocracées, on saura tout de suite que l'on a affaire à un Pholiote.

Le lecteur se trouve ainsi renseigné sur la nature des recherches qu'il aura à faire. Il ne devra donc pas se borner à regarder les planches coloriées, il devra lire attentivement les descriptions des espèces. Aussi je terminerai cette petite introduction en lui indiquant :

Comment on doit lire la description d'un champignon. — Il ne faut pas se contenter de lire rapidement la description de l'espèce en comparant à l'échantillon. Il faut vérifier aussi si elle pousse dans la même saison. A ce point de vue la détermination des *espèces de printemps* se trouve facilitée, car elles sont peu nombreuses : l'Amanite printanière, les Mousserons, les Morilles, etc., poussent à cette époque.

Il est également indispensable de remarquer l'*habitat :* si les espèces poussent *à terre* ou sur les *souches*, sur le bois, si on les récolte dans les prés, les pâturages, les champs, c'est-à-dire *dans les endroits découverts* ou dans les bois et les forêts; enfin, dans ce dernier cas, si c'est parmi les Pins et les Sapins ou dans les bois

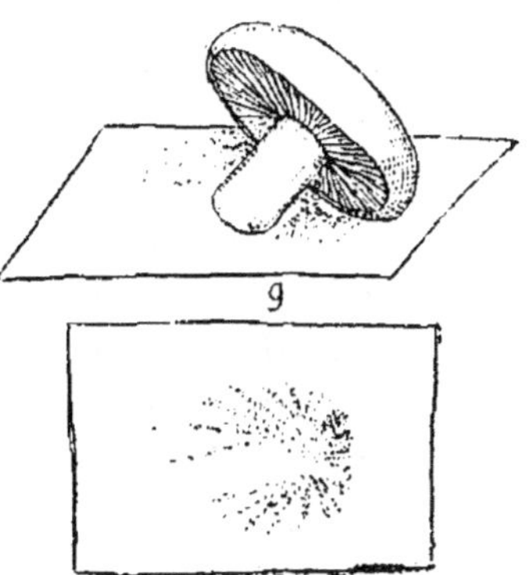

Fig. 9. En haut, champignon projetant ses spores sur une feuille de papier ; en bas, papier sur lequel les spores ont formé une poussière.

ordinaires de Chênes, de Hêtres, etc. : les espèces qui poussent sous les Conifères (Pins, Sapins, Mélèzes, etc.) sont d'ordinaire très spéciales.

Une fois la description de l'espèce parcourue, *il faut lire celle du genre* dont l'espèce fait partie, puis celle du groupe (Agaricinées à spores roses, ocracées, etc.), enfin de la famille.

En terminant je ne saurais trop répéter qu'IL NE FAUT JAMAIS SE CONTENTER DE REGARDER UN DESSIN MÊME COLORIÉ pour reconnaître un champignon.

CONSEILS POUR LA RÉCOLTE DES CHAMPIGNONS

Une fois qu'on sera bien certain d'avoir reconnu une espèce, on pourra la récolter pour la consommation si elle est abondante. Mais, encore ici, on ne saurait prendre trop de précautions. Il faut *vérifier avec le plus grand soin tous les échantillons* que l'on ramasse. Sinon on s'expose à récolter des Amanites vénéneuses avec des Boules de neige, des Chanterelles orangées avec des Chanterelles de table, des Cèpes amers avec des Cèpes comestibles, etc. : c'est ainsi que se produisent beaucoup d'empoisonnements. Une seule Amanite citrine introduite involontairement dans un plat peut amener la mort de plusieurs personnes. S'il y a un caractère facilement observable à l'œil comme la couleur des feuillets, il faut le contrôler pour chaque individu nouveau que l'on ramasse. Si l'espèce suspecte voisine est amère, il faut goûter l'échantillon dès qu'il ne paraît pas bien normal.

Si l'on a affaire à des Bolets ou à des espèces pour lesquelles il ne peut pas y avoir de volve, on peut couper le champignon au ras du sol ; mais quand on ramasse des Boules de neige et un grand nombre d'autres champignons, *il faut déterrer* le pied avec soin.

Il faut, en outre, proscrire *tous les champignons trop âgés* ou qui ne sont pas sains, envahis par des moisissures ou par les larves d'insectes. Il faut toujours se rappeler que les champignons les meilleurs peuvent devenir indigestes et même très mauvais quand ils sont trop vieux. La police défend la vente sur le marché des Halles de Paris de tous les champignons de couche à chapeaux ouverts, étalés et à feuillets noirs. Tout champignonniste qui n'observe pas ce règlement s'expose à une contravention.

CONSEILS EN CAS D'EMPOISONNEMENT

En cas d'empoisonnement, on doit employer des *vomitifs*, tels que l'*émétique* (10 à 15 centigrammes dans un verre d'eau), l'*ipécacuanha* (50 centigr. à 1 gramme dans un verre d'eau) ou provoquer les vomissements à l'aide d'eau tiède, chatouillements du fond de la gorge, etc.

Si les champignons nuisibles sont absorbés depuis longtemps, on doit employer des *purgatifs, huile de ricin, sulfate de magnésie, lavements.* Le *café* est recommandé pour combattre la somnolence.

CLASSIFICATION DES CHAMPIGNONS

Je laisserai de côté les champignons très petits, qu'on ne peut étudier qu'avec l'aide du microscope, pour ne m'occuper que des grandes espèces des bois et des prés.

On divise les champignons supérieurs en deux groupes d'après le mode de formation des germes ou *spores* qui servent à les reproduire. Je prendrai, pour fixer les idées, deux types bien vulgaires : le Champignon de couche et la Truffe.

I. *Champignon de couche*. — Si l'on examine un Champignon de couche, on voit en dessous du chapeau des feuillets rayonnants (fig. A).

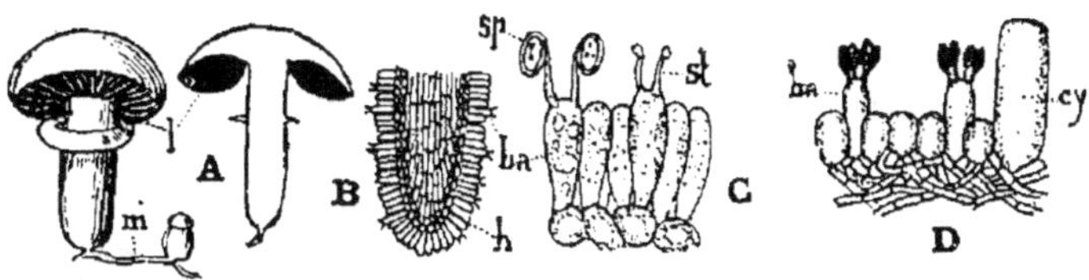

Fig. 10. A, à gauche, aspect extérieur du Champignon de couche ; *l*, lames ; à droite, section en long de ce Champignon — Fig. B. Section d'une lame vue au microscope, à un faible grossissement ; *h*, assise fertile ; *ba*, baside. — Fig. C. Assise fertile très grossie ; *ba*, baside ; *st*, stérigmate ; *sp*, spores. — Fig. D. Assise fertile d'un Coprin.

Si l'on coupe avec un rasoir une tranche extrêmement mince de ces feuillets et si on l'examine au microscope, on voit une assise fertile superficielle de cellules appelées *basides* (fig. 10 B, *ba*). Une baside est une petite vésicule ou cellule surmontée de deux pointes (fig. C, *st*) (fréquemment 4 pointes, fig. D, dans les autres espèces du même groupe) terminées par des petits corps ovoïdes que l'on appelle *spores*. Ce sont ces spores qui, en germant, donnent le blanc de champignon.. Le Champignon de couche est un champignon à baside, un *Basidiomycète* (de deux mots, l'un latin et l'autre grec : *basidium*, baside ou *basis*, base et *mycès*, champignon).

II. *Truffe*. — En enlevant un fragment très mince du tissu interne de la Truffe, on le trouve composé en grande partie de cellules ovoïdes contenant *à l'intérieur* des spores (fig. 11) ; les spores sont donc internes ici (elles sont externes dans les Champignons de couche). Ces nouvelles cellules qui produisent les spores s'appellent des *asques*. Tous les champignons qui sont pourvus d'asques portent le nom d'*Ascomycètes* (de deux mots grecs : *ascos*, asque, outre, et *mycès*, champignon). La Morille rentre dans ce groupe, mais dans ce genre les asques s'ouvrent au sommet et sont allongés.

Fig. 11. Truffe, à gauche un asque.

Je diviserai les champignons supérieurs en deux ordres :

1° **Basidiomycètes** (Champignon de couche, Cèpe, etc.).

2° **Ascomycètes** (Truffe, Morille, etc.).

Remarque importante. — Le lecteur *qui ne possède pas de microscope* ne doit pas s'effrayer de ce qu'il vient de lire, il n'aura jamais besoin de cet instrument pour reconnaître un Basidiomycète d'un Ascomycète : la forme extérieure du champignon récolté lui permettra tout de suite de dire auquel des deux groupes il appartient. Il s'en convaincra en lisant les pages suivantes.

BASIDIOMYCÈTES

Les Basidiomycètes comprennent huit familles.

1° Les **Agaricinées** sont caractérisées par l'existence de *lames* à la

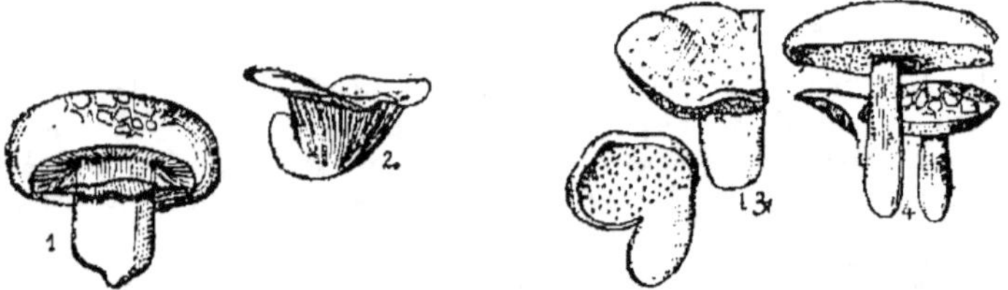

Fig. 1 et 2 représentent des Agaricinées. — Fig. 3 et 4 représentent des Polyporées.

face inférieure du chapeau. Ces *feuillets* rayonnent d'ordinaire autour du pied (fig. 1) ; le pied peut être quelquefois de côté (fig. 2).

2° Les **Polyporées** sont caractérisées par l'existence de *petits trous ou pores* à la face inférieure du chapeau (fig. 3 et 4) ; ces trous sont les orifices de tubes dont on voit la section longitudinale sur la figure 4, à droite. Ce sont ces tubes qui portent les spores.

3° Les **Hydnées** ont de *petits aiguillons* sous un chapeau (fig. 5)

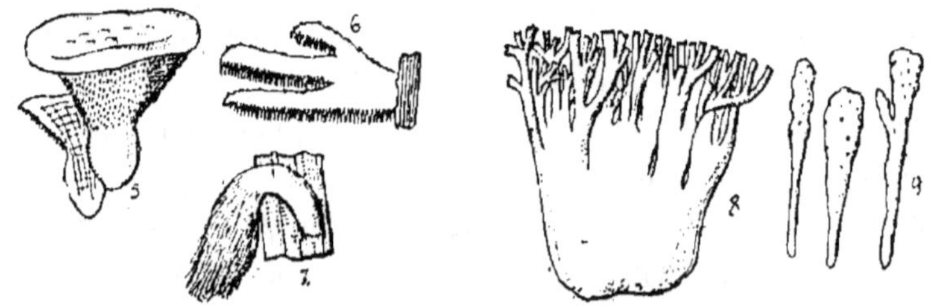

Fig. 5, 6, 7 représentent des Hydnées. — Fig. 8 et 9 représentent des Clavariées.

ou des lanières (pointues à l'extrémité) qui pendent sur le côté d'un tubercule (fig. 7) ou d'un arbuscule ramifié (fig. 6). Les aiguillons ou les lanières sont les parties fructifères chargées de spores.

4° Les **Clavariées** ont la forme soit d'un *petit arbre ramifié*, soit d'une *massue* (fig. 8 et 9), soit d'une *colonne*.

5° Les **Théléphorées** n'ont aucune des formes précédentes, les

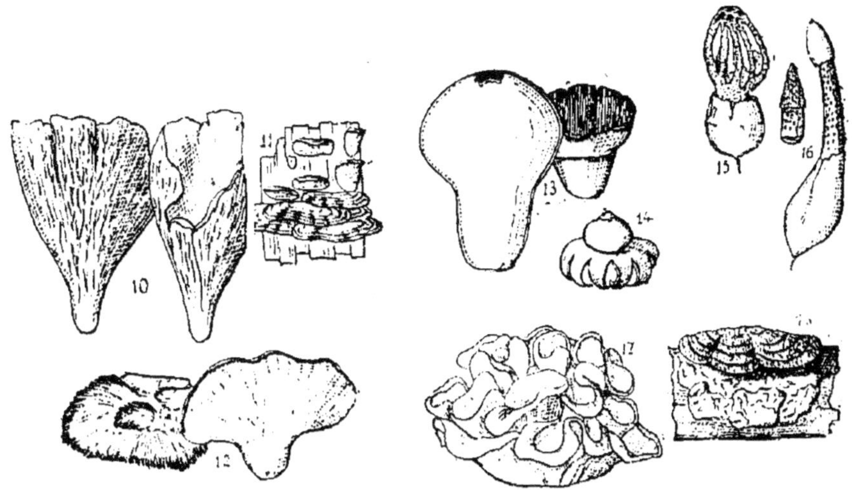

Fig. 10, 11 et 12 représentent trois types de Théléphorées. — Fig. 13 et 14 représentent deux Lycoperdées. — Fig. 15 et 16 représentent deux Clathrées. — Fig. 17 et 18 représentent deux Trémellinées.

spores naissent à la face inférieure d'un chapeau, sur une surface *à peu près lisse* ou du moins ne présentant ni aiguillons, ni tubes, ni feuillets. Les Théléphorés ont des formes diverses : soit de lames étalées sur la terre (fig. 12), soit de croûtes fixées en partie sur du bois (fig. 11), soit de corne d'abondance, soit de toupie (fig. 10).

6° Les **Lycoperdées** ont des spores qui restent très longtemps *emprisonnées dans une enveloppe sèche*. En pressant cette enveloppe entre les doigts, on en fait sortir une poussière sporifère (fig. 13 et 14).

7° Les **Clathrées** ont le pied entouré d'un *étui ou volve*. De cet étui sort soit une colonne surmontée d'une tête (fig. 16), soit un réseau (fig. 15).

8° Les **Trémellinées** sont des champignons gélatineux, tremblotants (fig. 17 et 18).

SCOMYCÈTES

Je ne diviserai pas les champignons de ce groupe que j'examinerai en familles, ils sont trop peu nombreux pour qu'il y ait lieu de les grouper. On observe parmi les Ascomycètes des champignons en forme

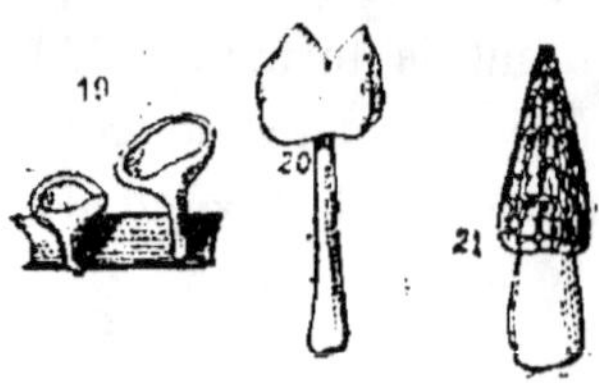

Fig. 19, 20 et 21. Trois types d'Ascomycètes.

de coupe plus ou moins étalée (fig. 19); d'autres ont un pied support-
ant une tête alvéolée (fig. 21), ou une tête diversement organisée
(fig. 20); plusieurs d'entre eux sont souterrains (Truffe).

FAMILLE DES AGARICINÉES

Les Agaricinées ont des *feuillets* sous le chapeau.

On les subdivise d'après la couleur de leurs spores. Cette couleur se détermine très aisément en mettant le champignon que l'on étudie sur une feuille de papier ; le lendemain on voit sur la feuille une poussière *blanche* (prendre dans ce cas du papier coloré), *rose, ocracée, brun pourpre* ou *noire*. C'est d'après ces teintes que l'on divise les Agaricinées en :

1º *Agaricinées à spores blanches* (dans quelques Russules les spores sont jaunes ou jaunâtres) ;

2º »   *à spores roses :*

3º »   *à spores ocracées* (ferrugineuses ou cannelle) ;

4º »   *à spores brun pourpre* ou *noires.*

Remarque importante. — Très fréquemment la *couleur des feuillets* du champignon adulte est celle de la spore.

AGARICINÉES A SPORES BLANCHES

(Dans quelques Russules les spores sont jaunes.)

Ce groupe se compose des genres suivants :

Les **Amanites** ont une *volve* qui enveloppe au début tout le cham-

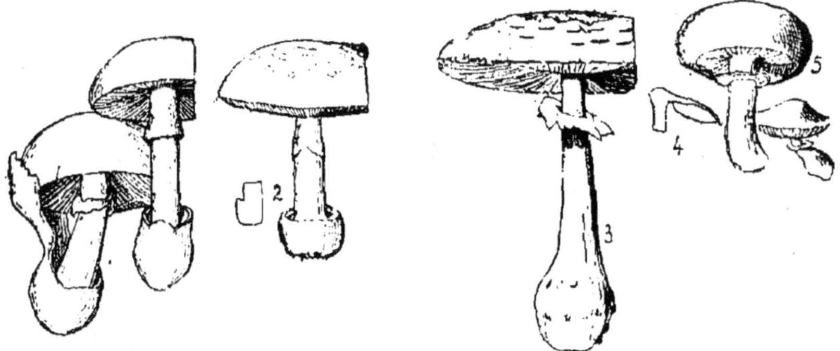

Fig. 1 et 2. Amanites. — Fig. 3, 4 et 5. Lépiotes.

pignon et qui, plus tard, reste soit sous forme d'étui à la base du pied (fig. 1, p. 11), soit sous forme d'écailles sur le chapeau (fig. 2). Dans ce dernier cas, les écailles sont seulement plaquées sur l'épiderme, elles ne font pas corps avec lui et on peut les enlever avec l'ongle ; on remarque, quand elles sont supprimées, que l'épiderme est *lisse* en dessous.

Les **Lépiotes** ont un *anneau ou collier* sur le haut du pied (fig. 3, p. 11), il n'y a pas de volve ou d'étui à sa base. Le chapeau est quelquefois lisse (fig. 5) ; s'il est écailleux, les écailles proviennent de l'*excoriation de l'épiderme*. Les feuillets d'ordinaire n'arrivent pas jusqu'au pied, ils sont *libres* (fig. 4) ; ils peuvent cependant y adhérer dans quelques espèces, mais toujours, même dans ce dernier cas, le chapeau se sépare aisément du pied. Les Lépiotes poussent toujours à terre.

Fig. 6 et 7. — Armillaires.

Les **Armillaires** n'ont pas de volve, elles ont *un anneau*. Elles se distinguent des Lépiotes par l'adhérence constante de leurs feuillets au pied (fig. 6 et 7, p. 12). Les tissus du chapeau et du pied forment un tout homogène et on ne parvient que difficilement à séparer ces deux organes. Ce sont des champignons qui poussent souvent *sur les souches de bois* mort.

Tous les autres genres sont dépourvus d'anneau et de volve.

Les **Tricholomes** sont des champignons *charnus*, en général assez gros (fig. 8, p. 12), dont le pied est quelquefois un peu fibreux à la sur-

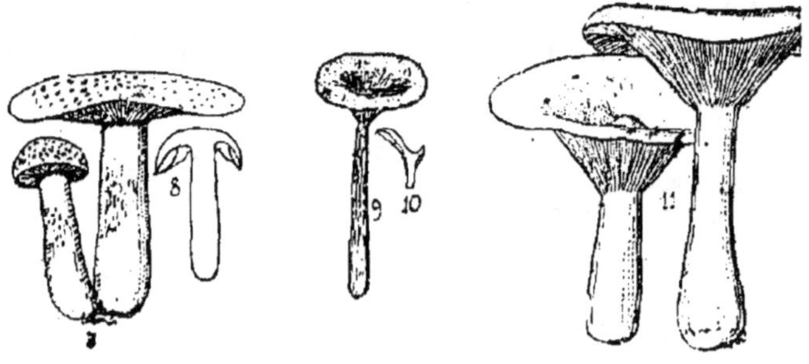

Fig. 8. Tricholomes. — Fig. 9, 10 et 11. Clitocybes.

face, mais n'est jamais ni cartilagineux ni élastique comme du caoutchouc ; quand on plie ce pied il finit presque toujours par se briser. Le mode d'insertion des feuillets est caractéristique, un grand nombre d'entre eux présentent *une échancrure au voisinage du pied* (fig. 8). Le pied est presque toujours plein. Les Tricholomes sont terrestres.

Les **Clitocybes** ont les feuillets *décurrents*, c'est-à-dire descendant longuement sur le haut du pied en s'amincissant (fig. 10, p. 12). Quelques-uns de ces champignons sont gros et charnus (fig. 11), d'autres sont plus grêles (fig. 9). Le chapeau est d'ordinaire déprimé en entonnoir à la fin.

Les **Collybies** sont des champignons à pied grêle (fig. 12, p. 13), le plus souvent de consistance de caout-chouc ou de cartilage tendre; ce pied se *plie presque toujours sans se briser*. Le chapeau est le plus ordinai-rement *étalé* à l'état adulte, à bords enroulés en dessous dans le jeune âge. Les feuillets sont libres ou adhé-rents au pied (fig. 12, à gauche en bas). Ces champignons croissent sou-vent sur le bois, quelquefois sur les cônes de Pins ou sur la terre.

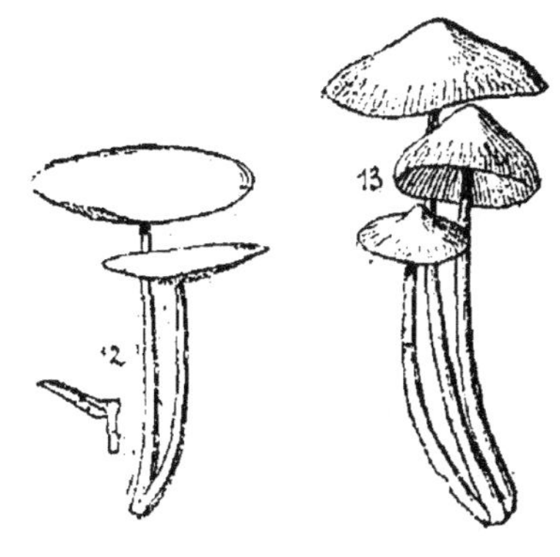

Fig. 12. Collybies. — Fig. 13. Mycènes.

Les **Mycènes** sont à *pied grêle*, leur chapeau est *conique* ou *en cloche* et rarement étalé (fig. 13, p. 13); ce chapeau a les bords |droits, non enroulés en dessous, dans le jeune âge. Les feuillets peuvent quelque-fois adhérer au pied avec une petite échancrure. Ils poussent à terre ou sur le bois.

Les **Pleurotes** se reconnaissent aisément soit à *l'absence du pied*

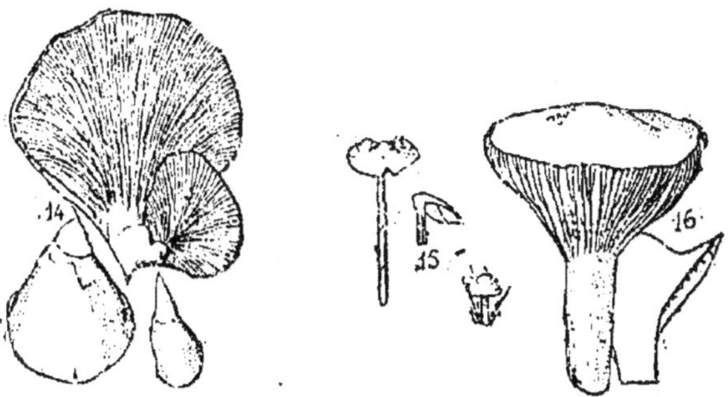

Fig. 14. Pleurotes. — Fig. 15 et 16. Hygrophores.

(fig. 14, p. 13), soit à la position excentrique ou latérale de cet organe quand il existe. Les feuillets sont adhérents au pied ou décurrents. Ces champignons, qui poussent sur les *arbres*, sont *charnus* dans le jeune âge ce qui les distingue des Panes.

Les **Hygrophores** sont des champignons difficilement définissables mais que l'on reconnaît aisément quand on a quelques types dans la mémoire (fig. 15 et 16, p. 13). Ils sont d'ordinaire charnus, à chapeau très *fréquemment visqueux*, à feuillets *écartés* les uns des autres, peu serrés, très souvent décurrents (fig. 16, p. 13) sur le pied et ayant un aspect cireux difficile à décrire, mais assez caractéristique. Le pied est très souvent creux. Ces espèces poussent à terre et ont quelquefois des couleurs très vives.

Les **Chanterelles** ont les feuillets *décurrents*, c'est-à-dire descendant longuement sur le pied. Ces feuillets sont *épais, arrondis au bord*, souvent *ramifiés* ou *réunis entre eux* (fig. 17, p. 14), quelquefois réduits à de simples plis rameux.

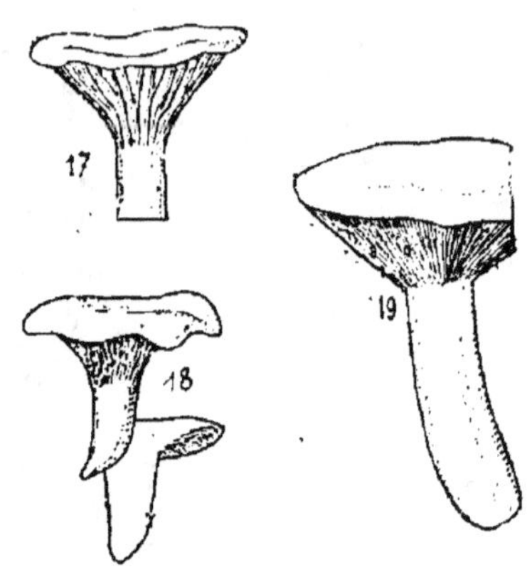

Fig. 17 et 18. Chanterelles.
Fig. 19. Lactaire.

Les **Lactaires** sont de gros champignons charnus, laissant échapper du *lait* quand on les casse (fig. 19, p. 14).

Les **Russules** sont des champignons charnus qui offrent des types assez nombreux. Le chapeau *plan* ou creux, *jamais conique*, a des couleurs vives, son épiderme s'enlève quelquefois très facilement par larges plaques (fig. 20, p. 14). Les feuillets sont soit *tous égaux* (fig. 21 à droite), soit quelques-uns *fourchus* (fig. 21 à gauche), rarement il y a des petits feuillets bien distincts. Quelques espèces ressemblent à des Lactaires, mais n'ont pas de lait. On ne peut pas les confondre avec les Tricholomes, car leurs feuillets ne sont pas échancrés au voisinage du

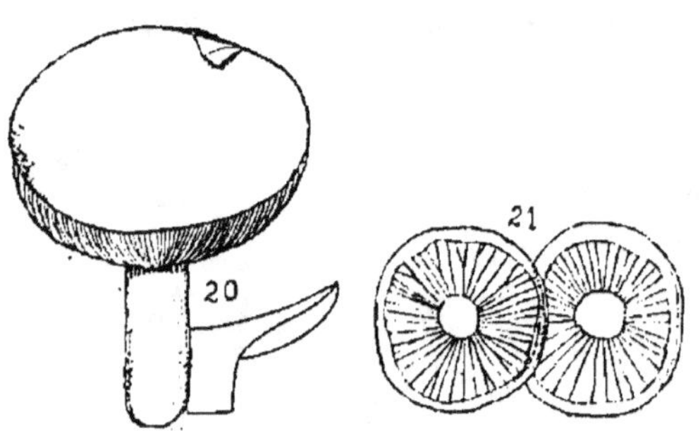

Fig. 20. Russule. — Fig. 21. Feuillets de Russule :
figure de gauche, quelques-uns ramifiés en fourche ;
figure de droite, feuillets tous égaux.

pied. Au microscope, on voit que les spores sont verruqueuses, souvent blanches, quelquefois jaune citron, jaune ocracé.

Les **Marasmes** sont des champignons *secs, coriaces* ou élastiques, ayant un peu la consistance du caoutchouc, quelquefois même de la corne, *se desséchant sans pourrir*. Ce sont des champignons petits souvent grêles, à pied mince, tenace, se pliant sans se briser. Leur port est tantôt celui des Collybies, tantôt celui des Mycènes. Ils poussent sur les feuilles (fig. 22, p. 15), les brindilles.

Les **Panes** sont de petits champignons à *pied latéral ou nul* ressem-

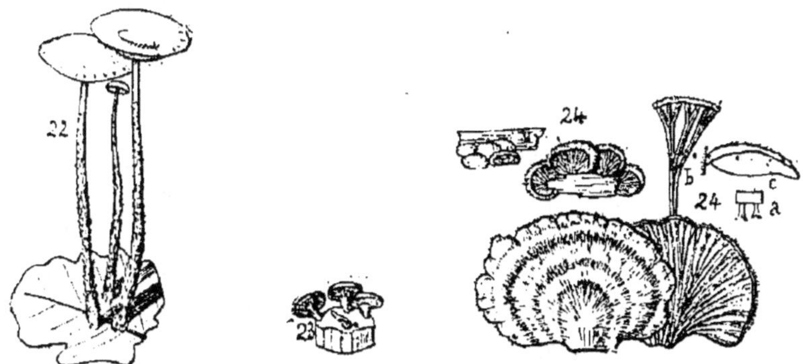

Fig. 22. Marasmes. — Fig. 23. Panes. — Fig. 24. Schizophylles; *a*, feuillets coupés perpendiculairement à leur longueur; *b*, feuillets vus de face, ramifiés; *c*, feuillet vu de profil.

blent à des Pleurotes, mais jamais charnus, secs, coriaces, se desséchant sans pourrir ; ils poussent sur le bois (fig. 23, p. 15).

Les **Schizophylles** n'ont *pas de pied;* leurs feuillets sont fendus longitudinalement suivant l'arête (fig. 24, p. 15, fig. *a*), ils se ramifient en outre en fourche (fig. *b* en haut à droite); ils ne pourrissent pas.

GENRE AMANITE

[Du grec : *Amanos*, montagne de Cilicie sur laquelle poussaient ces champignons.]

Ce genre est caractérisé par l'existence d'une enveloppe générale ou *volve*. Quand il se développe, le champignon la déchire pour s'épanouir au dehors. Cette destruction de la volve peut s'opérer suivant deux modes.

1º La partie supérieure disparaît et un *étui* subsiste autour du pied de l'adulte; c'est ce qui arrive pour l'Amanite des Césars, l'Amanite ovoïde, etc.

2º Dans d'autres espèces, au contraire, la volve se détruit dans le bas, le *pied n'a pas d'étui*, mais il reste sur le chapeau une multitude *d'écailles*. Ces écailles sont indépendantes de lui : apposées sur sa surface, elles s'enlèvent facilement avec l'ongle et l'épiderme lisse apparaît sous elles.

Amanite des Césars. — *Amanita cæsarea* (ORONGE) (pl. 1, fig. 1, p. 17). (Petite Fl. Champ. Cost. et Duf., p. 20.)

Lorsque ce champignon, de parfum délicat, est très jeune, il est tout blanc et a la forme d'un œuf. Cette partie blanche est constituée par une enveloppe qui se brise au sommet et l'on en voit bientôt sortir une masse jaune orangé ou rouge que Pline a comparée « au jaune de l'œuf qui est renfermé dans le blanc » (pl. 1, fig. 1′). La figure 1‴ représente la section de cette espèce d'œuf quand il n'est pas brisé ; on voit à l'intérieur le chapeau et les feuillets colorés en *jaune ;* la chair est blanche. Bientôt le champignon s'épanouit (figure 1″) ; à la base du pied la volve reste sous forme d'*étui* blanc ; le pied du champignon est jaune ou jaunâtre clair. Au milieu de ce pied jaunâtre ou un peu vers le le haut, se trouve une sorte de collerette ou anneau. Le chapeau épanoui est orangé plus ou moins rouge, quelquefois jaune, de 10 à 15 centimètres ; le bord est quelquefois strié. *Ce chapeau n'est jamais couvert d'écailles blanches,* comme il arrive dans la Fausse Oronge. Un second caractère distingue encore ces deux champignons ; *l'Oronge a les feuillets* (c'est-à-dire les lames qui sont sous le chapeau comme les rayons d'une roue) *jaunes, la Fausse Oronge a les feuillets blancs.*

Il n'y a donc aucune difficulté à distinguer ces deux espèces.

Extension de cette espèce en France. — Aux environs de Paris on peut dire que l'Oronge n'existe pas. Des années entières peuvent s'écouler sans qu'on la rencontre. Accidentellement on en trouve des gites qui subsistent pendant quelque temps, puis disparaissent ; c'est ainsi que M. Boudier a pu récolter ces dernières années cette espèce excellente dans la forêt de Carnelles. On a conservé en herbier des échantillons de ce champignon trouvé une fois aux environs de Rouen (M. Niel). Roques rapporte qu'on l'a trouvé à Meudon, à Cernay et à Ville-d'Avray. On a observé ce champignon un peu plus au sud, accidentellement dans la forêt de Rambouillet. Paulet l'avait cueilli dans la forêt de Fontainebleau où il a été retrouvé dans ces dernières années, en un point du côté d'Ury (M. Feuilleaubois). On l'a découvert également à Montargis (M. Bernard). On le rencontre après les pluies de l'été (en août et au commencement de septembre).

En somme, *dans le nord de la France, on peut dire que ce champignon n'existe pas.*

C'est au contraire une espèce commune dans le midi de la France.

Espèce comestible. — Depuis l'époque romaine, ce champignon est considéré comme *comestible.* On l'a appelé avec raison le *meilleur des champignons :* on sait que l'empereur Claude l'aimait avec passion, et

AMANITES

(1. Espèce comestible; 2. Espèce vénéneuse).

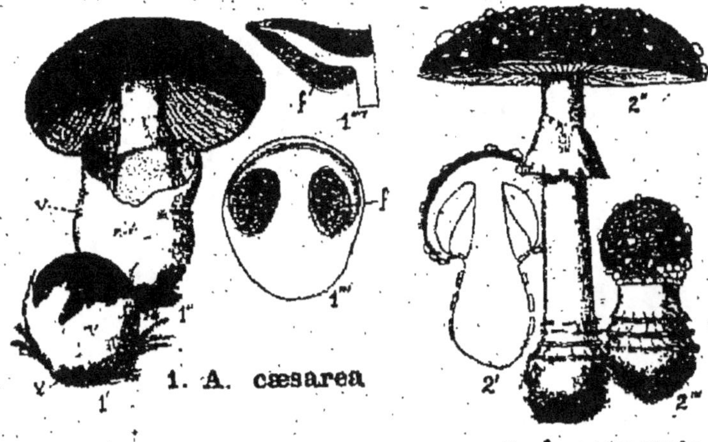

1. A. cæsarea

.2. A. muscaria

1. Amanite des Césars, *Amanita cæsarea* (ORONGE); espèce comestible excellente, voir p. 16. — **2. Amanite tue-mouches**, *Amanita muscaria* (FAUSSE ORONGE); espèce vénéneuse, voir p. 19.

AMANITES

(Espèce vénéneuse).

A. muscaria

1. *Var. aureola.*   2. *Var. gemmata.*

Deux variétés de l'**Amanite tue-mouches** : *Amanita muscaria.*
1. Variété *couleur d'or* (*aureola*); 2. Variété *à pierreries* (*gemmata*),
voir p. 20.

qu'Agrippine causa sa mort en versant du poison dans un plat composé de ces Amanites. Jamais d'ailleurs cette espèce n'a causé aucun accident et elle est appréciée de tous comme un mets délicat, « un mets des dieux » comme l'appelait Néron. Les botanistes ont consacré ces souvenirs par le nom qu'ils ont donné à ce champignon : *Amanite des Césars.*

Noms vulgaires. — Un fait qui témoigne bien de l'abondance de cette espèce et de son importance alimentaire, ce sont les noms vulgaires qu'on lui donne en différents points de la France ·

Aulongat, Boulet rouge, Boutchols, Cadran, Champagnol, Chogeran, Ciampignoun, Cocon, Compairol, Coucoun, Dorade, Dorgue, Dorrinéal, Dorrinergal, Endorguez, Gouriaou, Iranget, Irandja, Jaone d'iou, Jaune d'œuf, Jaseran, Mujols. Oriol, Oronge, Ounégal, Ourangeada Rouget, Roumanel, Real, Royal.

Amanite tue-mouches. — *Amanita muscaria* (Fausse Oronge) (pl. I. fig. 2, p. 17). (Petite Fl. Champ. Cost. et Duf., p. 20.)

Il faut bien se garder de confondre cette deuxième espèce avec l'Oronge vraie, comestible exquis, car la Fausse Oronge est *vénéneuse.*

Trois caractères permettent tout de suite de distinguer aisément ces deux champignons.

1° La Fausse Oronge a des petites *écailles floconneuses* blanches sur le chapeau, l'Oronge n'en possède point.

2° Les *feuillets* ou lames rayonnantes qui sont au-dessous du chapeau de la Fausse Oronge sont *blancs* ou blanc crème extrêmement pâle; ils sont jaune vif dans l'Oronge vraie.

3° Il n'y a *pas d'étui* entourant le pied dans la Fausse Oronge.

De ces trois caractères le *second est le plus important à retenir;* en effet, la pluie peut laver le chapeau de l'Amanite tue-mouches et enlever les écailles ; on peut, en arrachant l'Oronge vraie, laisser l'étui en terre ; la couleur des feuillets reste toujours invariable et vérifiable.

La Fausse Oronge est un grand champignon dont le chapeau peut atteindre de 8 à 15 centimètres. Il est d'ordinaire d'un rouge plus vermillonné que l'Oronge qui est orangée ou même quelquefois partiellement jaune ; la Fausse Oronge, il est vrai, après de fortes pluies, peut prendre cette teinte ; ses bords sont d'ordinaire légèrement striés. Le pied est *blanc,* orné d'une collerette ou anneau blanc quelquefois jaunâtre au bord, la base du pédicelle est un peu renflée, bulbeuse ou écailleuse (fig. 2). La chair est blanche, jaune rougeâtre près de l'épiderme du chapeau. Les feuillets sont blancs ou blanc crème.

Variétés. — Le champignon qui nous occupe étant des plus vénéneux, il est indispensable d'en bien connaître les variétés.

1° Le chapeau peut *perdre ses écailles* et prendre une teinte orangée. Ceci arrive surtout après la pluie. Nous avons indiqué plus haut comment on distinguait encore aisément la Fausse Oronge de l'Oronge. Cette variété n'est pas très commune, mais on l'observe quelquefois.

2° Le chapeau peut être complètement jaune et dépourvu d'écailles floconneuses; c'est la variété couleur d'or (*aureola*): le pied est d'ordinaire grêle et très écailleux au-dessous de l'anneau et pourvu d'un étui à sa base (pl. II, fig. 1, p. 18).

3° La variété à pierreries (*gemmata*) est dépourvue d'anneau; son chapeau est orangé ou jaune. Il faut bien se garder de la confondre avec l'Amanite à étui (pl. II, fig. 2, p. 18) qui n'a d'ailleurs jamais cette teinte.

4° Une variété belle (*formosa*), qui est très voisine du type, a les écailles du chapeau d'une couleur dorée ou citrine, ainsi que l'anneau dont les bords sont dentés; le pied est jaunâtre.

Extension. — Autant l'Oronge vraie est rare dans les environs de Paris, dans le *nord et le centre de la France*, autant la Fausse Oronge y est *commune*. Cette dernière devient rare au contraire dans le midi de la France. Aux environs de Montpellier, d'après M. de Seynes, on ne la rencontre ni dans la zone des Chênes verts, ni dans celle des Châtaigniers. Les personnes habitant d'ordinaire le midi, et qui viennent dans le nord ou le centre de la France, doivent donc surtout redouter de confondre ces deux espèces.

On remarque dans nos forêts septentrionales que c'est surtout dans le voisinage des Bouleaux que l'Amanite tue-mouches se montre.

Espèce vénéneuse. — Ce champignon est très vénéneux: les expériences de Bulliard, de Paulet, de Roques sur des animaux (chiens, chats, etc.) le démontrent nettement. Les empoisonnements dus à cette espèce sont nombreux, mais ils n'ont pas toujours eu la mort pour conséquence.

Symptômes de l'empoisonnement. — Un petit nombre d'heures après que cet aliment a été ingéré se manifestent des nausées, des étourdissements, une stupeur, un anéantissement, dans quelques cas un délire furieux, une sorte d'ivresse; la mort est quelquefois le terme extrême de ces phénomènes. L'absorption d'émétique, qui amène des vomissements, conjure souvent le danger.

On peut cependant rendre alimentaire cette espèce si pernicieuse. M. de Seynes rapporte que certaines familles du Gard, au village de

Planche III.

AMANITES

(Espèces très vénéneuses).

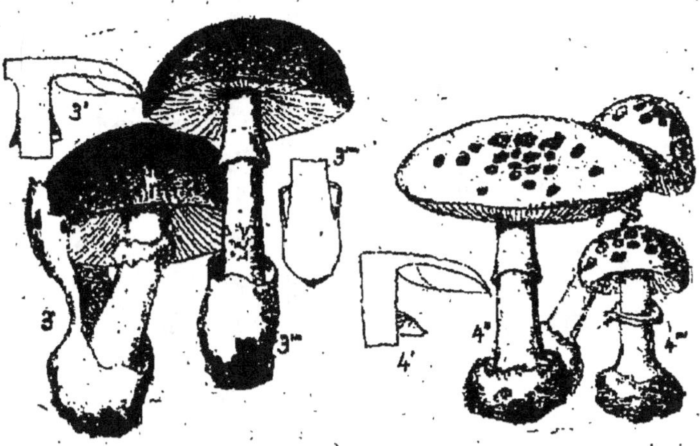

3. A. phalloides   4. A. citrine

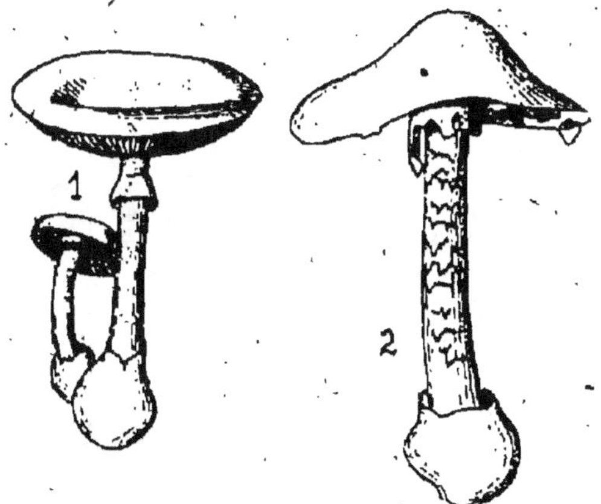

5. A. verna   6. A. virosa

3. Amanite phalloïde, *A. phalloides* (Oronge verte); espèce très vénéneuse, cause d'un grand nombre d'empoisonnements, voir p. 23. — **4. Amanite citrine,** *A. citrina* (Oronge jaune); espèce très vénéneuse, cause de la plupart des empoisonnements suivis de mort, voir p. 24. — **5. Amanite printanière,** *A. verna* (Oronge blanche); espèce très vénéneuse, voir p. 24. **6. Amanite vireuse,** *A. virosa;* espèce très vénéneuse, voir p. 25.

AMANITES

(Espèces comestibles).

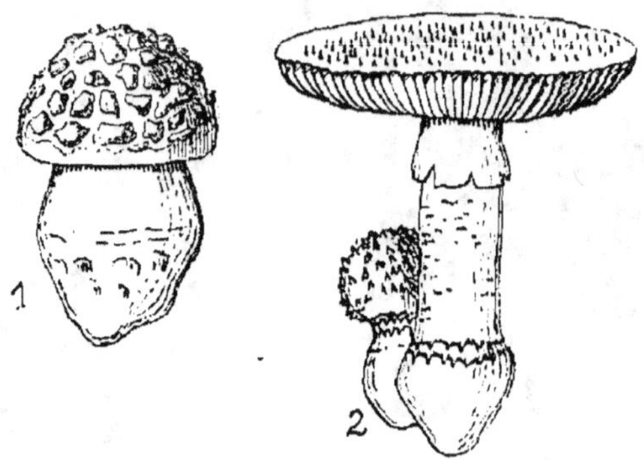

1 et 2. A. solitaria.

1. *Var. strobiliformis;* 2. *Var. echiocephala.*

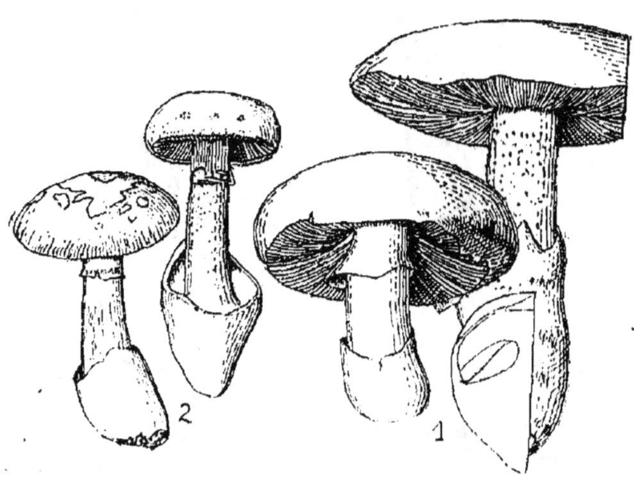

3. A. ovoidea.

1 et 2. Amanite solitaire, *A. solitaria;* espèce comestible, voir p. 25. — **3. Amanite ovoïde,** *A. ovoidea;* 1 dessin de droite, forme type; 2 dessins à gauche, variété *coccola,* voir p. 29.

Genolhac, les recueillaient et s'en nourrissaient. Des récits analogues ont été publiés par MM. L. Planchon, Chatin, Rolland et Poisson, à la suite de constatations faites en différents points de la France. En faisant bouillir les champignons pendant un quart d'heure dans de l'eau salée ou vinaigrée, puis en jetant l'eau et en laissant macérer pendant plusieurs jours dans une eau renouvelée quotidiennement on rend cette espèce inoffensive.

Il est vrai de dire que si, après ce traitement, le champignon s'est débarrassé de son poison, il a aussi perdu presque toutes ses propriétés nutritives.

Noms vulgaires. — Dourguino, Fausse Oronge, Faus-Cocon, Faux Jaseran, Grapaudin roux, Iranjet que empoussinno, Lera roussa, Majolo folo, Oriol fol, Real velenace, Rouge, Royal picotat, Tue-mouches.

Amanite phalloïde. — *Amanita phalloides* (Oronge verte) (pl. III, fig. 3, p. 21). (Petite Fl. Champ. Cost. et Duf., p. 21.)

Le chapeau est visqueux par les temps humides, de couleur *verdâtre*, ou vert olive, il est marqué plus ou moins de *stries fibrilleuses*, surtout en haut; il est rarement couvert de plaques écailleuses, quand il en possède, ce sont de *larges* fragments de la volve qui sont en petit nombre. La volve forme au contraire un étui bien développé à la base du pied. Le pied est blanc ainsi que l'anneau.

Cette espèce est très commune en automne dans les forêts, moins cependant que l'Amanite citrine.

Espèce vénéneuse. — Cette espèce est, avec l'*Amanite citrine, le plus redoutable des champignons.* Les effets de son empoisonnement ne se manifestent qu'au bout de vingt-quatre heures, alors qu'il est trop tard pour les combattre ; aussi presque toujours la mort s'ensuit-elle. On recommande de faire vomir le plus rapidement possible.

Espèces avec lesquelles on pourrait la confondre. — C'est avec les Russules vertes, telles que les *Russula virescens* et *heterophylla*, qu'on peut la confondre. Il y a cependant de grandes différences entre ces espèces si l'on fait un peu attention : le tableau suivant résume les ressemblances et les différences qui existent entre ces champignons.

Amanite phalloïde.	*Russules.*
Chapeau vert.	Chapeau vert.
Un anneau.	Pas d'anneau.
Un étui à la base du pied.	Pas d'étui à la base du pied.

Variétés. — Cette espèce présente un certain nombre de variétés tenant au changement de teinte du chapeau.

1° Une variété a le chapeau brun. Elle se rapproche alors un peu de l'Amanite porphyre, également vénéneuse.

2° La variété à chapeau jaune se rapproche de l'Amanite citrine; mais elle s'en distingue par son pied entouré d'un étui et son chapeau toujours dépourvu d'écailles.

3° La variété blanche peut être confondue avec l'Amanite printanière, également vénéneuse, mais cette dernière ne pousse qu'au printemps.

Noms vulgaires. — Lera verda, Lera verda picotada, Oronge ciguë verte.

Amanite citrine. — *Amanita citrina* (ORONGE CITRINE) (pl. III, fig. 4, p. 21). (Petite Fl. Champ. Cost. et Duf., p. 21.)

Le chapeau, d'un *jaune citron* pâle, devient très souvent blanchâtre par la pluie; à la surface de ce chapeau *persistent des écailles d'un jaune brunâtre* ou d'un jaune ocracé, appliquées sur le chapeau mais indépendantes de lui. Le pied, qui porte un anneau blanc, quelquefois légèrement nuancé de jaune citron, est terminé à sa base par un bulbe *à rebord saillant* enfoncé dans le sol et taché de brun par la terre. Les feuillets sont blancs ou quelquefois blanc crème.

Espèce vénéneuse. — Cette espèce est extrêmement vénéneuse. Elle est *la cause de presque tous les empoisonnements qui se terminent par la mort.* Pour conjurer ses effets, qui d'ordinaire ne se manifestent malheureusement qu'au bout de vingt-quatre heures, on emploiera l'émétique afin de provoquer des vomissements.

Espèces avec lesquelles on peut la confondre. — Lorsque ce champignon a été lavé par la pluie, il devient blanc, il perd ses écailles et a un peu l'aspect d'une *Boule de neige*, d'un *Psalliote. Rien n'est plus facile que d'éviter cette confusion,* cause de presque tous les empoisonnements. Les feuillets, c'est-à-dire le dessous du chapeau du Psalliote est rose d'abord, puis brun pourpre, enfin noir. Si les feuillets restent blancs, il faut rejeter le champignon comme dangereux.

Distribution. — C'est une espèce extrêmement commune qui existe partout dans nos bois, surtout en automne, mais aussi en été et quelquefois au printemps.

Variétés. — 1° La variété *mappa*, que l'on compare à une carte de géographie, a le chapeau faiblement coloré et les écailles brunâtres.

2° On trouve quelquefois le chapeau tout blanc et débarrassé d'écailles.

Noms vulgaires. — Lera ciguë jaunâtre, Lera rousse picotada, Gra paudin jaouné, Peullarg.

Amanite printanière. — *Amanite verna* (pl. III, fig. 1. p. 21).

Ce champignon, d'un blanc brillant, pousse au printemps, la volve est en étui autour du pied; il est très voisin de l'Amanite phalloïde (variété blanche); il s'en distingue par quelques caractères . son chapeau d'un blanc de neige est visqueux et non fibrilleux, sa saveur est âcre, son odeur rappelle celle du safran.

Espèce vénéneuse. — Cette espèce est très heureusement extrêmement rare et ne pousse qu'au printemps et en été; mais les variétés blanches de l'Amanite phalloïde et de l'Amanite citrine lui ressemblent et elles sont très communes : ce sont elles surtout que l'on confond avec les Boules de neige. Voici un tableau qui permettra d'éviter cette confusion.

Amanites blanches.	*Psalliote (Boule de neige).*
Un étui à la base du pied.	Pas d'étui à la base du pied.
S'il n'y a pas d'étui, il y a ou il y a eu des écailles, appliquées sur le chapeau, indépendantes de l'épiderme.	Chapeau sans écailles ou à écailles provenant de l'excoriation de l'épiderme.
Feuillets blancs ou crème.	Feuillets roses, puis brun pourpre et enfin noirâtres.

Noms vulgairés. — Lera blanca picotada, Oronge ciguë blanche, Oronge printanière.

Amanite vireuse. — *Amanita virosa* (pl. III, fig. 2, p. 21). (Nouv. Fl. Champ. Cost. et Duf., p. 3.)

Cette espèce ressemble à la précédente par son éclatante blancheur, mais elle s'en distingue parce qu'elle a le chapeau conique et le pied pelucheux.

Cette espèce est *rare* dans les bois, elle se rencontre au printemps et en été.

Espèce très vénéneuse. — C'est peut-être une variété de la précédente; elle est très vénéneuse.

Amanite solitaire. — *Amanita solitaria* (pl. V, fig. 1, p. 27). Synonyme : *Amanita pellita*. (Nouv. Fl. Champ. Cost. et Duf., p. 3.)

Bien que cette Amanite ne soit pas très commune, elle mérite une mention à cause de sa grande taille. Le chapeau est blanc ou grisâtre, ocracé en vieillissant, couvert de plaques blanches floconneuses, comme crémeuses de 10 à 15 centimètres; le bord du chapeau est frangé, floconneux; le pied est développé, conique, peluché, écailleux, avec une pointe rétrécie en forme de racine. Les feuillets sont blancs. Ce champignon n'a pas d'odeur, sa saveur est agréable ou aigrelette.

Il existe en été et en automne dans les clairières, au bord des bois; il est peu abondant, *comestible*.

2.

De cette forme gigantesque à plaques étalées et floconneuses, on passe par une série des transitions à des formes couvertes de fins aiguillons, comme la variété *échinocéphale* (pl. IV, fig. 2, p. 22), ou a des formes couvertes de grosses écailles grises en tronc de pyramide, comme la variété *strobiliforme* (pl. IV, fig. 1, p. 22) dont le chapeau, blanc d'ordinaire, est quelquefois grisâtre ou ocracé pâle.

Amanite rougeâtre. — *Amanita rubescens* (pl. V, fig. 2, p. 27). Synonyme : *A. rubens*. (Petite Fl. Champ. Cost. et Duf., p. 21.)

Cette Amanite est reconnaissable à sa teinte *rouge vineux*, rouge sombre, rosé jaunâtre, gris rosé. Le chapeau est couvert d'un grand nombre de petits flocons grisâtres ; sa taille varie de 6 à 10 centimètres. L'anneau du pied est souvent strié et a quelquefois une teinte jaune en dessous. La couleur de la chair permet de reconnaître à coup sûr cette espèce : quand on casse le champignon, la *chair est rouge* ou rougit lentement surtout dans les parties blessées. (S'il y a eu des larves dans le pied, par exemple, ces parties seront toujours rouges.) Son odeur est nulle, sa saveur fade ou bien un peu âcre.

Cette espèce est commune en automne dans les bois.

Elle est *comestible*, appréciée dans certaines régions, particulièrement en Lorraine où on la connaît sous le nom de *Golmotte*.

Espèces avec lesquelles on peut la confondre. — D'abord avec l'Amanite panthère, mais cette dernière a souvent un second anneau, elle n'a pas la chair rouge. Ce dernier caractère permet aussi de distinguer cette espèce de l'Amanite âpre qui a des flocons sulfurins sur le chapeau et la chair blanche, jaunissante ou brunissante sous le chapeau. (Voir *Nouvelle flore des Champignons* Cost. et Dufour, p. 4.)

Noms vulgaires. — Golmelle, Golmotte franche, Missic.

Amanite panthère. — *Amanita pantherina* (pl. V, fig. 3, p. 27). (Petite Fl. Champ. Cost. et Duf., p. 21.)

Le chapeau de cette espèce a une teinte assez variable, il est le plus souvent brun, quelquefois brun rougeâtre, fuligineux, olivâtre, fauve livide, brun clair, couleur feuilles mortes ; il est orné d'un très grand nombre de flocons blancs ou gris ; le bord du chapeau est souvent strié, le diamètre est de 6 à 10 centimètres. Le pied est blanc et porte, au-dessous de l'anneau qui existe seul dans la plupart des espèces voisines, un *second bracelet*, quelquefois incomplet, comme on peut s'en rendre compte sur la figure 3. Ce caractère est quelquefois instable, le second anneau peut manquer, c'est ce qui est normal d'ailleurs dans la variété *cariosa* (cariée). Les feuillets sont blancs. La *chair est blanche*, insipide.

AMANITES

(1 et 2. Espèces comestibles ; 3 et 4. Espèces vénéneuses).

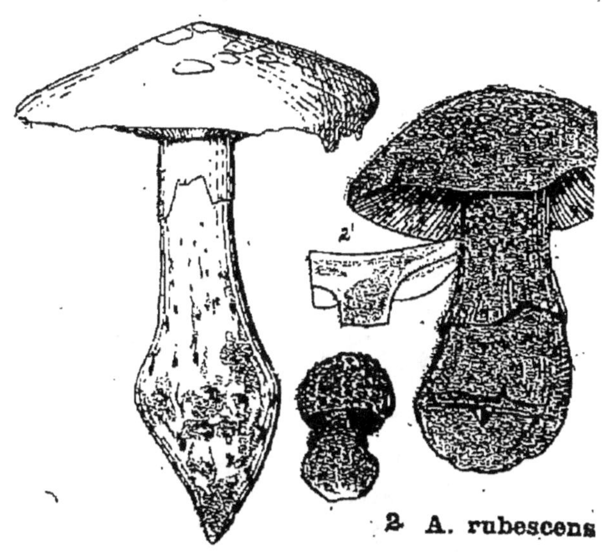

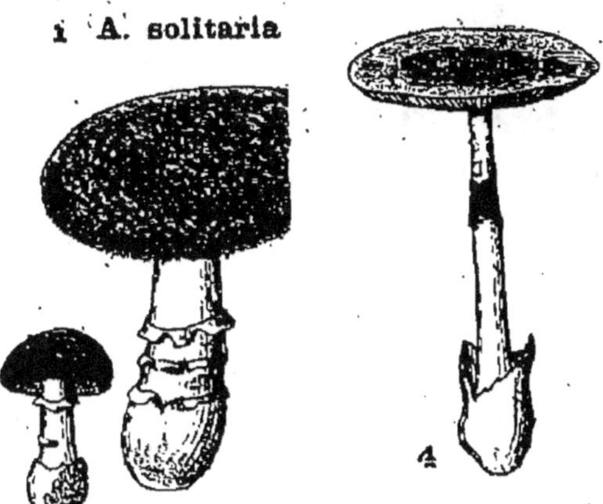

1. **Amanite solitaire**, *A. solitaria;* espèce comestible, voir p. 25. — 2. **Amanite rougeâtre**, *A. rubescens* (Golmotte); espèce comestible, voir p. 26. — 3. **Amanite panthère**, *A. pantherina* (Fausse Golmotte); espèce vénéneuse, voir p. 26. — 4. **Amanite porphyre**, *A. porphyria;* espèce vénéneuse, voir p. 29.

AMANITES

(1. Espèce suspecte ; 2. Espèce comestible).

1 . A . spissa

2. A. vaginata

1. Amanite épaisse, *A. spissa;* espèce de comestibilité douteuse, suspecte, voir p. 30. — **2. Amanite à étui**, *A. vaginata;* espèce comestible, voir p. 30.

Cette *espèce très vénéneuse* est *assez commune* en automne dans les bois ombragés.

Espèces avec lesquelles on peut la confondre. — Avec l'Amanite rougeâtre, mais la chair est blanche et ne rougit pas; avec l'*Amanita ampla* (1), dont elle est peut-être une forme grêle.

Noms vulgaires. — Crapaudin gris, Fausse golmelle, Fausse golmotte, Fausse missie, Lera bruna picotada.

Amanite porphyre. — *Amanita porphyria* (pl. V, fig. 4, p. 27).

Le chapeau dépourvu d'écailles est gris, gris foncé, bistré ou violacé, quelquefois couleur noisette. Le pied est blanc, un peu chiné de gris ou gris clair nuancé de lilas. L'anneau d'abord blanc devient souvent *gris*, puis noirâtre, il est appliqué sur le pied comme une pellicule. Ce dernier caractère permet de distinguer cette espèce de la variété brune de l'Amanite phalloïde qui a comme elle le pied entouré d'un étui.

On trouve cette Amanite à terre, dans les bois de Pins et de Sapins elle est assez rare.

Cette espèce est *suspecte*.

Amanite ovoïde. — *Amanita ovoidea* (ORONGE BLANCHE) (pl. IV, fig. 3, p. 22). (Petite Fl. Champ. Cost. et Duf., p. 20.)

Cette grosse espèce méridionale, qui manque presque totalement dans le nord de la France, est blanche. Le pied est épais, il peut atteindre 2 ou 3, quelquefois 4 ou 5 centimètres de diamètre; il est souvent un peu pelucheux, pourvu d'un étui à sa base. Le chapeau lisse a de 7 à 15 centimètres, rarement 20 et 30; sa marge dépasse souvent les lamelles, il est frangé au bord. Les feuillets sont libres, souvent denticulés, blancs puis crème; l'anneau se détruit souvent; quand il existe il est large, et blanc. La chair est blanche, la saveur agréable, l'odeur souvent forte.

Distribution. — Très rare aux environs de Paris, cette espèce est représentée surtout dans la région méditerranéenne par le variété *coccola* (Noix de Coco) (pl. IV, fig. 3, p. 22) qui a un chapeau petit, de 6 à 8 centimètres, blanc, puis se teintant de gris, de café au lait, de rose vineux, strié au bord, à volve blanche, puis couleur chamois. (Cette forme est exclusivement de la région méditerranéenne.)

Comestible. — Ce champignon est comestible, mais il a une odeur forte. On le mange cependant à Montpellier et dans tout le midi, et certains le trouvent délicat.

Espèces avec lesquelles on peut la confondre. — Il faut bien prendre garde de ne pas récolter parmi les petits individus de cette grosse

(1) *Nouvelle Flore des Champignons*, Cost. et Dufour, p. 4.

espèce (qui par son pied épais d'au moins 2 à 3 centimètres est toujours facilement reconnaissable) l'Amanite vireuse que l'on pourrait peut-être confondre avec elle.

Noms vulgaires. — Boulé, Champignon blanc, Coquemelle, Coucou-mèle, Coucoumelle, Coucoumelle blanche, Coucoumelle fine, Lera blanca Lou Boulé, Myulo blanco, Oriol cougoumèle, Oronge blanche.

Amanite épaisse. — *Amanita spissa* (pl. VI, fig. 1, p. 28).

Le chapeau de cette Amanite est brun noirâtre ou gris foncé ; il est recouvert d'écailles grises. Le pied est strié au-dessus de l'anneau ; ce collier présente une striation analogue. Au-dessous, le pied est écail-leux, grisâtre, renflé légèrement à la base et dépourvu d'étui. Les feuillets sont blancs ; la chair est blanche et la saveur nulle.

Cette espèce est peu commune dans les bois, on l'observe en été et automne. Elle doit être considérée comme *suspecte*.

Amanite à étui. — *Amanita vaginata* (pl. VI, fig. 2, p. 28).

L'Amanite à étui se distingue de toutes les autres espèces du genre par *l'absence d'anneau*. Le champignon est d'abord emprisonné dans une volve qui reste sur l'adulte à l'état *d'étui allongé* à la base du pied. La *couleur du chapeau est variable* (blanc, blanc sale, gris livide, gris de plomb, fauve roussâtre) mais il est toujours *strié* au bord ; il peut rester quelquefois des plaques écailleuses au sommet du chapeau : ce sont des débris de la volve. Le pied est assez *grêle*, allongé et creux, blanc ou ocracé, quelquefois pelucheux. Les feuillets sont blancs ou blanc cendré. La chair est blanche et mince, molle ; l'odeur et la saveur sont à peu près nulles.

Cette espèce est commune dans les bois sablonneux, surtout en été et en automne, à terre.

C'est un *comestible* excellent, consommé dans le midi. D'après MM. Roze et Richon, la variété fauve est un peu indigeste, et la variété grise est préférable.

Espèces avec lesquelles on peut la confondre. — On ne pourrait con-fondre cette espèce qu'avec les *Volvaires* qui sont souvent vénéneuses ; mais les feuillets en sont *rosés* ou couleur *chair de saumon*, ce qui n'arrive jamais pour l'Amanite à étui ; les spores sont, en effet, roses dans les *Volvaria*.

Une autre confusion très redoutable est celle que l'on pourrait faire avec l'Amanite tue-mouches qui perd quelquefois son anneau (var. *gemmata*, à pierreries). La couleur du chapeau permettra dans ce cas d'éviter cette confusion grave : le chapeau de l'Amanite tue-mouches est rouge ou rouge orangé ou quelquefois jaune franc.

Noms vulgaires. — Boutaïre, Congoumo, Coucoumelle grise, Grisette, Lera caniglia picotada, Madalena, Trauco-Turro.

GENRE LÉPIOTE

[Du grec : *lepis*, écailles ; à cause des écailles du chapeau.]

Le chapeau est *lisse* ou *écailleux*, mais dans ce dernier cas les écailles résultent de *l'excoriation de l'épiderme*. Le pied est pourvu d'un *anneau ;* les feuillets *blancs* ou crème, rarement un peu jaunâtres ou grisâtres, sont le plus souvent *libres d'adhérence au pied*. (Ils sont nettement adhérents dans la Lépiote granuleuse.) Dans tous les cas, le chapeau se détache *facilement* du pied. Si les feuillets sont libres, on ne peut confondre une Lépiote avec une Armillaire; s'ils sont adhérents, la faible adhérence du chapeau au pied permettra toujours de distinguer une Lépiote.

Tous les champignons de ce dernier genre poussent en outre *sur la terre*.

Lépiote élevée. — *Lepiota procera* (pl. VII, fig. 1, p. 32). (Petite Fl. Champ. Cost. et Duf, p. 22.)

Il suffit de jeter un coup d'œil sur un dessin pour reconnaître immédiatement ce très grand champignon, dont le chapeau étalé sur la tige ressemble à un parapluie ouvert. Le chapeau peut varier de 10 à 30 centimètres de diamètre; il a toujours un *mamelon* au centre; il est de forme ovoïde étant jeune, très fortement *écailleux* et *brunâtre*, les écailles se soulèvent par déchirement de l'épiderme ; il est déchiqueté au bord. Le pied brunâtre est *tigré*, de 1 à 3 centimètres d'épaisseur, de 10 à 30 centimètres de longueur; l'anneau est large et *mobile ;* le pied est renflé à la base. Les feuillets sont blanc crème, libres d'adhérence au pied, ils en sont même séparés par un espace plus ou moins considérable.

C'est en été et en automne que l'on récolte cette espèce, assez commune dans les forêts ombragées et aussi quelquefois sur les pelouses, dans les endroits un peu découverts.

C'est un *comestible* excellent, quand on le fait cuire sur le gril et qu'on l'assaisonne avec du beurre et des fines herbes.

Variétés. — Dans la variété *rhacodes* (coulemelle bâtarde), la chair rougit, le pied n'est pas tigré, le chapeau est arrondi, de 8 à 10 centimètres, le pied très bulbeux (fig. 3, p. 11) (le *Lepiota Badhami* dont la chair rougit est suspect. Voy. *Nouvelle Flore de* Cost. et Dufour, p. 6).

LEPIOTES

(Espèces comestibles).

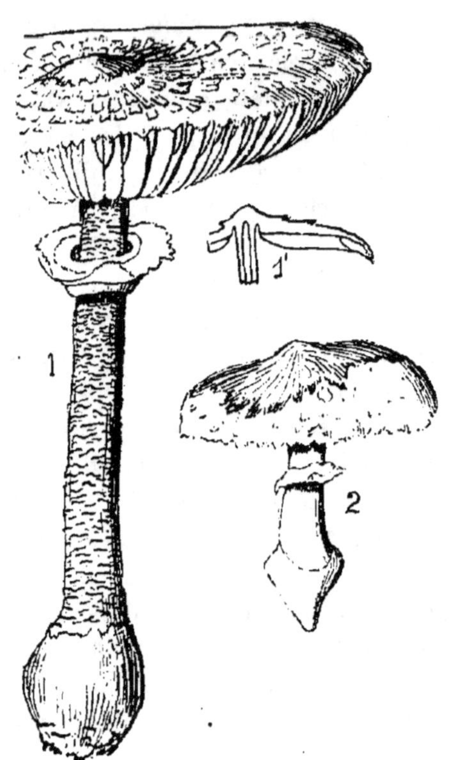

1. L. procera   2. L. excoriata

1. Lepiote élevée, *L. procera* (COIMELLE, COULEMELLE) ; espèce comestible, voir p. 31. — **2. Lepiote excoriée,** *L. excoriata;* espèce comestible, voir p. 33.

A côté de la Lépiote élevée se place la Lépiote excoriée (*Lepiota exco-riata*) (Petite Coulemelle) qui n'a pas le pied tigré, qui est beaucoup plus petite, dont le centre du chapeau est lisse et n'est excorié qu'au bord (pl. VII, fig. 2, p. 32).

Entre ces espèces se trouve une série de transitions. Toutes ces formes sont bonnes à manger.

Noms vulgaires.— Agaric couleuvré, Badrelle, Boutarot, Brugairol, Bru-gaizello, Baugasse, Brugasso, Bruguet, Bruquet, Capella, Capellon, Chic à bague, Cluseau, Clorosse, Cloroson, Coche, Cocherelle, Cogomelos, Coi-melle, Coleaurelle, Colemelle, Columelle, Columbette, Clonas, Clounare, Commerre, Coquemelle, Couamelle, Coulemelle, Coumelle, Couleuvrée, Couleuvrelle, Coulmotte, Coulsé, Cournet, Cousné, Escargoule, Escumelle Goilmelle, Golmelle, Golmotte, Gousné, Grande Coulumelle, Grisette, Grisotte, Madalena, Mort de Red, Moussar, Nez de chat, Ombrella, Oum-brelo, Padre, Parasol, Paumelle, Penchinado, Potiron à bague, Potu-ron, Quioul d'ase, Saint-Martino, Saint-Michel, San Miquel, San Martino, Vertet.

Lépiote en bouclier. — *Lepiota clypeolaria* (pl. VIII, fig. 2, p. 34). (Petite Fl. Champ. Cost. et Duf., p. 22.)

Le chapeau, à fond blanc rarement un peu jaunâtre, est couvert d'écailles fauves ou brunâtres; ces écailles étant très nombreuses et très petites au centre, le chapeau apparaît comme brun ou fauve rous-sâtre; son diamètre est de 5 à 7 centimètres; son bord est souvent frangé. Le pied cylindrique est comme floconneux et couvert d'écailles fauves ou brunes; l'anneau souvent floconneux ou crémeux est blanc, dis-paraissant rapidement. Les feuillets blancs ou blanc jaunâtre sont libres d'adhérence avec le pied. La chair est blanche, l'odeur et la saveur sont nulles, quelquefois nauséabondes.

On trouve ce champignon dans les bois, en automne.

Cette espèce est *suspecte*. Roques en a cependant mangé en petite quantité. Il sera prudent de s'abstenir de la récolter.

Variétés. — Les variétés sont nombreuses :

1° La plus commune est la variété *cristata* (à crêtes) (Petite Coulemelle puante Roze et Richon). Ce champignon est grêle, à écailles brunes, nombreuses surtout au centre, le bord est blanc. Le chapeau a de 3 ou 4 centimètres au plus, la saveur en est vireuse.

2° La variété *alba* (blanche) est beaucoup plus rare; le chapeau est blanc avec de fines écailles blanchâtres.

Noms vulgaires. — Coulemelle d'eau, Fausse Coulemelle, Fausse Gol-melle, Gerboulo de Panicot, Goumno.

LEPIOTES

(1. Espèce comestible ; 2. Espèce suspecte).

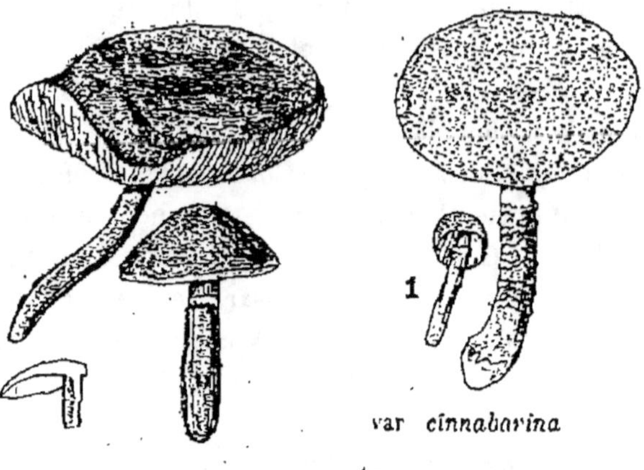

var cinnabarina

1 L. granulosa Bat.

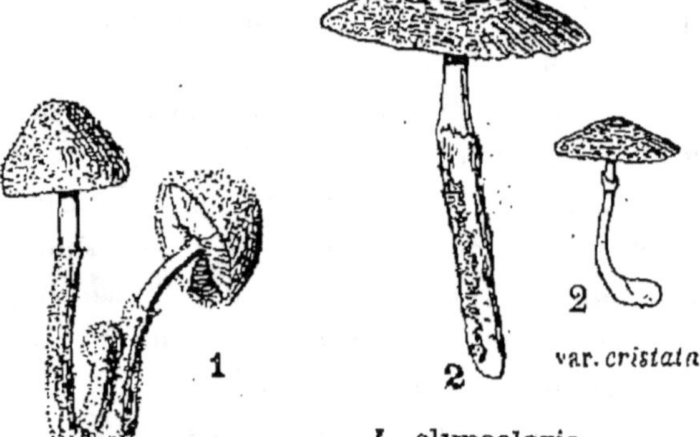

var. amiantina

1

2

var. cristata

L. clypeolaria

1. Lépiote granuleuse, *L. granulosa* ; à côté des trois premiers dessins en haut et à gauche qui représentent la forme type, on observe deux variétés : variété *cinabre (cinnabarina)* et la variété *amiantine (amiantina)*; espèce comestible, voir p. 35. — **2. Lépiote en bouclier,** *L. clypeolaria* et sa variété à crête *(cristata)*; espèce suspecte, voir p. 33.

Lépiote granuleuse. — *Lepiota granulosa* (pl. VIII, fig. 1, p. 34). (Petite Fl. Champ. Cost. et Duf., p 22.)

Le chapeau arrondi ou étalé, *granuleux*, de couleur variable, fauve ou brun, quelquefois rouge, jaune ou couleur chair très pâle, est souvent orné au bord d'une frange irrégulière ; son diamètre varie de 3 à 5 centimètres. Le pied est glabre au sommet, floconneux, granuleux ou écailleux sous un anneau membraneux qui se détruit rapidement ; sa couleur est la même que celle du chapeau. Les feuillets ici ne sont pas libres, mais *adhérents au pied ;* leur teinte est blanche ou blanc crème.

Cette espèce est assez commune dans les mousses, dans les bois de Pins et de Sapins, au printemps et en automne.

Elle est *comestible*.

Variétés. — Cette espèce est susceptible de grandes variations :

1° La forme type a le chapeau fauve, brun ou rouille ,

2° La forme *cinnabarina* (cinabre) (pl. VIII, fig. 1, p. 34) a le pied floconneux, le chapeau et le pied couleur rouge cinabre ;

3° La forme *amiantina* (d'amiante) (pl. VIII, fig. 1, p. 34) a une couleur jaune vif ou jaune ocracé, le pied est écailleux au-dessous de l'anneau qui est très éphémère ;

4° La forme *carcharias* (espèce de chien de mer) est beaucoup plus grêle, le chapeau est granuleux, blanc et légèrement teinté de rose et de couleur chair ; le pied est quelquefois renflé vers le bas.

Lépiote pudique. — *Lepiota pudica* (p. 11, fig. 4 et 5). Synonyme : *Lepiota naucina*. (Petite Fl. Champ. Cost. et Duf. p. 22.)

Le chapeau est arrondi au début puis étalé, *blanc*, lisse ou fibrilleux, quelquefois gercé, à la fin légèrement ocracé. Le pied est renflé à la base, blanc ; l'anneau est développé et de même couleur. Les feuillets sont *blancs* ou *roses*, libres d'adhérence au pied. La chair est blanche ou blanchâtre ; l'odeur est celle de Faux Mousseron (*M. oreades*).

On trouve cette espèce dans les terrains cultivés, dans les vignes et les jardins.

Elle est *comestible*, se vend sur le marché de La Rochelle et en Italie.

Confusion possible. — 1° Quand les feuillets deviennent roses, on pourrait la confondre avec des *Psalliota*, tous comestibles, ce qui n'a pas d'inconvénient d'ailleurs ; les Psalliotes ont des feuillets qui deviennent rapidement brun pourpre sur les vieux échantillons ; 2° Il faut aussi prendre garde de confondre ce *Lepiota* avec la Volvaire gluante qui est blanche à feuillets roses, mais qui n'a pas d'anneau et dont le pied est dans un étui, reste de la volve. 3° Il faut également bien distinguer cette Lépiote des Amanites blanches (*verna*, *phalloides*, *virosa* et *citrina*) très vénéneuses.

GENRE ARMILLAIRE

[Du latin : *armilla*, petit bracelet ; à cause de l'anneau du pied.]

Les Armillaires se distinguent des Lépiotes, qui ont comme elles un *anneau* et pas de volve, par les *feuillets adhérents* au pied (quelquefois un peu décurrents le long de cet organe). La continuité des tissus du chapeau et du pied rend ces deux parties *difficilement séparables* l'une de l'autre, ce qui n'a pas lieu chez les Lépiotes. La teinte des feuillets est variable, ils sont blancs ou gris, ou bien un peu rosés ; ils deviennent souvent roussâtres sur les vieux échantillons, les spores sont cependant blanches.

Enfin les Armillaires poussent fréquemment sur les *vieilles souches*, sur les morceux de *bois*, tandis que les Lépiotes sont toujours terrestres.

Armillaire couleur de miel. — *Armillaria mellea* (pl. X, fig. 1. p. 39). (Petite Fl. Champ. Cost. et Duf., p. 22.)

Ce champignon pousse en touffes *partout, dans les bois,* sur les vieilles souches enterrées. Le chapeau est d'ordinaire fauve ou brun roussâtre, couleur de miel, rarement jaune olivâtre, hérissé de petites mèches brunes qui peuvent disparaître plus tard ; sa taille moyenne varie de 3 à 10 centimètres. Le pied est *strié* au sommet, au-dessus de l'anneau ; sa teinte est quelquefois ocracé pâle, lavé de rose, ou roussâtre ; il est fibreux, strié quelquefois aussi au-dessous de l'anneau. Les feuillets sont au début d'un blanc sale, puis crème, tacheté, enfin roussâtre ou même roux foncé sur les très vieux échantillons ; ils adhèrent au pied et sont un peu décurrents sur le pied. On voit aisément. sur les vieilles touffes la teinte des spores, car les chapeaux inférieurs sont recouverts d'une espèce de poussière farineuse blanche qui provient de ces éléments de reproduction tombés des champignons supérieurs. Sa saveur est *styptique*, âcre ; elle ne disparaît pas complètement à la cuisson.

Cette espèce est très commune partout, en automne, sur les souches.

Elle est *comestible,* mais constitue un aliment grossier, consommé en

ARMILLAIRES

(Espèces comestibles).

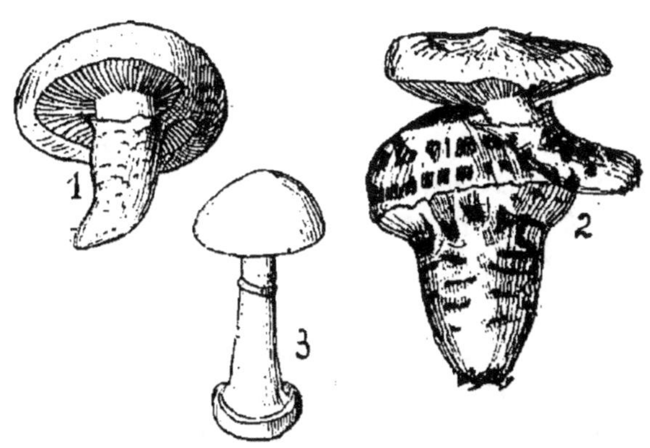

1. Ar. robusta   **2.** *Var. caligata*

3. Ar. bulbosa

1. **Armillaire robuste**, *A. robusta*; espèce comestible, voir p. 38. — **2.** Variété chaussée (*caligata*). — **3. Armillaire bulbeuse**, *A. bulbigera*; espèce probablement comestible, voir p. 41.

Italie, en Autriche, dans les Alpes-Maritimes. On ne doit pas la manger crue, car elle est âcre ; sa saveur désagréable a pu, dans certains cas, provoquer des vomissements. Ces mauvaises qualités disparaissent, il est vrai, à la cuisson.

Les *variétés* sont nombreuses :

1° Variété petite (*minor* Barla) à chapeau de 3 à 5 centimètres, à pied, de 4 à 5 millimètres de diamètre ;

2° Variété grande (*maxima* Fr.) à chapeau de 20 centimètres à pied de 4 centimètres, solitaire ;

3° Variété bulbeuse (*bulbosa* Barla) à pied renflé en bulbe à la base ;

4° Variété jaune (*lutea*) à anneau jaune ;

5° Variété olive (*olivacea*) à pied gris olivâtre avec écailles jaunes, a été figurée par Fries ;

6° Variété couleur chair (*carnea*) à chapeau de couleur chair moucheté de flocons et à pied grisâtre, à anneau fugace ;

7° Variété à cortine (*cortinacea*) à chapeau brun écailleux, à pied court blanchâtre, avec anneau se dissociant en cortine (Voir la signification de ce mot au genre *Cortinaire*).

Noms vulgaires. — Bolet d'aulivie buon, Bolet d'amourié, Bolet de Saure, Casssenada, Grande Souchette, Perpignan, Piboulado, Pivoulade, Sausenado, Soquarel, Tête de Méduse.

Armillaire robuste. — *Armillaria robusta* (pl. IX, fig. 1, p. 37). (Nouv. Fl. Champ. Cost. et Duf., p. 10.)

Le chapeau est convexe, de couleur fauve rougeâtre, fibrilleux, satiné, finement écailleux, parfois crevassé, épais, de 5 à 10 centimètres de diamètre ; quand il est jeune, ses bords sont enroulés en dessous. Le pied, qui a de 1 à 2 centimètres de diamètre, est relativement court, écailleux, fibrilleux au-dessous de l'anneau ; dans cette région la teinte est la même que celle du chapeau, il est blanc au-dessus du collier. Les feuillets sont larges, d'un blanc crème. La chair est blanche, rougissant quelquefois un peu sur la coupe. L'odeur est souvent celle d'huile rance ou de concombre, la saveur est douce, parfois un peu amère.

On le trouve à l'automne, dans les bois de Conifères, dans les Vosges et les Alpes-Maritimes.

Nom vulgaire : le Robuste.

Variétés ou formes voisines :

1° Variété chaussée (*Armillaria caligata*) (pl. IX, fig. 2, p. 37). C'est un *A. robusta* très brun, marron ou brun chocolat, dont le chapeau et le pied seraient tigrés, tachetés de brun noir. L'odeur est celle de

ARMILLAIRES ET TRICHOLOMES

(1 et 3. Espèces comestibles; 2 et 4. Espèces suspectes).

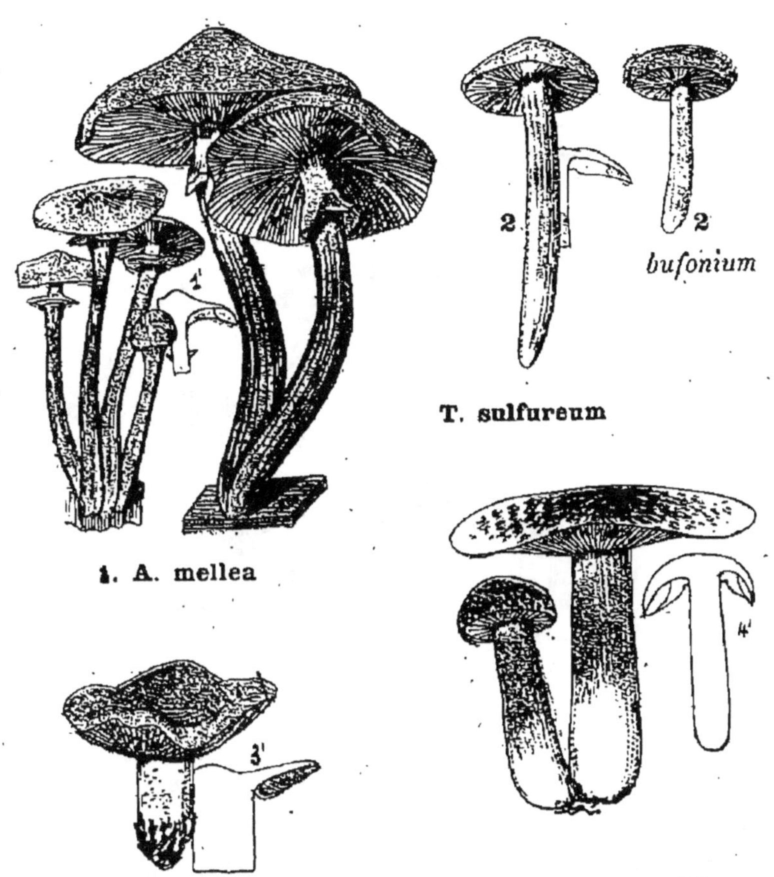

1. **Armillaire de miel**, *A. mellea;* comestible médiocre, voir p. 36.— **2. Tricholome soufré**, *T. sulfureum;* espèce suspecte, voir p. 41.— **3. Tricholome équestre**, *T. equestre;* comestible, voir p. 42. — **4. Tricholome rutilant**, *T. rutilans;* espèce suspecte, voir p. 42.

TRICHOLOMES

(Espèces comestibles).

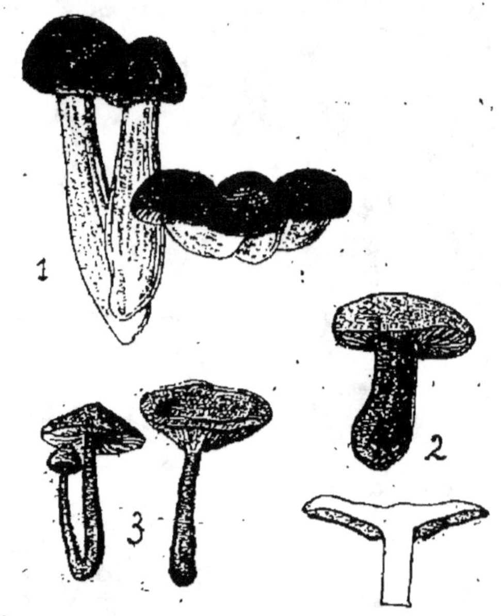

1. T. aggregatum. 2. T. amethystinum.
3. T. ionides.

1. Tricholome agrégé, *T. aggregatum;* espèce comestible, voir p. 45. — **2. Tricholome améthyste**, *T. amethystinum;* comestible délicat, voir p. 45. — **3. Tricholome pourpré**, *T. ionides;* espèce comestible, voir p. 45.

radis, la saveur piquante. Ce champignon est mangé dans toutes les campagnes des environs de Nice (Causette de Nice).

2° Variété causette (*Armillaria causetta*) (synonyme de *A. rufa* et de *A. focalis*) a le même aspect que l'Armillaire robuste, mais le chapeau a de 5 à 15 centimètres, le pied est rouge orangé assez vif, quelquefois roussâtre.

3° Variété écailleuse (*Armillaria squamosa*). Cette dernière forme de l'*A. robusta* a la chair jaune et le chapeau tout à fait écailleux.

Ces formes intéressent surtout la région méditerranéenne où elle sont assez communes.

Autres Armillaires intéressantes :

Armillaire bulbeuse. — *Arm. bulbigera* pl. IX, fig. 3, p. 37). Cette espèce a le chapeau café au lait ou brun, l'anneau filamenteux cortiniforme (Voir le mot Cortine au genre *Cortinaire*) et le pied bulbeux; elle est regardée comme comestible avec doute (Quélet). On n'a pas beaucoup à se préoccuper de cette espèce, car elle est très rare.

Paulet dit que l'on consomme dans le midi de la France l'**Armillaire rocailleuse** (*Armillaria scruposa*) sous le nom de *Macaron des prés*, mais on ne sait pas bien exactement ce que c'est que ce champignon à chapeau brun et à pied blanc (V. *Nouv. Flore*, Cost. et Duf.).

GENRE TRICHOLOME

[Du grec : *trichos* cheveu et *loma* frange.]

Les Tricholomes sont des champignons *terrestres*, *charnus*, à pied en général assez épais et plein, dont les feuillets sont *échancrés* au voisinage de leur point d'insertion sur le pied.

Tricholome soufré. — *Tricholoma sulfureum* (pl. X, fig. 2, p. 39). (Petite Fl. Champ. Cost. et Duf., p. 24.)

Ce champignon est *tout jaune*, d'une couleur de soufre. Le chapeau prend souvent une teinte brunâtre dans la variété *bufonium* (des crapauds) (fig. 2). Les feuillets et la chair sont jaunes; le champignon a une *odeur très pénétrante et désagréable*, qui a été comparée à celle de chènevis moisi; la saveur en est nauséabonde; il y a un certain nombre de lamelles échancrées près du pied.

Cette espèce *suspecte* est commune. Un chien qui en avait mangé une forte dose n'en a cependant pas été empoisonné.

Espèces avec lesquelles on peut le confondre. — Ce champignon ne peut être confondu qu'avec le *Tricholoma équestre*, qui est comestible ; mais son odeur particulière de chènevis moisi, sa chair jaune au lieu d'être blanche permettront de le distinguer.

Noms vulgaires. — Crapaudine puante, Sulfurin puant.

Tricholome équestre. — *Tricholoma equestre* (pl. X, fig. 3, p. 39).

Le chapeau est *visqueux*, on le constate en tâtant avec le doigt ; ce caractère est surtout net quand il a plu ; par les temps secs, la viscosité peut s'atténuer, on remarque alors à la surface du champignon, des brindilles, des feuilles qui adhèrent à lui ; le chapeau est fibrilleux ou écailleux, d'un *jaune verdâtre* teinté de brun au centre, quelquefois d'un jaune fauve. Les feuillets sont *jaunes*, presque libres ; un grand nombre d'entre eux sont échancrés près du pied, ce qui est un des caractères des Tricholomes. Le pied, qui a de 1 a 2 centimètres d'épaisseur, est jaunâtre, souvent peu coloré, quelquefois jaune verdâtre. La *chair est blanche*, quelquefois d'un blanc citrin au voisinage de la surface. L'odeur rappelle celle de l'huile d'olive ; la saveur est douce et agréable.

Cette espèce n'est pas très commune.

Elle est *comestible ;* on la consomme dans certaines régions, par exemple dans la Charente ; elle est en somme jusqu'ici peu connue. Il faut prendre garde de la confondre avec d'autres Tricholomes.

Espèces voisines. — Le *T. sulfureum* lui ressemble à cause de sa couleur, mais il a une odeur désagréable ; la chair blanche, le chapeau visqueux feront toujours reconnaître le *T. équestre*.

Variétés. — Dans la variété coryphée (*coryphæum*) le pied est blanc, tacheté de jaune. Les feuillets sont blancs avec une bordure jaune ; cette forme est voisine du *Tricholoma sejunctum*, mais la chair n'est pas amère comme celle de ce dernier.

Noms vulgaires. — Boulet de Cabra, Jannet.

Tricholome rutilant. — *Tricholoma rutilans* (pl. X, fig. 4, p. 39). (Petite Fl. Champ. Cost. et Duf., p. 24.)

Le chapeau est *moucheté d'écailles brun marron ou brun pourpre* ; quand le champignon est jeune les écailles sont rapprochées les unes des autres ; en vieillissant elles se séparent et entre elles le chapeau apparait *jaune*, surtout au bord ; son diamètre varie de 5 à 10 centimètres. Le pied est jaune pâle, orné de fibrilles *rouge pourpré*. Les feuillets nombreux sont *jaunes*, ils ont souvent l'arête floconneuse. La chair est molle, *jaune*, sans goût.

On trouve cette espèce surtout dans les forêts de Conifères.

Elle est *suspecte ;* MM. Gillot et Lucand l'ont cependant vu manger sans inconvénient.

TRICHOLOMES

(1, 2 et 4. Espèces comestibles ; 3. Espèce suspecte).

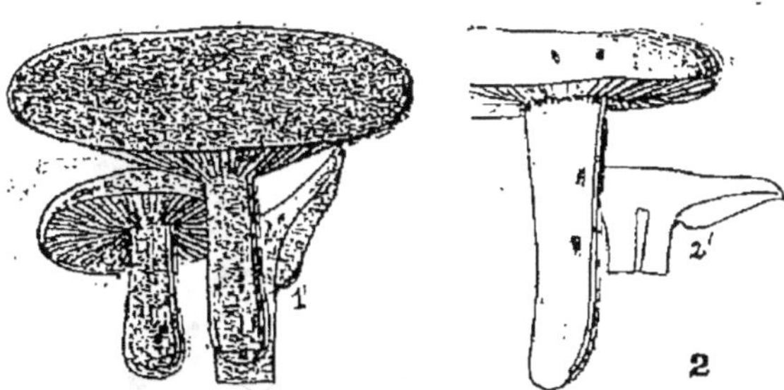

1. T. nudum   T. columbetta

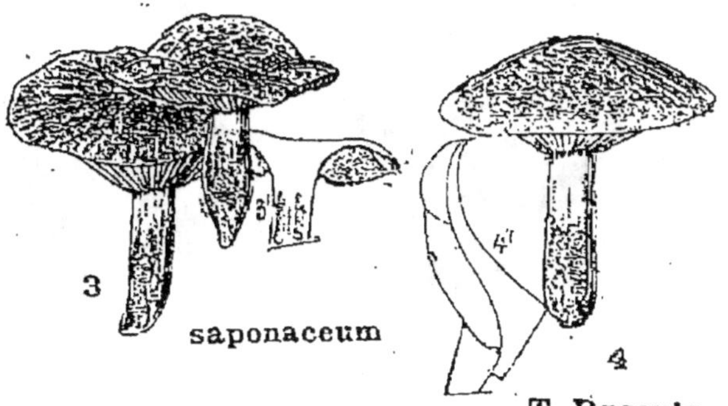

3 saponaceum   **4** T. Russula

1. Tricholome nu, *T. nudum;* comestible apprécié, voir p. 46.
— **2.** Tricholome colombe, *T. columbetta;* comestible, voir
p. 46. — **3.** Tricholome savonnier, *T. saponaceum;* espèce
suspecte, voir p. 47. — **4.** Tricholome Russule, *T. Russula;*
espèce comestible, voir p. 47.

TRICHOLOMES

(Espèces comestibles)

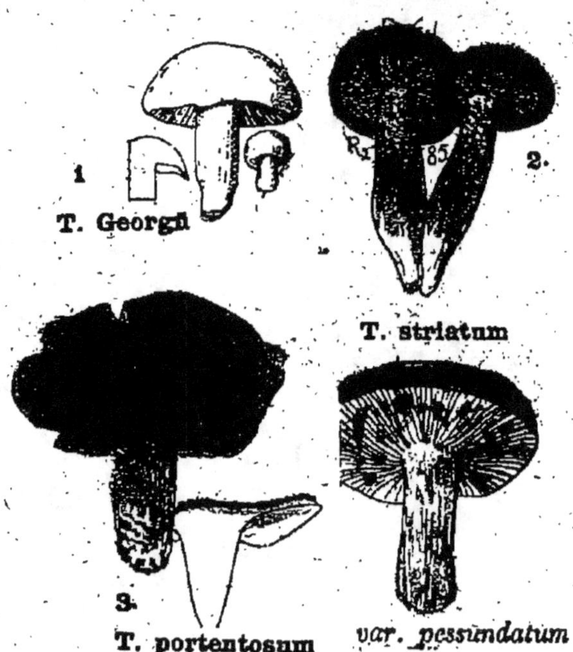

1. Tricholome de la Saint-Georges, *T. Georgii* (MOUSSERON);
comestible excellent, voir p. 48. — **2. Tricholome strié**,
T. striatum; comestible grossier, voir p. 51. La *var. déformée*
(*pessundatum*), qui pousse sous les Peupliers, est un assez bon
comestible. — **3. Tricholome prétentieux**, *T. portentosum*;
comestible, voir p. 51.

Tricholome agrégé. — *Tricholoma aggregatum* (pl. XI, fig. 1. p. 40). (Nouv. Fl. Champ. Cost. et Duf., p. 16.)

Ce champignon se distingue des autres Tricholomes par ce caractère qu'il pousse en touffes, toujours composées d'un grand nombre d'individus. Il présente un nombre considérable de formes peu distinctes les unes des autres.

La variété en masse compacte (*conglobatum*) a des chapeaux de 3 à 7 centimètres, lisses, soyeux ou finement écailleux, gris ardoise varié de fauve bistré. Le pied, de 1 à 2 centimètres d'épaisseur, est aminci au sommet, blanc, blanc tacheté d'ocracé. Les feuillets, échancrés près du pied, sont blancs; la chair est blanche, la saveur agréable, rappelant celle de la noisette.

La variété en monticule (*tumulosum*) a le chapeau brun noirâtre, le pied blanc, les feuillets blancs, puis grisâtres.

La variété par dix (*decastes*) a les feuillets blancs, les uns décurrents (par cette forme on passe aux Clitocybe qui ont les feuillets toujours décurrents), les autres échancrés.

Ces trois formes à feuillets blanchâtres, un peu gris, sont réputées *comestibles*.

Tricholome améthyste de Quélet. — *T. amethystinum* (pl. XI, fig. 2, p. 40.) Synonymes : *T. personatum* de Fries (en partie): *T. sævum* de Gillet. (Nouv. Fl. Champ. Cost. et Duf., p. 11.)

Le chapeau est gris bistré (quelquefois lilas); le pied est lilas, de 15 à 20 centimètres d'épaisseur. Les feuillets sont d'un *blanc légèrement bistré*. La chair est *blanche*, à odeur de farine.

Cette espèce est commune, surtout dans le midi et dans l'ouest; elle constitue un *aliment délicat;* d'après M. Bernard elle se vend sur le marché de La Rochelle sous le nom de *pied bleu*, et d'après Cordier sur ceux de Londres et d'Alger.

Confusion avec d'autres espèces. — On pourrait confondre cette espèce avec d'autres à pied également bleu, comme le *Cortinarius largus*, le *Cortinarius anomalus* et un certain nombre d'autres Cortinaires violets (voir le genre Cortinaire). Cette confusion pourra être évitée en recueillant les spores du champignon adulte; dans le Tricholome améthyste, les feuillets ne deviennent jamais cannelle ce qui arrive chez les Cortinaires dont je viens de parler dont les spores sont ocracées. Il y a, en outre, dans les Cortinaires une cortine longtemps persistante sous forme d'anneau formé de filaments ferrugineux sur le pied.

Tricholome pourpré. — *T. ionides* (pl. XI, fig. 3, p. 40). (Nouv. Fl. Champ. Cost. et Duf., p. 11.)

Cette espèce grêle a les feuillets blancs ainsi que la chair : le chapeau ne dépasse guère 6 centimètres de diamètre. Le pied a de 4 à 5 millimètres d'épaisseur. Le chapeau est violet, puis il se décolore, devient blanc ou d'un blanc très légèrement brunâtre.

Tricholome nu. — *Tricholoma nudum* (pl. XII, fig. 1, p. 43). (Petite Fl. Champ. Cost. et Duf., p. 24.)

Ce champignon est d'abord *entièrement violet* quand il est très jeune : chapeau, pied et lamelles offrent cette teinte, sauf la chair qui est blanche ou légèrement violacée. En se développant le chapeau change de teinte, se nuance de brunâtre, puis devient brun ou roux ; il est très variable de taille ; il peut atteindre souvent 10 centimètres de diamètre. Le pied a d'ordinaire plus de 1 centimètre d'épaisseur, il est cylindrique et légèrement farineux au sommet. On trouve aussi des individus grêles de 3 à 7 centimètres de largeur et dont le pied n'a que 3 à 8 millimètres d'épaisseur. Les feuillets prennent sur les individus très âgés une teinte rousse. Souvent cette espèce pâlit dans toutes ses parties, elle prend une teinte lilas très diluée, presque blanche. La chair du champignon est tendre et douce, à odeur de fruits ; la saveur en est légèrement acide.

Cette espèce est très *commune* dans les forêts du nord de la France, dans les bois de Conifères et dans les forêts ombragées.

Elle est *comestible*.

Confusion avec des Cortinaires. — On pourrait la confondre avec certains Cortinaires violets tels que le *C. anomalus*, le *C. alboviolaceus*, mais, en lisant attentivement leur description, on verra les différences ; il existe dans ces espèces une cortine qui persiste longtemps et des spores ferrugineuses.

Nom vulgaire. — Petit pied bleu.

Espèce très voisine. — Le Tricholome sordide (*T. sordidum*) est très voisin ; il a les feuillets d'abord lilas, puis fuligineux. Le chapeau est petit, de 5 à 8 centimètres. Cette espèce est également comestible ; on la trouve dans les prés et les vergers.

Tricholome colombe. — *T. columbetta* (pl. XII, fig. 2, p. 43). (Petite Fl. Champ. Cost. et Duf., p. 24.)

Ce champignon est *tout blanc ;* le chapeau est d'un blanc brillant, *fibrilleux et satiné*, un peu visqueux ; il a souvent un contour un peu irrégulier, ce qui tient probablement à ce qu'il est souvent obligé de soulever des mottes de terre pour sortir du sol ; son diamètre varie entre 4 et 10 centimètres. Le pied a la même couleur et le même aspect ; il a de 1 à 2 centimètres d'épaisseur, de 3 à 10 centimètres de longueur. Tout le champignon est quelquefois d'un blanc immaculé, mais assez fréquemment il présente des taches bleues, roses, lilacées, rouge pâle ou ocracées. La chair est blanche, l'odeur agréable mais faible.

Cette espèce n'est pas très commune; on la trouve dans les forêts de Chênes et de Hêtres, sur les terrains siliceux.

Elle est *comestible*. C'est un aliment délicat, mais peu employé à cause de sa rareté.

Confusion. — Une forme très voisine est le *T. album*, dont la chair est âcre.

Tricholome blanc. — *Tricholoma album*. (Petite Fl. Champ. Cost. et Duf., 24.)

Cette espèce est *toute blanche* comme la précédente, mais elle *n'est pas satinée*, et sa chair est *amère*.

Elle n'est pas commune : on doit la regarder comme *vénéneuse*, car on a observé aux environs de Lyon des empoisonnements qui doivent lui être attribués (MM. Péteaux et Veuillot).

Le *T. leucocephalum* (T. à tête blanche), qui lui ressemble et qui est comestible, a une saveur douce, une odeur prononcée de farine fraîche, un pied un peu prolongé en racine.

Tricholome savonnier. — *T. saponaceum* (pl. XII, fig. 3, p. 43). (Petite Fl. Champ. Cost. et Duf., p. 25.)

Son nom lui vient d'une *odeur de savon* assez accusée qu'il présente. C'est un champignon assez variable d'aspect et de forme. Le chapeau et le pied peuvent être écailleux, ou seulement fibrilleux. La couleur du chapeau, plus foncée au centre, est d'ordinaire *olivâtre*, verdâtre, gris olive foncé ainsi que celle du pied; à côté de ces nuances olivâtres, les plus ordinaires, on observe quelquefois des teintes blanchâtres, brunes, des taches fauves, quelquefois rouges; la taille du chapeau varie entre 4 et 10 centimètres. Le pied a de 1 à 2 centimètres d'épaisseur, de 4 à 9 centimètres de longueur. Les lames sont d'un blanc verdâtre. La chair de ce champignon *rougit légèrement* quand elle est exposée à l'air; la saveur en est amère.

Cette espèce n'est ni très commune ni très rare.

Elle doit être considérée comme *suspecte*.

Tricholome Russule. — *Tricholoma Russula* (pl. XII, fig. 4, p. 43).

La couleur *rouge* du chapeau permet de distinguer cette espèce de toutes les autres du genre ; il est moucheté de rose et souvent blanc au bord, *visqueux* par les temps humides, de 8 à 15 centimètres de diamètre. Le pied est blanc ou rosé, moucheté d'écailles blanches en haut.

Les feuillets sont d'abord blancs, puis blanc crème, ils se pointillent de rouge en vieillissant. La chair est blanche ou blanc rosé, de saveur agréable.

Cette espèce n'est pas très commune : on la trouve dans les forêts ombragées en été et en automne.

Elle est *comestible* et mangée dans les Cévennes, et à Nice.

Confusion avec des Russules. — Il faut bien prendre garde de confondre ce Tricholome avec les Russules à chapeau rouge. Il y aurait surtout à redouter cette confusion s'il s'agissait des Russules âcres (*R. rubra, emetica*); le goût permettra toujours de les distinguer. Les Russules ont d'ailleurs les feuillets ou tous égaux ou un certain nombre divisés en fourche.

Tricholome de la Saint-Georges. — *Tricholoma Georgii* (Mousseron) (pl. XIII, fig. 1, p. 44).

Ce champignon est un Tricholome du groupe des blancs. Sa teinte est blanche, quelquefois très légèrement ocracée, même jaunâtre; c'est un champignon trapu, dont le chapeau a les bords enroulés dans le jeune âge : sa taille varie de 3 à 8 centimètres. Le pied est blanc, épais de 1 à 2 centimètres, long de 4 à 7 ; il est plein, compacte, cylindrique ou ventru, quelquefois un peu renflé à la base. Les feuillets sont blancs ou blanc crème; l'odeur est celle de farine récemment moulue.

Époque d'apparition. — Ce champignon apparaît au *printemps*, à la suite des premières pluies d'avril dans les prés ou les bois herbeux.

Comestible. — Ce champignon est regardé comme l'un des meilleurs. Il est apporté en grande quantité, sur certains marchés, sous sa variété *albellum* : à Montbéliard, à La Rochelle, à Bourges, à Épinal, (M. Bojoly) à Perpignan (sous le nom de Couriolette), (M. Bernard).

Espèces avec lesquelles on peut le confondre. — L'époque à laquelle il apparaît, le printemps, alors que les champignons sont très rares, et les caractères que nous avons donnés plus haut pour le définir, ne permettent guère de confondre ce Tricholome avec aucune autre espèce; la confusion que l'on pourrait faire de ce champignon avec l'Amanite printanière et qui est blanche et pousse au printemps serait redoutable : cette méprise ne serait d'ailleurs guère explicable, car la présence de la volve et de l'anneau permettent de reconnaître tout de suite les Amanites blanches.

Variétés. — Le chapeau est quelquefois ocracé et même jaunâtre (Roze et Richon) dans la forme (*gambosum*) à gros mollets qui croît dans les prés. Il est tout blanc et d'une odeur et saveur agréables dans l'*albellum* (blanc), qui est la variété la plus agréable pour la consommation

TRICHOLOMES

(1 Espèce suspecte, 2, 3 et 4 espèces comestibles).

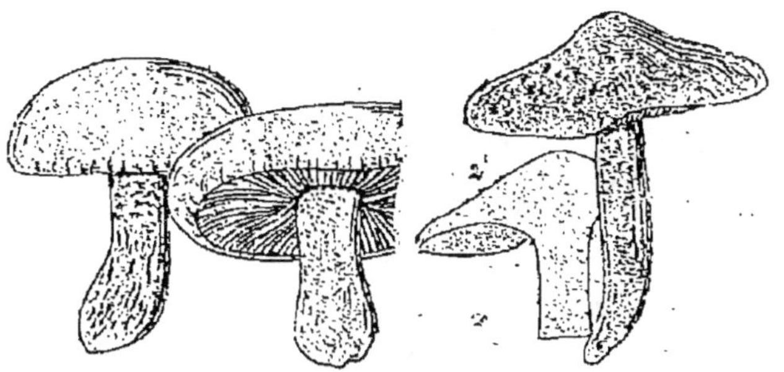

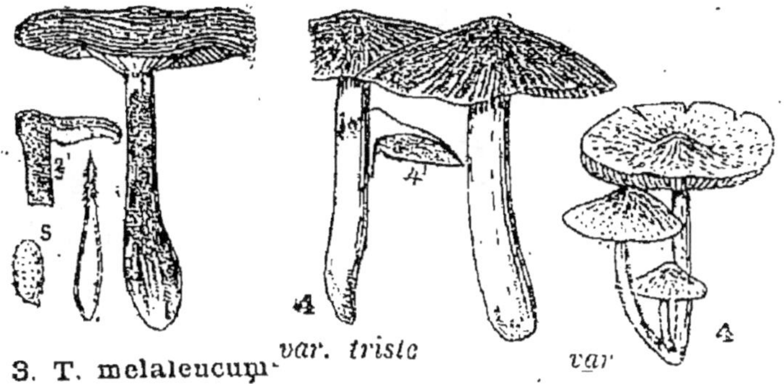

1. Tricholome acerbe, *T. acerbum;* espèce suspecte, voir p. 52. — 2. Tricholome imbriqué, *T. imbricatum;* comestible médiocre, voir p. 52. — 3. Tricholome blanc, *T. melaleucum;* espèce comestible, voir p. 54. — 4. **Tricholome terreux,** *T. terreum;* espèce comestible; forme type, dessin du milieu; variété *triste* (*triste*), dessins de gauche; variété *argentée* (*argyraceum*) dessins de droite.

TRICHOLOMES

(1, 3 et 4. Espèces comestibles. 2. Espèce vénéneuse).

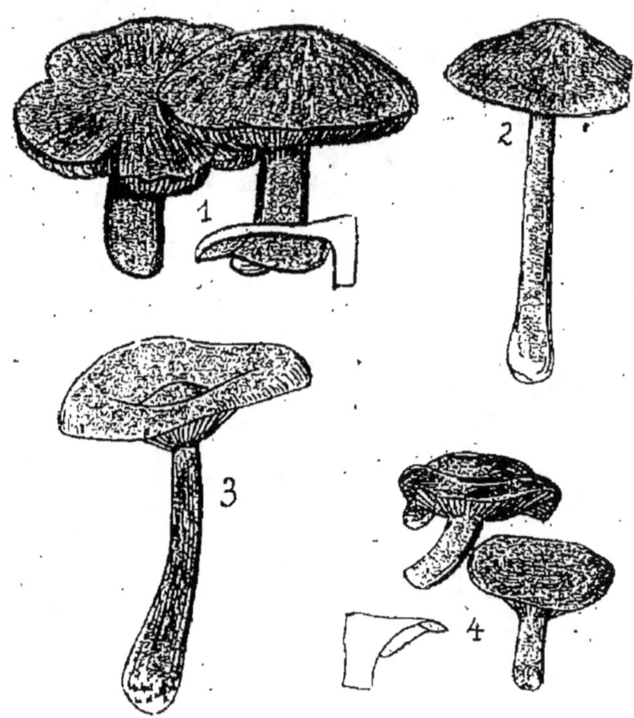

1. **Tricholome gris de souris**, *T. murinaceum;* espèce comestible, voir p. 54. — 2. **Tricholome vergeté**, *T. virgatum;* espèce vénéneuse, voir p. 53. — 3. **Tricholome à pied rayé**, *T. grammopodium;* espèce comestible, voir p. 54. — 4. **Tricholome panæole**, *panæolum;* espèce comestible, voir p. 55.

Le chapeau est quelquefois tigré et brunâtre avec les feuillets blanc bistré; l'*albellum* a des feuillets échancrés près du pied, larges de 6 à 7 millimètres ; les deux autres formes ont des feuillets étroits de 2 à 4 millimètres, décurrents ou non échancrés près du pied.

Noms vulgaires. — Blanquet, Braguet, Brignole, Champignon muscat, Courouliette, Maggin, Misseron, Moussaïrigo, Moussaïrou, Moussairon, Mousseron blanc, Mousseron de Provence, Mousseron vrai.

Tricholum strié. — *Tricholoma striatum.* Synonymes : *T. albo-brunneum, T. ustale, T. pessundatum, T. suffocatum* (pl. XIII, fig. 2, p. 44).

Le chapeau est *visqueux*, surtout par l'humidité, d'un brun rougeâtre ou brun marron ; il est rayé de fibrilles qui ne se séparent pas du chapeau. Le pied est blanchâtre, roussâtre ou brunâtre, surtout à la base, fibrilleux, farineux au sommet, souvent un peu plus mince aux deux bouts. Les feuillets sont blancs, puis pointillés de roux quand le champignon est vieux. La chair est blanche, *amère;* l'odeur rappelle celle de la farine ou de l'huile.

Cette espèce, qui n'est pas très commune, s'observe dans les bois de Conifères, en automme.

Malgré son amertume, ce champignon est mangé dans certains endroits, surtout dans le Midi. M. Barla recommande de le soumettre à une *ébullition prolongée* et à une macération dans l'eau.

Parmi les variétés de ce champignon, la variété *pessundatum* (déformé) (pl. XIII, fig. 2, p. 44) (ou *suffocatum*) qui pousse *sous les Peupliers* est *comestible* et excellente; la chair est dans ce cas moins amère, quelquefois même douceâtre. Cette forme a été mangée, en 1894, par les membres de la Société mycologique qui assistaient à l'excursion de Rambouillet. Elle est vendue sur le marché de Bourges et consommée fréquemment à Nice.

Confusion avec un autre Tricholome. — Il faut prendre garde de confondre cette espèce avec le Tricholome fauve (*Tricholoma fulvum*). Les feuillets de ce dernier sont *d'abord jaunes,* puis ils se décolorent et deviennent blanc roussâtre, pointillés de roux; la chair est *jaune* dans le pied (1).

Noms vulgaires. — Amareire, Amaroun, Boulet de pin, Cabroun, Peuplière, Salero.

Tricholome prétentieux. — *Tricholoma portentosum* (pl. XIII, fig. 3, p. 44). (Petite Fl. Champ. Cost. et Duf., p. 25.)

Le chapeau est *visqueux, brun foncé presque noirâtre,* avec des reflets

---

(1) *Nouvelle Flore des Champignons,* de MM. Costantin et Dufour, p. 13.

violacés, rayé de *fibrilles brunes;* le bord est souvent teinté de jaunâtre; en vieillissant ce chapeau se fendille au bord, suivant le rayon; il a de 8 à 10 centimètres. Le pied est blanc, crème ou légèrement jaunâtre, souvent enfoncé dans le sol, épais de 15 à 20 millimètres. Les feuillets larges sont blanc crème avec un reflet jaune verdâtre. La chair est blanche ou légèrement jaunâtre, la saveur douce.

Cette espèce, peu commune d'ordinaire, pousse dans les bois de Conifères.

Elle est *comestible* et recherchée dans les Vosges, le Morvan; elle se vend sur le marché d'Épinal.

Espèce voisine. — Le Tricholome émarginé (*T. sejunctum*) est voisin, il a le chapeau blanc jaunâtre, strié de brun, il est également comestible; sa saveur est *amère.*

Noms vulgaires. — Petit gris d'automne, Prétentieux.

Tricholome acerbe. — *Tricholoma acerbum* (pl. XIV, fig. 1, p. 49).

Le chapeau de ce Tricholome est épais, arrondi, de couleur crème ou roux très pâle, quelquefois un peu jaunâtre, il peut se décolorer et devenir presque blanc; le bord du chapeau est comme *sillonné, strié;* son diamètre varie de 5 à 10 centimètres. Le pied est *épais* de 1 à 3 centimètres de diamètre, blanchâtre ou ocracé pâle, un peu farineux au sommet, fibrilleux vers le bas; les fibrilles sont ou deviennent brunâtres. Les feuillets sont blancs ou blanc crème, quelquefois jaunâtres. La chair est *amère, acerbe,* de couleur blanche, sans odeur.

Cette espèce rare pousse en automne dans les forêts ombragées.

Elle serait comestible d'après Vittadini; M. Quélet, après avoir dit qu'elle était susceptible de provoquer des vomissements, la classe parmi les comestibles dans son ouvrage le plus récent. On fera donc bien de la tenir provisoirement comme *suspecte.*

Tricholome imbriqué. — *Tricholoma imbricatum* (pl. XIV, fig. 2, p. 49). (Petite Fl. Champ. Cost. et Duf , p. 25.)

Le chapeau est d'abord conique, puis étalé, mais restant d'ordinaire mamelonné au centre; il est *brun rouge* ou *brun roux;* l'épiderme est *écailleux,* le bord est seulement pubescent, blanchâtre dans le jeune âge; le diamètre est de 4 à 10 centimètres. Le pied est fibrilleux, brun clair ou brun roussâtre pâle, *poudré* et blanc au sommet; d'abord plein, il se creuse à la fin. Les feuillets sont blancs, puis roussâtres, plus ou moins nuancés de brun. La chair est ferme, blanche et douce.

On trouve cette espèce en automne dans les bois de Conifères où elle n'est pas très commune.

Elle est *comestible,* mais elle constitue, selon M. Quélet, un aliment grossier qui ne doit être employé qu'après ébullition et macération dans l'eau.

Confusion avec une autre espèce. — On pourrait confondre ce champignon avec le Tricholome roux (*Tricholoma vaccinum*) qui est roussâtre et écailleux comme lui, mais le chapeau de ce dernier est *très laineux* au bord et le pied *n'est pas poudré* en haut. Cette dernière espèce n'est probablement pas malfaisante, mais sa comestibilité est encore douteuse.

Nom vulgaire. — Salero raspignous.

Tricholome terreux. — *Tricholoma terreum* (pl. XIV, fig. 4, p. 49).

Le chapeau est d'abord conique, à la fin étalé, mais gardant d'ordinaire un mamelon au centre; sa teinte est *gris de souris* ou gris noirâtre avec de *fines écailles brunes;* son diamètre est entre 3 et 8 centimètres. Le pied est blanc ou gris avec des fibrilles, orné d'une farine blanche au sommet; il est souvent creux ce qui est rare dans les Tricholomes, de 1 centimètre d'épaisseur, quelquefois plus grêle. Les feuillets, d'abord blancs puis gris, sont souvent crénelés au bord. La chair est blanc grisâtre, l'odeur est faible.

Cette espèce est commune, on ne la trouve pas d'ordinaire en grande abondance. Exceptionnellement en 1894 (octobre) on aurait pu en charger une charette en quelques instants entre Saint-Léger et Condé (forêt de Rambouillet). On la trouve souvent dans les bois, le long des chemins ou sur le bord des routes.

Elle est *comestible*, mais un peu amère. On la vend sur les marchés de Poitiers et de Perpignan (M. Bernard).

Ses *variétés* sont nombreuses : 1° la variété triste (*triste*) (fig. 2, p. 49), possède une cortine (Voir le genre Cortinaire pour ce mot) en haut du pied qui forme un anneau filamenteux ; 2° la variété argentée (*argyraceum*) (fig. 4, p. 49) est blanche, couverte d'écailles grises ; 3° l'Armillaire raclée (*A. ramentacea*) (1) n'est peut-être qu'une variété de ce champignon pouvant prendre un anneau.

Espèces avec lesquelles on peut le confondre. — Le Tricholome ventru (*Tricholoma hordum*) pourrait être confondu avec l'espèce précédente, mais il est extrêmement rare et le chapeau est d'abord glabre, puis gercé, à mèches *retroussées;* on le considère comme vénéneux. Le Tricholome vergeté (*Tricholoma virgatum*) présente également quelques analogies mais il est très rare et sa chair est poivrée et amère (pl. XV, fig. 2, p. 50).

(1) *Nouv. Flore des Champ.* Cost. et Duf., p. 9.

Noms vulgaires. — Boulet canilh, Boulet cendrous, Saint-Martin (à Poitiers).

Tricholome gris de souris. — *Tricholoma murinaceum* (pl. XV, fig. 1, p. 50).

Ce champignon a *l'aspect d'un gros Tricholome terreux*, avec un pied épais de 2 à 3 centimètres de diamètre. Le chapeau a environ 10 centimètres de diamètre, il est gris de souris, à fines écailles brunes. Le pied est gris fibrilleux, couvert de fines écailles grises ou blanc moucheté de noir. Les feuillets sont larges, blancs, puis gris cendré, noircissant à la fin. La chair est blanche ou blanc grisonnant, de saveur un peu âcre, à odeur de fruits.

Cette espèce est *rare ;* elle pousse en automne dans les bois.

Elle est *comestible* et serait même vendue à Perpignan (Dr Companyo).

Tricholome blanc-noir. — *Tricholoma melaleucum* (pl. XIV, fig. 3, p. 49).

Le chapeau est plan avec un *mamelon au centre*, sa teinte est *d'ordinaire noirâtre ;* il se décolore souvent et devient gris cendré, mais en gardant d'ordinaire le centre plus foncé, le diamètre du chapeau varie de 3 à 6 centimètres. Le pied est *strié*, fibrilleux, élastique quand il est jeune, légèrement renflé à la base, gris brunâtre. Les feuillets sont blancs. La chair est molle, douce, *blanche*, puis cendrée.

Cette espèce est souvent abondante, surtout dans les clairières des bois.

Elle est *comestible* mais peu connue à cause de sa petite taille.

Tricholome à pied rayé. — *Tricholoma grammopodium* (pl. XV, fig. 3, p. 50). (Petite Fl. Champ. Cost., et Duf., p. 25.)

Cette espèce est voisine de la précédente, mais elle est plus grande : le chapeau atteint d'ordinaire 10 centimètres, il se creuse souvent un peu en entonnoir, mais toujours avec un *mamelon* au milieu ; sa teinte est toujours plus pâle, brun clair ou cendrée, quelquefois blanche. Le pied est de la teinte du chapeau, fibrilleux, rayé de brun, renflé à la base. Les feuillets sont blancs, puis cendrés. La chair est *brun foncé*.

On trouve ce Tricholome à l'automne dans les clairières et les bois. Il est *comestible*.

Tricholome colosse. — *Tricholoma colossum.* (Nouv. Fl. Champ., Cost. et Dufour, p. 13).

Cette espèce est *une des plus grosses* parmi les Agaricinées. Le chapeau a de 8 à 16, quelquefois 20 centimètres et plus, il est *visqueux ;* sa couleur est *rouge brique, roussâtre* vif. Le pied surtout est énorme, la partie supérieure rétrécie a 4 centimètres d'épaisseur, la partie basilaire renflée en a de 5 à 7 ; il est plein, ferme, rouge brique en bas, blanchâtre en haut. Les feuillets sont blancs, roussâtres ou rosés. La chair, d'abord blanche, devient rouge brique ou rose chair.

Cette espèce est rare ; elle existe surtout dans l'Est et le Midi ; on la trouve dans les bois de Pins.

Elle est *comestible*, mais de qualité médiocre.

Tricholome Panæole. — *Tricholoma Panæolum* (pl. XV, fig. 4, p. 50). (Nouv. Fl. Champ. Cost. et Duf., p. 16.)

Le chapeau a de 3 à 6 centimètres, il est charnu, aqueux, d'abord convexe puis étalé, brunâtre ou blanc cendré, marqué souvent de taches grisâtres, le bord est enroulé et farineux (à la loupe). Le pied a de 3 à 5 centimètres de long, de 5 à 10 millimètres d'épaisseur ; il est strié, blanchâtre, farineux au sommet. Les feuillets sont larges, adhérents au pied, rapprochés les uns des autres, gris ou bruns. La chair est tendre et blanche. L'odeur est faible, rappelant un peu celle du Mousseron ; la saveur agréable est celle d'amande.

Cette espèce est *comestible*, elle est vendue, d'après M. Bernard, sur le marché de La Rochelle sous le nom d'Argouane de prairie.

Nom vulgaire. — Argouane de prairie.

GENRE CLITOCYBE.

[Du grec : *clitos*, penché et *cybe*, tête ; à cause du bord du chapeau primitivement enroulé.]

Dans ce genre, les *feuillets sont décurrents*, c'est-à-dire qu'ils descendent sur le pied en s'amincissant. Le pied est quelquefois gros et charnu, souvent aussi assez peu épais et un peu fibreux, mais il n'est jamais dur et cartilagineux.

Clitocybe nébuleux. — *Clitocybe nebularis*. Synonyme : *Agaricus pileolarius* (pl. XVI, fig. 1, p. 57).

Ce champignon a soit un chapeau très grand (de 10 à 15 centimètres de diamètre) et un pied court (de 5 à 6 centimètres de longueur), soit un chapeau beaucoup plus petit et un pied plus long (9 cent.). La teinte du chapeau est brun foncé, grisâtre ou gris ocracé pâle. Le pied est blanchâtre ou *grisâtre*, un peu renflé à la base, de 1 à 1^{cm}5 en haut et de 2 à 3 centimètres en bas ; il est strié ou fibrilleux. Les feuillets sont blancs ou blanc crème, paille ou ocracé pâle. La chair est blanche ; l'odeur rappelle celle de la farine, la saveur est peu agréable.

On le trouve en automne dans les forêts ombragées ; il n'est pas très commun.

Ses propriétés alimentaires paraissent un peu *incertaines*. Roques, Berkeley, M. Quélet et beaucoup d'auteurs le déclarent comestible. Cordier prétend qu'il a été fortement incommodé après son ingestion. On le vend cependant sur différents marchés: à Bourges (M. Bernard), à Pontarlier (d'après M. Boyer sous le nom de Petit gris).

Il ne faut pas le confondre avec le *Clitocybe en massue* (p. 56).

Noms vulgaires. — Lera caniglia, Nébuleux, Petit Gris.

Clitocybe en massue. — *Clitocybe clavipes* (Petite Fl. Champ., Cost. et Duf., p. 26).

Il est voisin du précédent, mais beaucoup plus petit; le chapeau a de 4 à 6 centimètres. Le pied, renflé à la base, est *brun foncé ;* par ce dernier caractère, il se distingue du Nébuleux.

On le regarde comme *suspect*.

Clitocybe géotrope. — *Clitocybe geotropa* (pl. XVI, fig. 2, p. 57).

Le chapeau de cette espèce a *un mamelon* au milieu, ses bords sont repliés en dessous; il a, à l'état adulte, de 5 à 10 centimètres; il est déprimé à la fin, quelquefois le mamelon central manque, mais cela est rare; sa teinte est *crème, ocre pâle* ou roux rosé très clair. Le pied a d'ordinaire 2 centimètres de diamètre (rarement de 15 mm.); il est souvent long par rapport au chapeau : par exemple le pied aura 10 centimètres de long et le chapeau 5 centimètres de diamètre ; cet allongement du pied ne se produit pas toujours (pl. XVI, fig. 2). Les feuillets sont blancs, crème ou roux pâle. La chair est blanche ou un peu moins foncée que le chapeau, à odeur agréable.

On trouve ce Clitocybe à terre, dans les bois en automne.

Il est *comestible ;* on le vend sur le marché de Besançon (M. Bernard).

Nom vulgaire. — Mousseron (à Besançon).

Clitocybe laqué. — *Clitocybe laccata*. Synonyme : *Laccaria laccata* (pl. XVII, fig. 1, p. 58).

Ce champignon est extrêmement variable. Il *peut être entièrement violet ;* en vieillissant, il change de teinte, le chapeau devient ocracé ou *roussâtre* en gardant le pied et les feuillets violets. Il peut enfin avoir le chapeau et le pied roux avec les feuillets rosés; dans ce cas, on a en réalité affaire à une forme dont M. Boudier fait une espèce *proxima* (proche) qui est caractérisée par des spores de forme différente (sphérique). Le chapeau est d'abord hémisphérique, puis étalé et finalement déprimé, son diamètre varie de 2 à 6 centimètres. Le pied est allongé et grêle, de 2 à 8 centimètres de long, il ne dépasse qu'exceptionnellement 5 millimètres de diamètre ; il est *mat*, plein, se creusant

CLITOCYBE

(2, Espèce comestible).

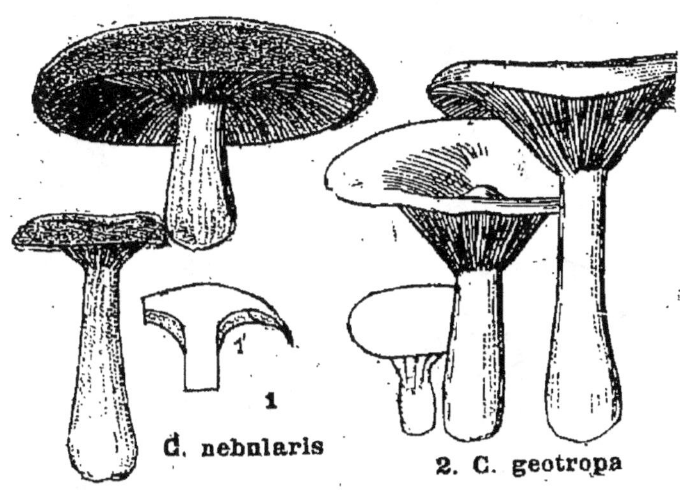

1. Clitocybe nébuleux, *C. nebularis;* cette espèce est probablement comestible, mais il vaut mieux ne pas la manger, voir p. 55. — **2. Clitocybe géotrope**, *C. geotropa;* espèce comestible, voir p. 56.

CLITOCYBE

(Espèces comestibles).

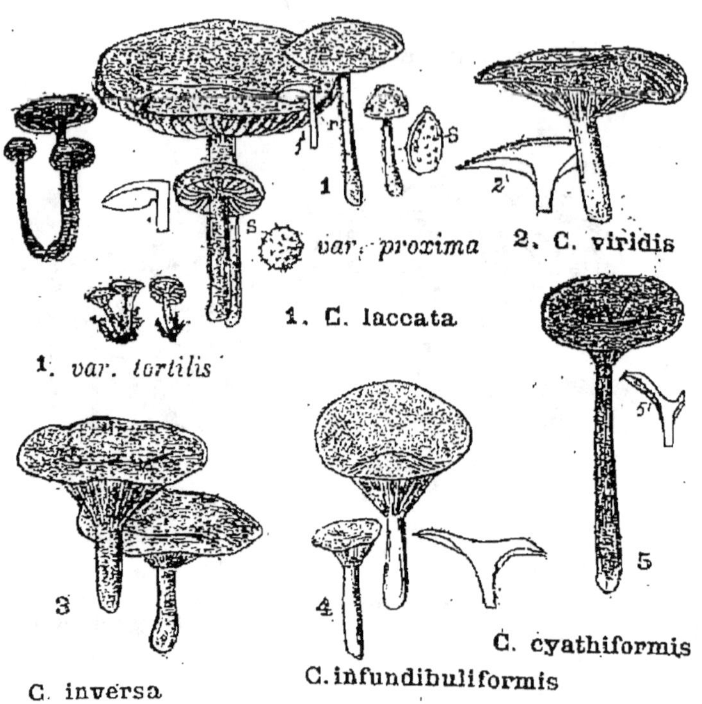

1. **Clitocybe laqué,** *C. laccata;* espèce comestible ; deux variétés : *tortilée (tortilis)* et *proche (proxima)*; s, représente les spores qui sont échinulées ovoïdes dans cette dernière variété, voir p. 56. — **2. Clitocybe vert,** *C. viridis;* espèce comestible, voir p. 59. — **3. Clitocybe retourné,** *C. inversa;* espèce comestible d'après des essais récents, voir p. 59. — **4. Clitocybe en entonnoir,** *C. infundibuliformis;* espèce comestible, voir p. 60. — **5. Clitocybe en coupe,** *C. cyathiformis;* comestible, voir p. 60.

à la fin. Les feuillets *ne sont pas décurrents*, ils présentent seulement une *échancrure* près du pied. La chair est de la couleur des feuillets. Les spores sont verruqueuses, ovoïdes.

Cette espèce est extrêmement commune dans tous les bois ombragés, en automne.

Elle est *comestible*, mais sa petite taille la fait peu rechercher. Cependant Roques la place à côté des Mousserons pour le goût.

Noms vulgaires. — L'Améthyste, le Laqué.

Clitocybe vert. — *Clitocybe viridis.* Synonyme : *Clitocybe odora* (pl. XVII, fig. 2, p. 58).

Le chapeau est rarement d'un vert franc, quelquefois d'un vert tirant sur le bleu, souvent gris verdâtre, gris bleuâtre et même en vieillissant complètement gris, gris ocracé (variété de Trog, *Trogii*); son diamètre varie de 5 à 6 centimètres. Le pied est blanchâtre ou gris comme le chapeau. La chair est d'un blanc sale; l'odeur est *pénétrante* et *rappelle celle de l'anis :* elle est très caractéristique.

On trouve ce Clitocybe assez souvent en automne dans les forêts ombragées.

Il est *comestible* et se vend sur le marché de Perpignan (Dr Companyo).

Clitocybe suave. — *Clitocybe suaveolens.* Synonyme : *Clitocybe fragans* (Petite Fl. Champ. Cost. et Duf., p. 26).

Ce Clitocybe est très voisin du précédent, il a la même *odeur d'anis* et a mérité le nom d'Anisé. Le chapeau est gris brunâtre, de la nuance de la corne, strié au bord, se décolorant un peu par la sécheresse; il est d'abord convexe, puis plan, enfin creux, de 2 à 4 centimètres de diamètre. Le pied, de même couleur que le chapeau, a de 4 à 6 centimètres de long sur 4 à 6 millimètres d'épaisseur.

Ce champignon se trouve en automne dans les forêts ombragées et aussi sous les Pins.

Il est *comestible*, mais peu recherché.

Noms vulgaires. — L'Anisé, le Parfumé.

Clitocybe retourné. — *Clitocybe inversa* (pl. XVII, fig. 3, p. 58).

Le chapeau est mince, rapidement creusé en entonnoir avec les bords rabattus, enroulés en dessous; sa couleur est *rousse* ou *fauve*, il est quelquefois un peu décoloré, son diamètre varie de 5 à 7 centimètres. Le pied est *court*, de 3 à 4 centimètres, de la même nuance que le chapeau. Les feuillets sont nombreux, crème, puis roussâtre pâle. La chair est roux très pâle, de saveur un peu acidulée.

On le trouve à terre, en automne, surtout dans les bois de Conifères.

Cette espèce était autrefois considérée comme *nuisible;* récemment plusieurs membres de la Société mycologique l'ont expérimentée et la déclarent comestible.

Clitocybe en entonnoir. — *Clitocybe infundibuliformis* (pl. XVII, fig. 4, p. 58).

Le chapeau, quand il est jeune, est convexe, puis plan, mais on l'observe d'ordinaire creusé au centre avec les bords relevés ; il peut être quelquefois légèrement mamelonné au milieu ; *sa teinte est pâle*, soit jaunâtre clair, soit roux très dilué ; son diamètre varie de 4 à 6 centimètres. Le pied est *blanc* ou blanchâtre, quelquefois mais rarement d'un roux très pâle ; il est fibreux, élastique, peu épais. Les feuillets sont nombreux, étroits, on en voit assez souvent quelques-uns ramifiés ; ils sont blancs ou crème. La chair est blanche, l'odeur assez pénétrante et agréable.

Cette espèce est commune dans les bois ombragés sur les feuilles. Elle est *comestible*, mais peu recherchée.

On ne peut guère la confondre avec le Clitocybe retourné, qui est roux vif.

Nom vulgaire. — Coupe bocagère.

Clitocybe en coupe. — *Clitocybe cyathiformis* (pl. XVII, fig. 5, p. 58).

Le chapeau est en entonnoir comme dans l'espèce précédente, mais il est *brunâtre*, quelquefois il pâlit cependant par la sécheresse mais prend alors une teinte d'argile ou de cannelle. Le pied est également *brun, fibrilleux*, strié, quelquefois comme recouvert d'un réseau de fibrilles ; le pied est long par rapport au chapeau, plus long que dans l'espèce précédente (chapeau de 4 à 5 centimètres, pied de 8 à 9 centimètres) ; il est un peu renflé à la base qui est blanche. Les feuillets sont cendrés. La chair est brunâtre.

On le trouve en automne assez communément dans les forêts et les prés. Il est *comestible*, mais peu recherché.

GENRE COLLYBIE

[Du grec : *collybos*, pièce de monnaie ; allusion à la forme du chapeau.]

Le chapeau est d'ordinaire *plan*, très rapidement *étalé*. Le pied est *grêle* et de consistance assez ferme, élastique comme du caoutchouc, se pliant sans se briser, souvent cartilagineux dans sa partie externe. Les feuillets sont libres ou adhérents au pied.

Collybie à racine. — *Collybia radicata* (pl. XVIII, fig. 1, p. 61).
Le chapeau est brun clair, jaune olivâtre très pâle, souvent *glutineux*,

COLLYBIES

(1. Espèce suspecte ; 2. Espèce comestible).

1. C. radicata Fr.   2 C. fusipes

1. Collybie à racine, *C. radicala ;* espèce suspecte, voir p. 60.
— **2. Collybie en fuseau**, *C. fusipes ;* le chapeau constitue
un excellent aliment, le pied est un peu coriace, voir p. 63.

COLLYBIES

(1, 2, 4. Espèces suspectes; 3. Espèce comestible).

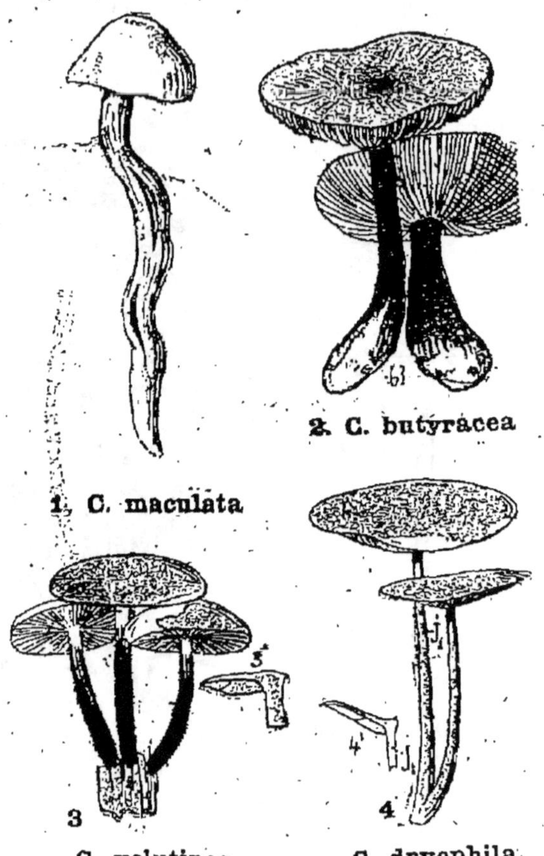

1. Collybie maculé, *C. maculata;* espèce suspecte, voir p. 64.
2. Collybie butyreux, *C. butyracea;* espèce suspecte, voir
p. 64. — **3. Collybie à pied velu,** *C. velutipes;* comestible
mais un peu coriace, voir p. 64. — **4. Collybie des chênes,**
C. dryophila; propriétés alimentaires encore mal connues,
voir p. 65.

visqueux, ridé fréquemment ; sa teinte devient jaune brunâtre ou même blanche ; d'ordinaire étalé en disque, il peut avoir assez souvent un mamelon au centre ; le diamètre varie de 4 à 8 centimètres. Le pied est haut et grêle, de 1 à 3 millimètres d'épaisseur en haut, un peu plus renflé à la base qui est terminée par *une longue racine* pointue, de plusieurs centimètres de long. Les feuillets sont larges, ventrus, *assez espacés*, relativement peu nombreux, blancs ou blanchâtres, quelquefois bordés de noir.

On trouve ce Clitocybe fréquemment au pied des arbres, en automne.

M. Quélet le donne comme comestible avec doute, il sera donc prudent de s'abstenir de le consommer jusqu'à ce que les expériences sur ce point aient été répétées : on le regardera comme *suspect*.

Collybie en fuseau. — *Collybia fusipes* (pl. XVIII, fig. 2, p. 61).

Le chapeau est élastique, d'abord arrondi, puis étalé, souvent un peu difforme, roux clair ou roux foncé, de 4 à 10 centimètres. Le pied est *fusiforme*, coriace, strié, cannelé, tordu souvent ; de 10 à 15 millimètres de large au milieu, rarement très grêle (5 millim.) ; sa teinte est celle du chapeau ; il est creux sur les vieux échantillons. Les feuillets sont blancs, puis crème, enfin tachetés de roux ou de brun roussâtre. Sa chair est au début blanchâtre ou roux très pâle ; son odeur est nulle, sa saveur agréable.

Il pousse d'ordinaire *en touffes* au pied des arbres, sur les troncs de Chênes, de Trembles, toute l'année.

Il est *comestible et même délicat*, mais il ne faut manger que le chapeau, et lorsqu'il est jeune. Il est vendu sur le marché de Perpignan (Dʳ Companyo).

Noms vulgaires. — Bolet d'alzino, Cassenado, Cassinado, Chénier ventru, Champignon d'Yeuse, Frigoulo, Péboulado, Piboulado, Saussenado, Souchette.

Collybie des cônes. — *Collybia conigena* (Petite Fl. Champ., p. 23).

Ce champignon est très facilement reconnaissable parce qu'il pousse sur les cônes de Pins. Le chapeau, rapidement étalé, est brunâtre, de 2 à 3 centimètres. Le pied est poudré en haut et couvert de filaments blancs sur tout le reste de sa surface.

Il est *comestible*.

Collybie maculé. — *Collybia maculata* (pl. XIX, fig. 1, p. 62).

C'est un champignon d'abord *tout blanc, puis se tachant de roux* ou de brun. Le chapeau peut s'étaler et a d'ordinaire de 4 à 7 centimètres, mais il peut en atteindre 10. Le pied se prolonge souvent dans le sol ou dans la mousse *par une racine terminée en biseau ;* cette racine manque quelquefois; il est souvent strié ou sillonné, irrégulier. Les feuillets sont *très nombreux* et de faible hauteur, tachetés souvent comme tout le champignon. La chair est blanche, un peu acide.

On le trouve assez communément dans les bois de Pins et de Sapins, quelquefois dans les bois de Robinier faux Acacia.

On le regarde comme *suspect*.

Collybie à pied velu. — *Collybia velutipes* (pl. XIX, fig. 3, p. 62).

Le chapeau est jaune, jaune orangé ou jaunâtre clair, quelquefois fauve ou brunâtre au centre, *glabre*, un peu visqueux, de 2 à 5 centimètres. Le pied est jaune citron en haut et brun fauve en bas, ou même *noirâtre, velouté*. Les feuillets sont crème, puis paille. La chair est crème et roussâtre dans le pied, de saveur douce.

On le trouve en été et automne sur des troncs d'arbres très divers.

Il est *comestible* mais peu recommandable.

Collybie butyreux. — *Collybia butyracea* (pl. XIX, fig. 2, p. 62).

Le chapeau est d'abord conique, puis rapidement étalé, pouvant cependant garder un petit mamelon au centre; sa couleur est variable, quelquefois brun foncé, mais d'ordinaire brun très pâle, ocracé très pâle presque blanche, le centre restant d'ordinaire plus foncé; sa taille varie de 5 à 6 centimètres. Le pied présente les variations de teinte du chapeau, mais il est souvent plus foncé; il est. *renflé à la base* qui est *très molle* et *s'aplatit entre les doigts* sous une très faible pression; ce pied est un peu velu à la base. Les feuillets sont blancs, crème ou blanc grisâtre. La chair brunâtre blanchit par la sécheresse; elle est sans odeur.

On trouve ce Collybie communément à l'automne, dans les forêts ombragées. Il est considéré comme *suspect*.

Collybie des chênes. — *Collybia dryophila* (pl. XIX, fig. 4, p. 62).

Ce champignon, commun partout dans les forêts, est reconnu aisément à son *chapeau plan*, mince et à son pied *grêle*. La couleur du chapeau est variable, il est crème légèrement roussâtre ou presque blanc avec le centre souvent plus foncé, il est quelquefois brun clair; ses dimensions varient de 4 à 6 centimètres; ses bords sont souvent relevés à la fin. Le pied est brun clair, mince, ordinairement de 2 à 3 millimètres d'épaisseur, *cylindrique*, rarement un peu renflé à la base; il a quelquefois, mais exceptionnellement, 4 millimètres de diamètre. Les feuillets sont nombreux, de faible hauteur, blancs ou crème. La chair est blanchâtre, l'odeur est faible mais très nette : il suffit d'avoir senti deux ou trois fois ce champignon pour toujours le reconnaître.

Il est très commun sur les feuilles et la mousse pendant toute l'année.

On prétend qu'il a causé des empoisonnements en Angle-

Planche XX.

COLLYBIES

(1 et 3. Espèces comestibles ; 2. Espèce suspecte).

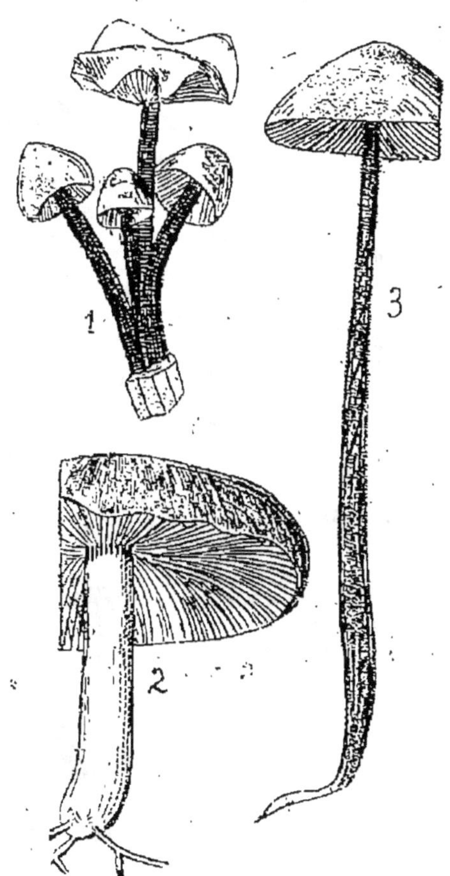

1. Collybie à pied rouge, *C. erythropus;* espèce comestible mais coriace, voir p. 67. — **2. Collybie à tête rayée**, *C. grammocephala;* espèce suspecte, voir p. 67. — **3. Collybie à long pied**, *C. longipes;* espèce comestible, voir p. 67.

MYCÈNES

(Espèces suspectes ou non alimentaires).

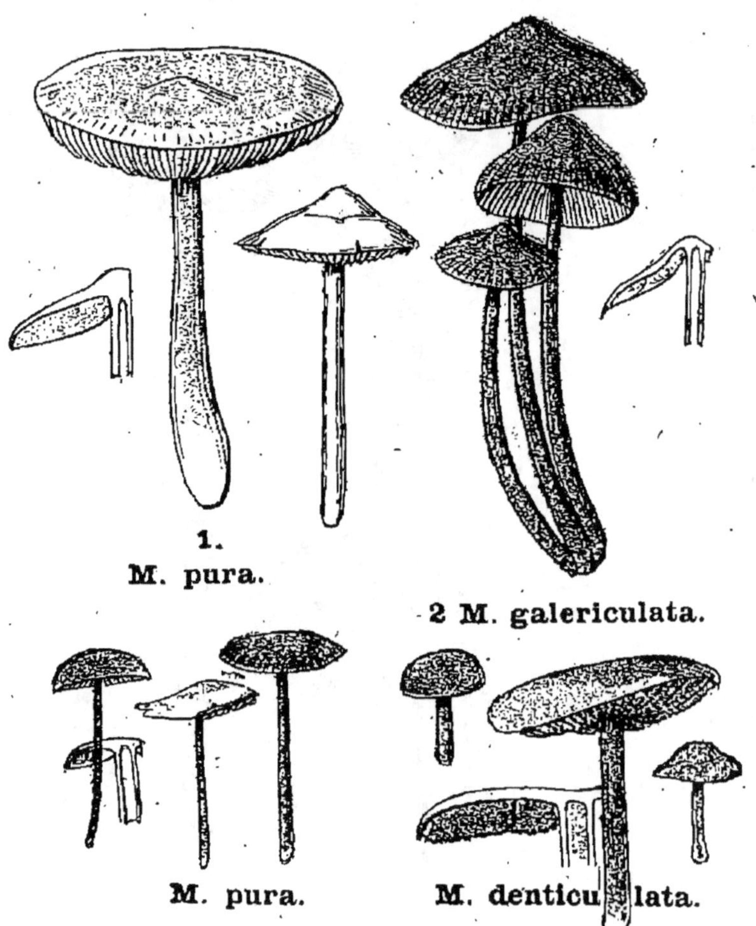

1. Mycène pur, *M. pura;* espèce suspecte, voir p. 69. — Variétés rosées, blanches (dessins en haut), violettes ou jaunes (dessins en bas à droite). — **2. Mycène à casque,** *M. galericulata;* espèce non vénéneuse mais non alimentaire, voir p. 70. — **3. Mycène denticulé,** *M. denticulata;* espèce suspecte, voir p. 69.

terre. M. Quélet le dit cependant comestible, d'un goût délicat.

Collybie à pied rouge. — *Collybia erythropus* (pl. XX, fig. 1, p. 65).

Ce champignon est voisin du précédent ; le port est le même, mais il a le pied *brun rougeâtre*. Le chapeau présente quelquefois une teinte semblable, mais il est d'ordinaire blanc crème, nuancé de rosé. Les feuillets sont blancs ou crème rosé.

On le trouve en automne, fréquemment en troupe sur les feuilles.

Il est *comestible*, mais coriace.

Collybie à tête rayée. — *Collybia grammocephala*. Synonyme : *Collybia platyphylla* (pl. XX, fig. 2, p. 65).

Le chapeau est arrondi, puis étalé, souvent avec un mamelon, gris pâle ou brunâtre, *rayé de fibrilles brunes ;* la largeur est de 5 à 8 centimètres. Le pied est épais de 10 à 12 millimètres, creux, blanchâtre ou gris très pâle, présentant à sa base des *cordons blancs souterrains* qui s'enfoncent dans la terre ou s'étalent au voisinage de sa surface, que l'on peut enlever quand on arrache le champignon avec précaution. Les feuillets sont larges, *espacés*, blanc grisâtre ou brun très clair. La chair est blanche, l'odeur nulle, la saveur peu agréable. Ce Collybie ressemble un peu à un Tricholome, mais il n'a pas les feuillets échancrés.

On le trouve quelquefois assez communément certaines années en automne et en été.

On le regarde comme *suspect*, coriace et indigeste.

Collybie à long pied. — *Collybia longipes* (pl. XX, fig. 3, p. 65).

Le chapeau reste longtemps *conique*, il est brun marron, brun roux, *velouté*, ferme, coriace, de 4 à 18 centimètres. Le pied est long, grêle, de 3 à 5 millimètres d'épaisseur en haut, de 6 à 7 millimètres en bas, avec une longue racine ; il est strié et sillonné, *velouté*, de même couleur que le chapeau. Les feuillets sont d'un blanc de lait. Ce champignon a une consistance ferme, il est sec presque comme un Marasme.

On le trouve en automne, peu communément, sur des racines ou des morceaux de bois, solitaire.

Il est *comestible* mais coriace.

GENRE MYCÈNE

[Du grec : *mycès*, champignon.]

Le chapeau de ces champignons est *conique* et à bords droits, non enroulés en dessous dans le jeune âge, il s'étale rarement ou tardivement ; le *pied est grêle*.

MYCÈNE

(Espèce non comestible).

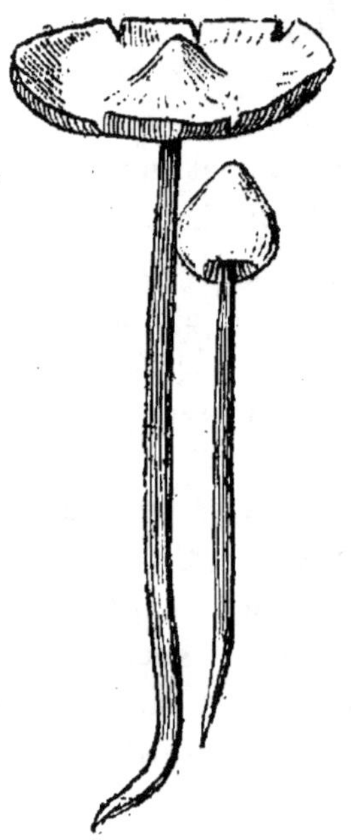

M. polygramma

Mycène strié, *M. polygramma;* propriétés alimentaires inconnues, voir p. 70.

Mycène pur. — *Mycena pura* (pl. XXI, fig. 1, p. 66).

Cette espèce est extrêmement variable dans sa taille, dans sa forme et dans sa couleur.

La forme la plus commune est *rose*, à chapeau et à pied légèrement teintés. Le chapeau est *conique* s'étalant rapidement, strié au bord quand il est jeune ; le diamètre peut atteindre 7 centimètres. Le pied peut avoir de 5 à 8 millimètres d'épaisseur. Les feuillets sont adhérents au pied, *roses*.

Il y a une variété grêle à chapeau *arrondi* de même teinte.

On observe aussi fréquemment des échantillons à chapeau violacé, à *pied* et à *feuillets violacés*. Cette variété (fig. 1) se distingue du Clitocybe laqué par son pied *brillant* et non mat. Quelquefois aussi, dans ce dernier cas, le chapeau peut prendre une teinte jaune crème (p. 66, fig. 1).

Enfin, il existe une variété entièrement blanche, sauf les feuillets qui sont rose pâle.

On trouve communément ce Mycène à terre en automne.

C'est une *espèce suspecte*.

Mycène denticulé. — *Mycena denticulata*. Synonyme : *Mycena pelianthina* (pl. XXI, fig. 3, p. 66).

Le chapeau est d'un gris violacé sale, quelquefois nettement violacé ; accidentellement, il peut prendre une teinte gris roussâtre ; son diamètre varie de 3 à 5 centimètres ; sa forme est rarement conique, il s'étale de très bonne heure. Le pied est de même teinte que le chapeau, son épaisseur varie de 2 à 8 millimètres ; il est creux, glabre ou strié, fibrilleux. Les feuillets sont d'un gris violacé, *noirâtres* ou *violet noir* au bord qui est *denticulé* ; ils sont réunis entre eux par des veines. La chair est blanc grisâtre ; l'odeur est celle du raifort.

On rencontre cette espèce, qui est assez peu commune, en automne dans les forêts ombragées.

Elle est encore *suspecte*, car elle n'a pas été expérimentée.

Mycène à casque — *Mycena galericulata* (pl. XXI, fig. 2, p. 66).

Ce champignon est le type des Mycènes. Son chapeau est conique ou en cloche, il s'étale un peu mais tardivement, et reste conique au centre ; il est brun, brun clair ou gris, rarement blanchâtre, *strié au bord* ; le diamètre varie de 2 à 4 centimètres. Le pied est *lisse*, poilu souvent en bas, de la même teinte que le chapeau. Les feuillets adhèrent au pied, ils sont blancs, puis crème, *légèrement rosés*. La chair est blanche, la saveur désagréable.

Ce Mycène pousse en *touffes*, en toutes saisons dans les forêts, *sur les souches ;* il est commun.

Il ne paraît pas vénéneux (Gillet), mais il est trop grêle pour être récolté.

Mycène strié. — *Mycena polygramma* (pl. XXII, p. 68).

Ce champignon ressemble beaucoup au précédent par son port et par sa teinte, mais il a le pied *strié* longitudinalement, brillant, *argenté*, se terminant à la base par une racine. Les feuillets ont la même *teinte rosée* que dans l'espèce à casque.

Ce Mycène est moins commun que son congénère, et pousse solitaire en été et en automne sur les souches.

Ses propriétés alimentaires sont *inconnues*.

GENRE PLEUROTE

[Du grec : *pleuron*, de côté ; *otos*, oreille ; à cause de l'insertion du pied.]

Le pied s'insère dans les champignons de ce genre soit *de côté*, soit en un point autre que le centre du chapeau; dans un certain nombre d'espèces, le pied manque tout à fait. Les Pleurotés se distinguent des Panes, qui ont également le pied latéral, par la consistance *charnue*, molle de leur chair, au moins dans le jeune âge.

Pleurote du Chêne. — *Pleurotus dryinus*. Synonyme : *Pleurotus corticatus* (pl. XXIV, fig. 2, p. 72).

Le chapeau est *gris*, un peu velouté, à écailles brunes; sa teinte peut quelquefois devenir presque blanche ; le bord est enroulé en dessous ; sa taille varie de 5 à 10 centimètres. Le pied est vertical, inséré tout à fait de côté, cependant le bord du chapeau passe derrière le pied; dans le jeune âge, le haut du pied *est réuni au bord du chapeau par une membrane qui se déchire irrégulièrement* en laissant souvent des débris sur le bord du chapeau (fig. 2). Les feuillets descendent (décurrents) sur le haut du pied en s'anastomosant entre eux en réseau; d'abord blancs, ils jaunissent en séchant.

On trouve ce Pleurote en été et en automne sur des souches d'arbres divers; ce n'est pas une espèce commune.

C'est un *bon comestible* à l'état jeune.

Pleurote du Panicaut. — *Pleurotus Eryngii*. Synynome : *Pl. cardarella* (pl. XXIII, fig. 2, p. 71).

Ce champignon pousse sur les tiges de l'*Eryngium campestre*, Panicaut ou Chardon Roland. Ce mode de vie ne permet pas de le confondre avec aucune autre espèce. Son chapeau d'abord convexe se

PLEUROTES

(1 et 2. Espèces comestibles ; 3. Espèce vénéneuse).

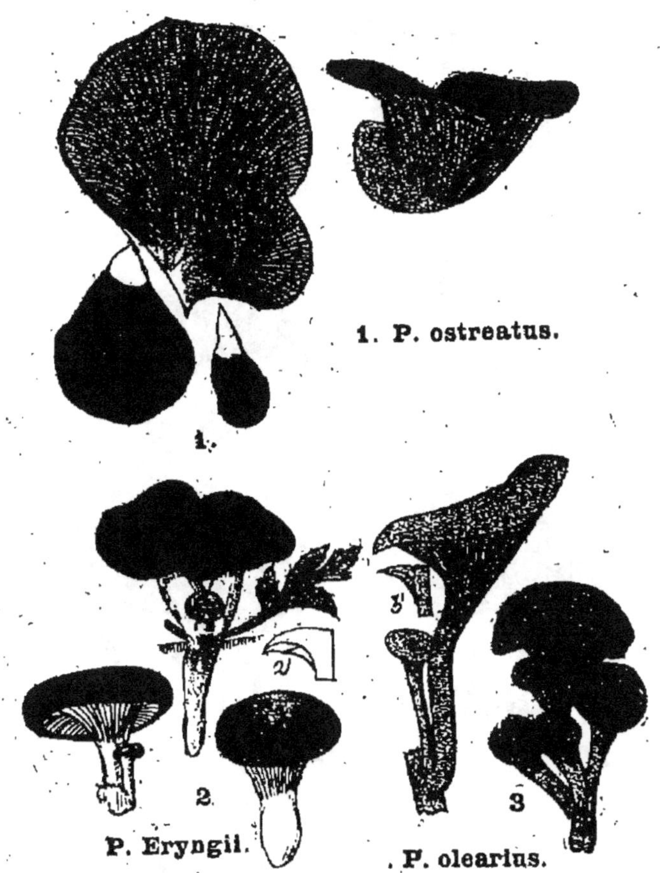

1. **Pleurote en huître**, *P. ostreatus ;* comestible estimé, voir p. 73. — **2. Pleurote du Panicaut**, *P. Eryngii ;* comestible excellent, voir p. 70. — **3. Pleurote de l'olivier**, *P. olearius ;* espèce vénéneuse, voir p. 73.

Planche XXIV.

PLEUROTES

(1, 2 et 3. Espèces comestibles ; 4 et 5. Espèces suspectes).

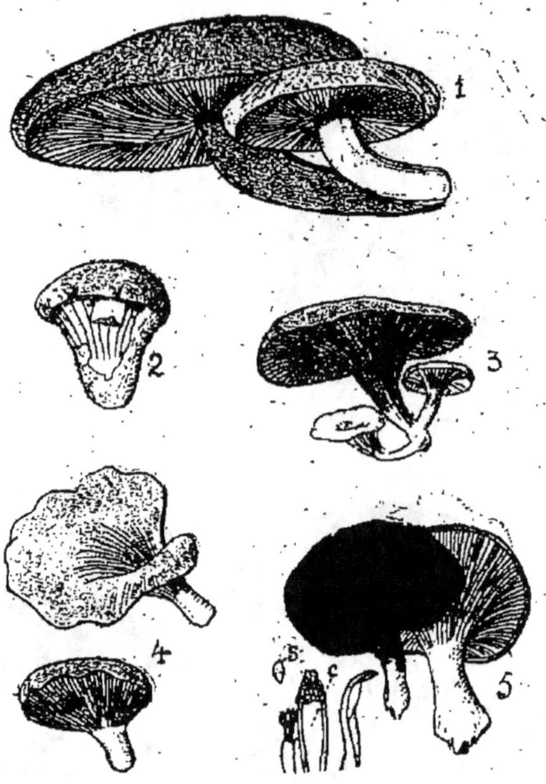

1. Pleurote de l'orme, *P. ulmarius ;* comestible apprécié, voir
p. 74. — **2. Pleurote du chêne**, *P. dryinus ;* bon comestible
à l'état jeune, voir p. 70. — **3. Pleurote corne d'abondance**, *P. cornucopioides ;* excellent comestible, voir p. 74. —
4. Pleurote terrestre, *P. terrestris ;* espèce suspecte, voir
p. 74. — **5. Pleurote pétaloïde**, *P. petaloides ;* espèce suspecte, voir p. 74.

déprime ensuite au centre, sa teinte est brunâtre, brun roux ou grisâtre ; son diamètre est de 5 à 10 centimètres. Son pied est vertical, un peu excentrique, *quelquefois tout à fait central*, il est blanc, recouvert à la base d'un duvet. Les feuillets sont décurrents (ils descendent sur le pied) et blancs ou blancs un peu rosés.

Cette espèce n'existe pas dans le nord de la France, elle ne dépasse guère les bords de la Loire. On l'a observée cependant à Cherbourg. On la trouve en été sur les Érynges champêtre et maritime. Une variété des faons (*nebrodensis*) pousse dans les Alpes-Maritimes et en Algérie sur les *Ferula*, *Eleoselinum*, *Opoponax* ; on la vend en Algérie à Sidi-bel-Abbés sous le nom arabe de Fougga (M. Bernard).

Le Pleurote du Panicaut est un *comestible excellent* que l'on mange dans la vallée du Rhône, le Nivernais, que l'on vend sur les marchés de La Rochelle, de Bourges, de Perpignan (M. Bernard).

Noms vulgaires. — Argouagne, Argouane, Beigoula, Bérigoulo, Bolet dau baja preire, Bouligoule, Boulingoulo, Bridoulo, Brigoule, Brigoulo, Canicot, Cardoueto, Champignon de Garrigues, Champignon de Panicaut, Conquesto, Conque, Corgne, Couderlo, Congouerlo, Escouderme, Fougga, Gingoule, Girboulo de Panicot, Oreille de Chardon, Oreillette, Panichaou, Panicau, Ragoule, Ringoule.

Pleurote de l'Olivier. — *Pleurotus olearius* (pl. XXIII, fig. 3, p. 71).

Le chapeau est charnu, il se creuse rapidement au centre en entonnoir, sa couleur est *orangée*, safranée, brun rougeâtre ou brun marron ; il a de 5 à 10 centimètres de diamètre. Le pied vertical et allongé est un peu excentrique, de la même couleur que le chapeau. Les feuillets sont très *décurrents*, c'est-à-dire qu'ils descendent en s'amincissant sur le pied, leur couleur est jaune d'or ou orange. La chair est jaune, *amère ;* l'odeur est celle d'huile d'olive rance ; les spores sont *blanc crème* (et non pas fauves comme on l'a dit).

Les feuillets de cette espèce possèdent la propriété de luire à l'obscurité.

Ce champignon est *méridional*, on ne le trouve guère au nord de la Loire, on l'a signalé à Mondoubleau (Loir-et-Cher) et aux environs d'Angers ; il pousse sur le bois non seulement d'Olivier, mais de Chêne, de Charme, de Genêt, de Génévrier.

Ce Pleurote est *vénéneux*.

Noms vulgaires. — Bolet d'Aulivié, Bolet de l'Oliu, Champignon de l'Olivier, de l'Oulibié, Oreille de l'Olivier.

Pleurote en huître. — *Pleurotus ostreatus.* Synonyme : *Pleurotus glandulosus* (pl. XXIII, fig. 1, p. 71.)

Le chapeau est creusé par-dessus à l'état adulte comme une écaille d'huître, il est *brunâtre* ou *noirâtre*, quelquefois nuancé de violet, il devient souvent plus pâle, brun clair par la sécheresse ; son diamètre est de 6 à 10 centimètres. Le pied est extrêmement *court ou même nul*. Les feuillets sont décurrents (descendant sur le pied), réunis entre eux à la base, blancs, crème ou grisâtres, l'arête est quelquefois brune et couverte de petits granules résultant de piqûres de petits animaux ou de la présence de grains de sable. La chair est blanche et douce.

On trouve ce Pleurote en touffes en automne et hiver sur les troncs de différents arbres (Hêtres, Peupliers, etc.).

Il est *comestible et estimé*, on le vend dans les Vosges.

Noms vulgaires. — Aureglia de Cat, Bridouilo, Bridoulo, Brigoulo, Cardoueto, Couderlo, Couguerlo, Couvrose, Negret, Nogret, Noiret, Nouret, Oreille de Nouret, Oreille de Noyer, Panicot, Poule de bois.

Pleurote de l'Orme. — *Pleurotus ulmarius* (pl. XXIV, fig. 1, p. 72).

C'est un Pleurote *pourvu d'un pied* qui s'insère presque au milieu du chapeau, le pied est seulement un peu courbé, de sorte qu'au premier aspect on ne croirait pas avoir affaire à une espèce de ce genre. Le chapeau est *blanc crème*, gris ou ocracé très pâle, souvent tacheté ou aréolé, de 10 à 20 centimètres lorsqu'il est étalé. Le pied est ferme, épais, un peu velouté à la base, *blanc*. Les feuillets ne sont pas décurrents sur le pied, ils se soudent à lui et présentent près de leur insertion une échancrure, comme s'il s'agissait d'un Tricholome ; ils sont *larges*, blanc crème.

Cette espèce pousse à la fin de l'automne sur l'Orme, le Charme, souvent assez haut au-dessus du sol.

Elle est *comestible*.

Noms vulgaires. — Aoureillo d'Oulmé, Boulé d'Oulmé, Bolet d'Ulm, Comparol d'Oulmé, Ourinerados, Oreille d'Orme.

Je signalerai, en terminant cette revision des Pleurotes :

Le **Pleurote terrestre** (*Pl. geogenius*) (pl. XXIV, fig. 4, p. 72) à pied tout à fait latéral, à chapeau en gouttière, qui pousse à terre au pied des souches ; il est *velouté* et brunâtre, couvert d'une couche gélatineuse.

Le **Pleurote petaloïde** (*Pl. petaloides*) (pl. XXIV, fig. 5, p. 72), qui pousse en touffes sur les souches, est gélatineux comme le précédent mais *glabre*. Ces deux espèces sont *suspectes*.

Le **Pleurotus corne d'abondance** (*Pl. cornucopioides*) (pl. XXIV, fig. 3, p. 72) est au contraire *comestible*. Sa teinte est blanc de lait, grisâtre ou ocracé pâle ; le chapeau est en *entonnoir*. Le pied est presque central, soudé aux pieds voisins. Les feuillets sont blancs, puis blanc rosé

HYGROPHORES

(1. Espèce suspecte ; 2. Espèce comestible).

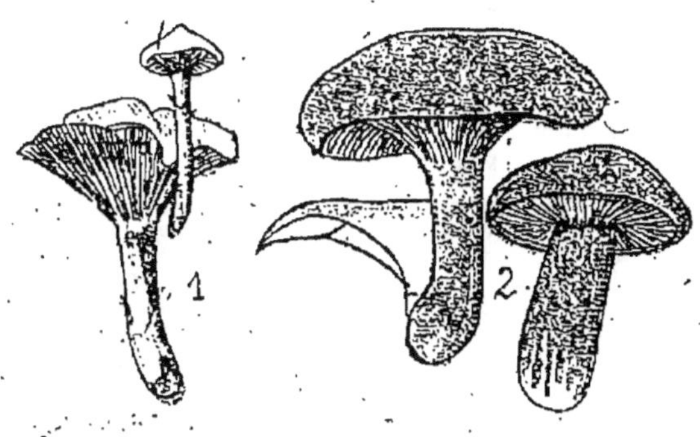

1. H. eburneus   2. H. pudorinus

1. Hygrophore blanc d'ivoire, *H. eburneus ;* espèce suspecte, voir p. 77. — **2. Hygrophore pudibond**, *H. pudorinus ;* espèce comestible, voir p. 78.

HYGROPHORES

(2. Espèce comestible; 3. Espèce suspecte).

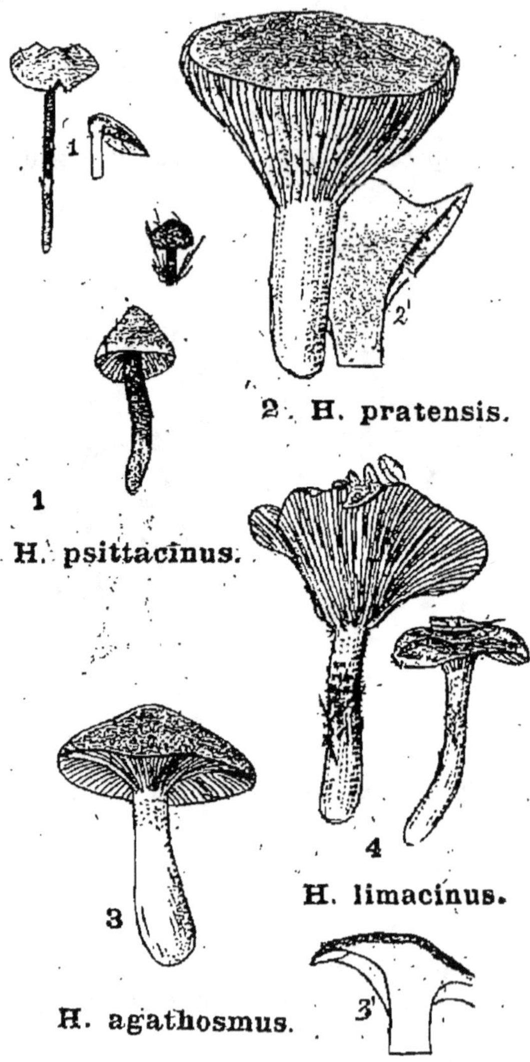

2. H. pratensis.

1

H. psittacinus.

H. limacinus.

3

H. agathosmus.

1. **Hygrophore perroquet,** *H. psittacinus;* propriétés élémentaires inconnues, voir p. 78. — **2. Hygrophore des prés** *H. pratensis;* espèce comestible, voir p. 78. — **3. Hygrophore odorant,** *H. agathosmus;* espèce suspecte, voir p. 78. — **4. Hygrophore gluant,** *H. limacinus;* propriétés alimentaires inconnues, voir p. 81.

ou crème ; les spores sont un peu rosées. On désigne vulgairement ce Pleurote sous le nom de Coquille de Chêne, Corne d'abondance du Chêne.

GENRE HYGROPHORE

[Du grec : *hygros*, humidité et *phoros*, qui porte ; parce que la chair est aqueuse et le chapeau souvent visqueux.]

Ce genre offre des types variés. Très souvent le chapeau est *visqueux* ; les feuillets sont fréquemment *décurrents* (ils descendent sur le pied), ils sont *espacés*, peu nombreux, assez *épais à la base* réunis par des veines, leur arête est mince ; ces lames sont aqueuses, d'*aspect de cire*. Dans un certain nombre d'espèces, les couleurs sont vives, le chapeau conique et les feuillets non décurrents. Ces champignons sont assez fréquemment gros, mais fragiles, ayant souvent le pied creux.

Hygrophore virginal. — *Hygrophorus virgineus* (P. Flore, p. 29).
Le chapeau du champignon est *sec*, farineux, pouvant se creuser d'aréoles, *blanc de neige* étant jeune, il devient crème un peu ocracé ou rosé au milieu en vieillissant ; son diamètre varie de 3 à 6 centimètres. Le pied est blanc, quelquefois lavé de rose, de 3 à 6 millimètres de diamètre. Les feuillets sont *décurrents* (ils descendent sur le pied), blancs, veinés à la base. La chair est blanche, quelquefois rosée dans le pied, à odeur et saveur agréables.

On le trouve en été et automne, dans les pâturages et les bruyères.

Il est *comestible* délicat et serait vendu, d'après M. Companyo, sur différents marchés (Perpignan).

Espèces avec lesquelles on pourrait le confondre. — L'Hygrophore blanc d'ivoire est voisin, mais il a le chapeau visqueux. On pourrait confondre l'Hygrophore virginal avec les Clitocybes blancs vénéneux, mais ces derniers ont les feuillets serrés, nombreux et non veinés (le *Cl. ericetorum* fait exception, il est d'ailleurs comestible et très rare).

Hygrophore blanc d'ivoire. — *Hygrophorus eburneus* (pl. XXV, fig. 1, p. 75).
Ce champignon est *blanc* comme le précédent, mais il a le chapeau *visqueux*, comme lubréfié, de 3 à 5 centimètres de diamètre. Le pied est couvert au sommet de flocons ou de *granules glutineux*. Les feuillets blancs sont d'abord échancrés près du pied ; ils deviennent plus tard décurrents en descendant sur le pied. L'*odeur désagréable* de la chenille cossus s'observe dans le variété *cossus*.

Il est commun dans les forêts ombragées en automne et été.

On le regarde comme *suspect*.

Hygrophore pudibond. — *Hygrophorus pudorinus* (pl. XXV, fig. 2, p. 75).

Le chapeau est charnu, épais, *visqueux*, d'une teinte *rosée* très accusée, ordinairement un peu plus foncé au centre, de 6 à 9 centimètres. Le pied est épais, *visqueux*, couvert de flocons au sommet, d'un *blanc teinté de rose*. Les feuillets sont blancs, peu nombreux, non décurrents, rosés à la fin. La chair est blanche, de saveur douce; son odeur est agréable.

On trouve cette espèce *rare* seulement dans les forêts de Conifères des montagnes, en automne.

Elle est *comestible* et serait vendue sur le marché de Lons-le-Saunier (M. Patouillard) et de Pontarlier (d'après M. Boyer sous le nom de Musseron).

Nom vulgaire. — Musseron.

Hygrophore perroquet. — *Hygrophorus psittacinus* (pl. XXVI, fig. 1, p. 76).

Le chapeau est *conique*, très visqueux, *vert*, puis, en se décolorant, jaunâtre, rosé et blanc; son diamètre est de 2 à 3 centimètres. Le pied peut présenter les mêmes teintes que le chapeau. Les feuillets sont adhérents au pied, panachés de jaune et de vert.

On le trouve en automne, dans les pâturages; il n'est pas commun.

Ses propriétés alimentaires sont *inconnues*.

Hygrophore des prés. — *Hygrophorus pratensis* (pl. XXVI, fig. 2, p. 76).

Le chapeau est charnu, d'abord arrondi et à bords rabattus, puis étalé plan, avec un large mamelon au centre, de couleur *roux pâle*, fauve rougeâtre clair, de 3 à 8 centimètres. Le pied blanc crème ou fauvâtre est d'épaisseur variable, de 6 à 15 millimètres. Les feuillets, d'abord adhérents, deviennent *décurrents* à la fin; ils sont espacés entre eux, blanc crème, grisâtres ou roussâtres, réunis par des veines. La chair blanc crème, puis ocracée, est douce au goût, d'odeur agréable.

On le trouve en automne dans les pâturages et les bruyères.

Il est *comestible*.

Une variété a le chapeau et les feuillets gris.

Hygrophore odorant. — *Hygrophorus agathosmus* (pl. XXVI, fig. 3, p. 76).

Le chapeau est *visqueux*, de teinte *gris cendré* ou gris brun, arrondi puis étalé, il a de 4 à 7 centimètres, le centre est pointillé de papilles bru-

HYGROPHORES

(1 et 4. Espèces suspectes; 2. 3 et 5. Espèces comestibles).

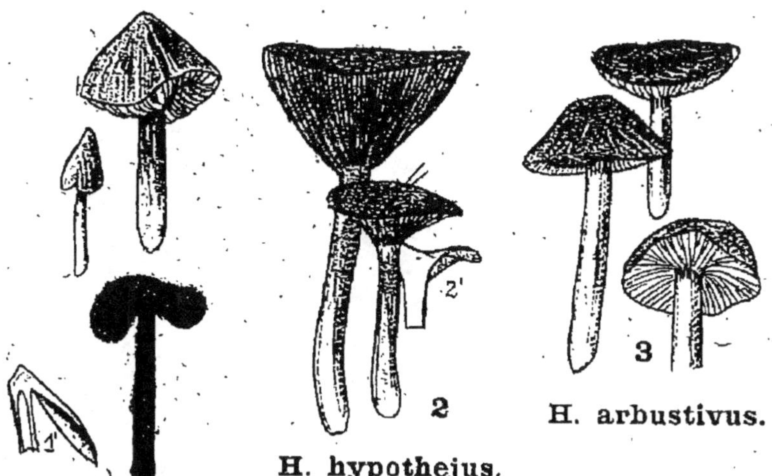

1. H. conicus.

H. hypothejus.

H. arbustivus.

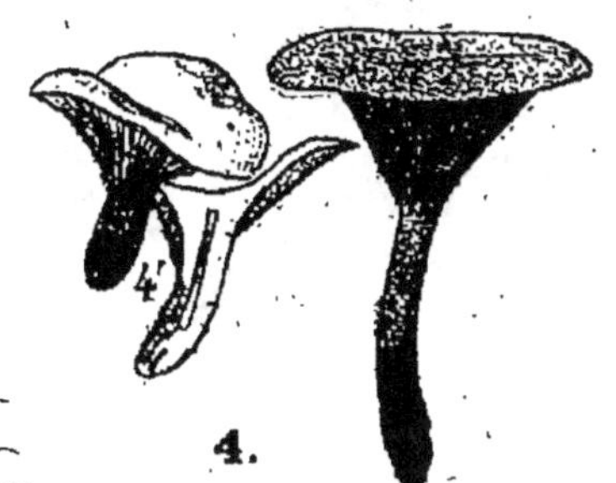

4.
C. aurantiacus.

5. C. cibarius.

1. Hygrophore conique, *H. conicus;* espèce suspecte, voir p. 81. — **2. Hygrophore à feuillets jaunes,** *H. hypothejus;* comestible médiocre, voir p. 81. — **3. Hygrophore des bois,** *H. arbustivus;* voir p. 8. — **4. Chanterelle orangée,** *C. aurantiacus* (FAUSSE GIROLE); espèce suspecte, voir p. 54. — **5. Chanterelle comestible,** *C. cibarius* (GIROLE); comestible apprécié, voir p. 86.

LACTAIRES

(Espèces comestibles).

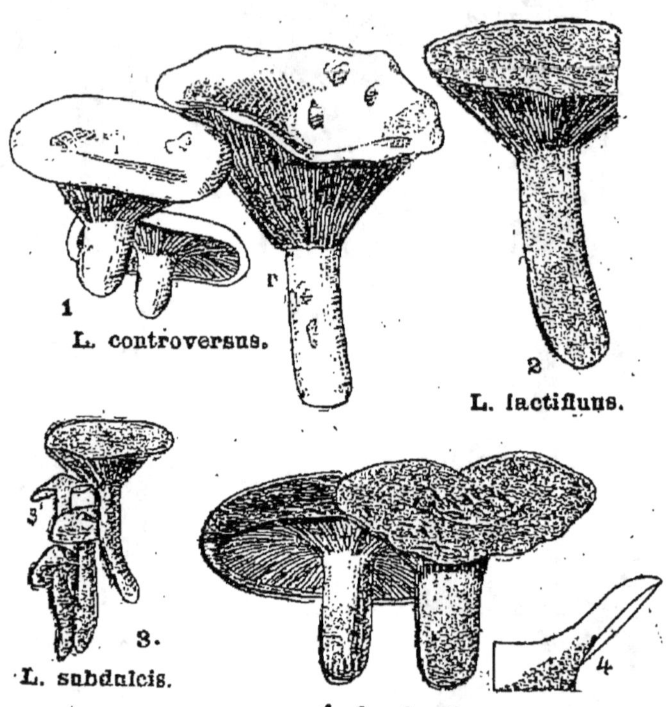

1. **Lactaire taché**, *L. controversus;* comestible grossier, voir p. 86. — 2. **Lactaire à lait abondant**, *L. lactifluus* (VACHOTTE); comestible excellent, voir p. 86. — 3. **Lactaire douceâtre**, *L. subdulcis;* espèce comestible, mais médiocre, voir p. 89. — 4. **Lactaire plumbé**, *L. plumbeus;* espèce probablement comestible, mais grossière, voir p. 89.

nes, glutineuses. Le pied ferme est farineux au sommet et *blanc*. Les feuillets sont décurrents et blancs. La chair blanche a une odeur de laurier-cerise ou d'anis.

Cet Hygrophore est *rare*, on le trouve dans les forêts de Conifères.

On le regarde comme *suspect*.

Hygrophore gluant. — *Hygrophorus limacinus* (pl. XXVI, fig. 4, p. 76).

Le chapeau est *brun au centre*, quelquefois brun olivâtre, souvent plus pâle au bord, très visqueux, de 4 à 7 centimètres. Le pied est également *visqueux*, farineux et blanc en haut, à écailles brunes en bas. Les feuillets blancs sont décurrents, peu nombreux, d'abord blancs puis un peu cendrés. La chair est blanche, à odeur nulle.

Il est rare, on l'observe en automne dans les forêts ombragées.

Ses propriétés alimentaires sont *inconnues*.

Hygrophore conique. — *Hygrophorus conicus* (pl. XXVII, fig. 1, p. 79).

Le chapeau est longtemps *très conique, aigu même*, puis plus tard fendu, lobé, visqueux, strié, satiné quand il est sec ; d'abord *jaune doré* ou *orangé*, il *noircit* en vieillissant, ce qui arrive d'ailleurs pour tout le champignon ; le diamètre du chapeau est de 3 à 5 centimètres. Le pied est creux, jauné, fibreux, strié. Les feuillets sont adhérents ou même libres, jaunes ou blanc jaunâtre. L'odeur est forte et nitreuse.

On le trouve assez souvent en automne, dans les prés, les bruyères.

Il est *suspect*.

Hygrophore à feuillets jaunes. — *Hygrophorus hypothejus* (pl. XXVII, fig. 2, p. 79).

Le chapeau est *visqueux*, d'abord conique puis rapidement plan, *brunâtre* ou *olivâtre* ou jaune avec le centre plus foncé, de 3 à 5 centimètres. Le pied est blanc ou jaunâtre ou jaune ; une membrane ou collier relie quelquefois le haut du pied et le bord du chapeau, mais ceci est accidentel. Les feuillets sont d'un *jaune vif* ou jaune doré, ils peuvent quelquefois se décolorer après de fortes pluies. La chair est blanche, puis jaune, douce.

On trouve ce champignon dans les bois de Conifères, à la fin de l'automne ; il n'est pas rare.

Il est *comestible*, mais de qualité inférieure.

Hygrophore des bois. — *Hygrophorus arbustivus* (pl. XXVII, fig. 3, p. 79).

Ce champignon ressemble un peu à l'Hygrophore des prés, mais il pousse dans les bois. Son chapeau est roux pâle, *rayé de fibrilles fauves*, le diamètre est de 5 à 8 centimètres. Le pied est blanc à flocons au sommet. Les feuillets sont un peu décurrents, leur teinte est blanche. La chair est blanche et douce.

On le trouve *à la fin* de l'automne dans les petits bois de Noisetiers et de Chênes.

Il est *comestible*.

GENRE NYCTALIS.

[Du grec : *nyctalos*, qui aime l'obscurité.]

Les Nyctalis sont des champignons qui se développent à la surface des Russules. Ils présentent une organisation très curieuse : à côté des spores ordinaires produites sur des basides, ils ont des chlamydospores qui se produisent à la surface du chapeau ou dans les tissus plus profonds.

Le **Nyctalis à spores étoilées** (*Nyctalis asterophora*) (pl. XXIX, fig. 1, p. 83) se développe sur la Russule noircissante, il a son chapeau couvert d'une sorte de poussière brune composée de chlamydospores hérissées de piquants et étoilées (*ch.* fig. 1).

C'est une espèce qui n'est pas très rare en automne.

GENRE CHANTERELLE.

[Du grec : *cantharos*, coupe à boire ; à cause de la forme du champignon.]

Les feuillets des Chanterelles sont *décurrents* (ils descendent sur le pied), *épais*, *arrondis au bord*, ramifiés ou réunis entre eux, quelquefois réduits à des *plis* peu saillants.

Chanterelle des charbonniers. — *Cantharellus carbonarius*.

Le chapeau est un entonnoir *gris* ou *brun foncé*, de 1 à 5 centimètres. Le pied est *blanc*, *plein*, terminé par une *racine*, il est strié. Les feuillets sont très décurrents, de faible hauteur, blancs puis *gris*, présentant à la loupe de fins aiguillons transparents.

On trouve cette Chanterelle en été dans les forêts, sur les *places où l'on a fait du charbon*.

Les propriétés alimentaires de cette espèce sont *inconnues*.

NYCTALIS ET CHANTERELLE

(Espèces suspectes)

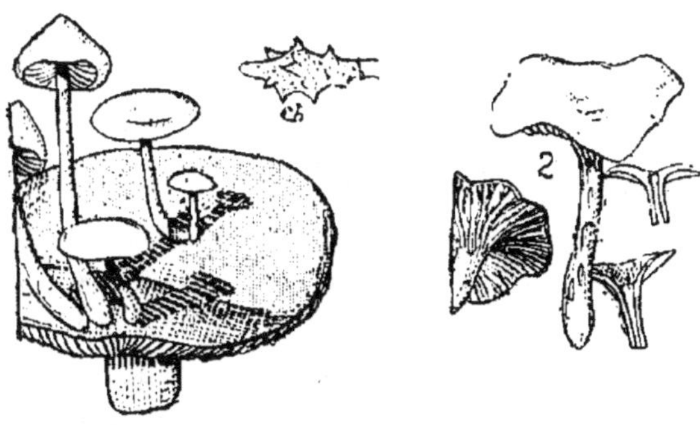

1. N. asterophora   **2. C. tubæformis**

1. Nyctalis à spores étoilées, *Nyctalis asterophora;* espèce suspecte, voir p. 82. — **2. Chanterelle en trompette,** *C. tubæformis;* espèce suspecte, voir p. 84.

Chanterelle en trompette. — *Cantharellus tubæformis* (pl. XXIX, fig. 2, p. 83).

Le chapeau est en entonnoir, le centre en est quelquefois percé et en continuité avec la *cavité du pied;* ce chapeau est finement *peluché* et *brun* ou fauve jaunâtre, pâlissant en se desséchant. Le pied est jaune ou jaune fauve, creusé d'une cavité au centre. Il n'y a pas à proprement parler de feuillets, mais des *plis* décurrents, ramifiés, jaunes d'abord, puis gris cendré, gris lilas ou gris d'étain.

On trouve ce champignon en été et en automne dans les forêts ombragées et dans les bois de Conifères sur la terre et le bois.

Il est regardé comme *suspect*.

Chanterelle orangée. — *Cantharellus aurantiacus* (FAUSSE GIROLE) (pl. XXVII, fig. 4, p. 79).

Le chapeau est d'abord bombé, puis creusé au centre, à bords festonnés, de couleur jaune, quelquefois jaune pâle ou orangé pâle, ocracé, *floconneux* et un peu velouté, de 3 à 6 centimètres. Le pied est floconneux, élastique, *jaune fauve,* quelquefois *brun foncé presque noir*, laineux et blanc à la base. Les feuillets sont très décurrents, ils se terminent à la *même hauteur, à la partie supérieure du pied;* ils sont *serrés* les uns contre les autres, d'une nuance *orangée franche*, assez régulièrement *ramifiés en fourche* mais non réunis de côté. La chair est crème ou ocracée, de saveur peu agréable, *d'odeur nulle*.

On trouve cette espèce surtout dans les bois de Conifères, en été et automne, sur la terre et les souches.

On la considère comme *suspecte*.

Elle peut se décolorer et devenir complètement blanche. Un charbonnier ayant mangé cette variété en a été fortement incommodé.

Chanterelle comestible. — *Cantharellus cibarius* (GIROLE) (pl. XXVII, fig. 5, p. 79).

Le chapeau est d'abord arrondi, puis étalé, festonné au bord, *jaune d'œuf*, quelquefois blanc crème, de 5 à 9 centimètres. Le pied est d'ordinaire *épais et court*, de 5 à 12 millimètres de diamètre, *jaune*. Les feuillets descendent en s'amincissant, *à des hauteurs variables* sur le pied, ils sont irrégulièrement *réunis* entre eux; leur couleur est *jaune d'œuf* et non orangée comme dans l'espèce vénéneuse précédente; ils sont épais. La chair est blanche ou blanc jaunâtre, à *odeur de prune ou d'abricot;* la saveur est agréable, un peu piquante ou poivrée.

On trouve cette Chanterelle communément au printemps, en été et en automne, dans les forêts ombragées et dans les forêts de Conifères.

LACTAIRE

(1. Espèce suspecte ; 2. Espèce comestible).

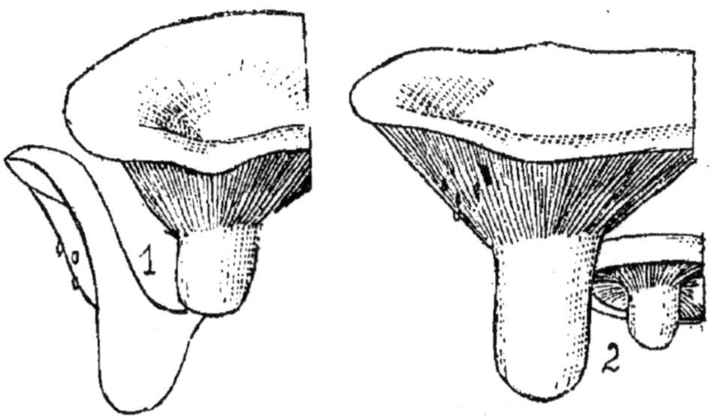

1. L. vellereus.　　　2. L. piperatus.

1. Lactaire à toison, *L. vellereus ;* espèce suspecte, voir p. 86. — **2. Lactaire poivré**, *L. piperatus ;* espèce comestible, voir p. 86.

Cette *espèce comestible* est très appréciée, elle se vend sur un grand nombre de marchés : Paris, Fontainebleau, Bourges, Montbéliard, Épinal, Perpignan, etc.

Espèce avec laquelle on peut la confondre. — Il faut avoir bien soin de ne pas la confondre avec la Chanterelle orangée qui a les feuillets orangés et plus réguliers (Voir la description de cette espèce).

Noms vulgaires. — Aoureilleto, Areglietta, Boulingoulo, Cassine, Chanterelle, Cheveline, Chevrelle, Chevrette, Chevrotte, Crête de Coq, Cresta del Gal, Crobilio, Escraville, Escrobillo, Essan, Gallet, Gallinace, Gerille, Ginestrolle, Gingoule, Ginistrolle, Giraudet, Giraudelle, Girolle, Girondelle, Grillo, Gyrole, Jaunelet, Jaunette, Jaunire, Jeannelet, Jerilia, Jirbouletta, Jorilla, Lacesseno, Lechocendres, Mousseline, Oreille de lièvre, Roubellou, Roussette, Roussotte, Roussonne, Tournebous.

GENRE LACTAIRE.

[A cause du lait que contient la chair.]

Gros champignons charnus ayant du *lait*.

Lactaire à toison. — *Lactarius vellereus* (pl. XXX, fig. 1, p. 85).
Ce gros champignon est d'abord tout *blanc*. Son chapeau, qui a de 10 à 12 centimètres, se creuse en entonnoir, il est *velouté;* par le froissement il devient un peu ocracé. Le pied est épais, velouté, de 2 à 4 centimètres de long, de 20 à 25 millimètres d'épaisseur. Les feuillets sont épais, écartés, fourchus, blanc crème, puis ocracés. Le lait est blanc et *âcre, poivré.*

On trouve ce Lactaire dans les forêts ombragées en été et en automne.

Cette *espèce est suspecte.* On pourrait, d'après Léveillé et M. Barla, la priver de son âcreté par une cuisson prolongée dans l'eau. Il est préférable de ne pas la récolter.

Nom vulgaire. — Sanghin blanc.

Lactaire poivré. — *Lactarius piperatus* (pl. XXX, fig. 2, p. 85).
Cette grosse espèce *blanche* ressemble à la précédente, mais ni le chapeau, ni le pied ne sont veloutés. Le chapeau à la fin en entonnoir peut atteindre 10 à 20 centimètres, il est *lisse,* dur, ridé. Le pied est épais et court. Les feuillets sont blancs, *serrés les uns contre les autres,* de *faible hauteur, ramifiés en fourche,* blancs, puis paille. La chair est blanche, *poivrée,* de saveur brûlante ; le lait est *blanc,* poivré.

On trouve cette espèce assez communément en automne dans les forêts ombragées.

LACTAIRES

(1, 2, 3, 4, 6. Espèces vénéneuses. 5. Espèce comestible).

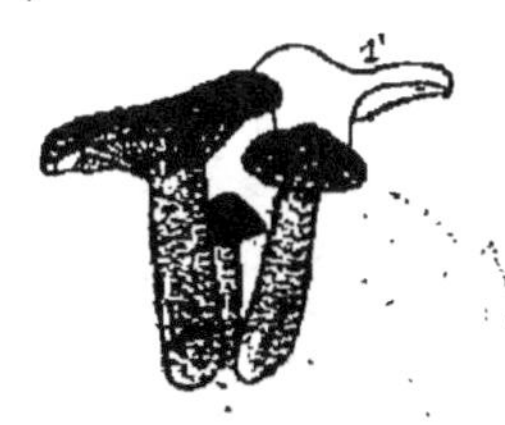

1. L. rufus.

2. L. blennius.

3. L. pallidus.

4. L. pyrogalus.

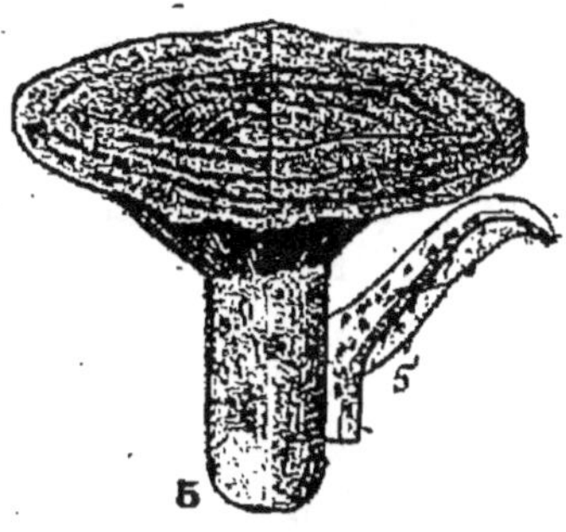

L. deliciosus.

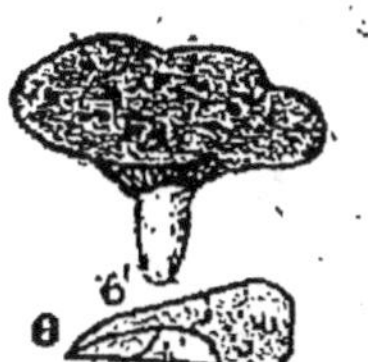

L. azonites.

1. **Lactaire roux,** *L. rufus;* espèce très vénéneuse, voir p. 90.
— **2. Lactaire visqueux,** *L. blennius;* espèce suspecte,
voir p. 91. — **3. Lactaire pâle,** *L. pallidus;* comestibilité
douteuse, voir p. 90. — **4. Lactaire caustique,** *L. pyrogalus;* espèce vénéneuse, voir p. 91. — **5. Lactaire délicieux,**
L. deliciosus; comestible délicat, voir p. 91. — **5. Lactaire
sans zones,** *L. azonites;* espèce suspecte, voir p. 92.

LACTAIRES

(1, 2, 3 et 5. Espèces vénéneuses ; 4. Espèce comestible).

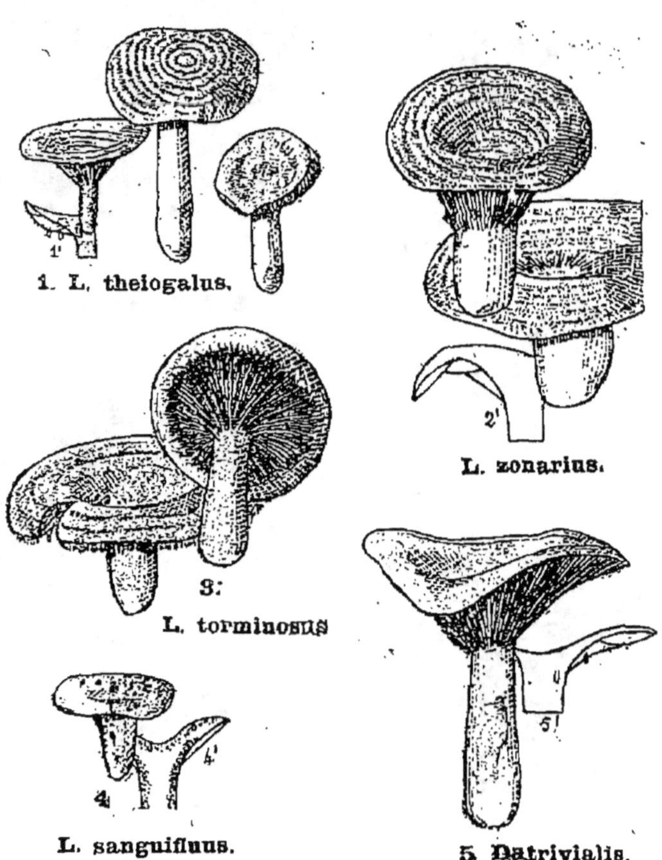

1. **Lactaire à lait jaune,** *L. theiogalus;* espèce vénéneuse, voir p. 92. — 2. **Lactaire zoné,** *L. zonarius;* espèce vénéneuse, voir p. 92. — 3. **Lactaire vénéneux,** *L. torminosus;* espèce suspecte, voir p. 95. — 4. **Lactaire sanguin,** *L. sanguifluus;* comestible délicat, voir p. 92. — 5. **Lactaire trivial,** *L. trivialis;* espèce suspecte, voir p. 95.

Malgré son extrême âcreté, ce Lactaire est *comestible*, il est consommé depuis longtemps dans les pays pauvres en Allemagne, en Angleterre, en Russie, dans les Vosges (M. Quélet), aux environs de Nice (M. Barla) ; il se vend sur les marchés de Montpellier, de Bourbonne-les-Bains, d'Épinal. La cuisson sur le gril ou la macération dans l'eau lui font perdre son goût âcre. Il ne saurait être recommandé pour les estomacs délicats.

Espèces avec lesquelles on peut le confondre. — On pourrait le confondre avec le Lactaire taché, mais ce dernier a les feuillets roses ; le chapeau velouté du Lactaire à toison fera tout de suite reconnaître cette espèce.

Noms vulgaires. — Auburon, Bolet fol, Camparol lacté, Chavane, Eauburon, Laitiron, Lamburon, Latheron, Lathiron, Pebré, Pebretta, Poivré, Prevat, Sabadelle, Sanghin blanc, Tathyron, Vache blanche.

Lactaire taché. — *Lactarius controversus* (pl. XXVIII, fig. 1, p. 80).

Cette grosse espèce blanche se distingue des deux précédentes par ses *feuillets roses*. Le chapeau est d'abord *blanc*, puis crème ocracé, il conserve souvent à sa surface des débris de terre ou de feuilles qui le salissent ; il peut présenter aussi des *taches roses ;* son diamètre est souvent considérable, il varie de 10 à 30 centimètres. Les feuillets sont *roses*, serrés, décurrents. La chair est blanche. Le lait est *très âcre, blanc*, devenant quelquefois un peu jaunâtre.

On trouve ce champignon en automne dans les forêts, souvent au voisinage des Peupliers et des Saules.

Cette espèce est signalée comme comestible, mais *indigeste*. Il faut une très forte cuisson pour lui enlever son âcreté.

Noms vulgaires. — Latyron, Lathyron, Roussette, Sanghin blanc.

Lactaire à lait abondant. — *Lactarius lactifluus.* Synonyme : *L. volemus* (pl. XXVIII, fig. 2, p. 80).

Le chapeau, d'abord convexe, se creuse quand il est vieux ; sa taille est de 8 à 12 centimètres, sa couleur est *orangée* ou jaune fauve, brun rougeâtre, nankin quelquefois en vieillissant. Le pied est épais, de 12 à 20 millimètres, de même couleur que le chapeau ou un peu plus pâle. Les feuillets sont décurrents (descendant sur le pied en s'amincissant), d'abord crème, puis nuancés de roux pâle, ils brunissent souvent au contact des doigts. La chair est blanche, ou blanc jaunâtre ; le lait est *blanc, doux* et abondant.

On trouve ce Lactaire surtout en été, dans les forêts ombragées et sablonneuses. Il n'est pas d'ordinaire très commun.

C'est une *espèce comestible excellente* qui est mangée dans la vallée de la Meuse, dans les Vosges, en Autriche, en Bavière ; on la vend sur le marché de Bourbonne-les-Bains sous le nom de Vachotte. Elle est très bonne à l'état cru.

Espèces avec lesquelles on peut le confondre. — On ne peut guère confondre ce Lactaire qu'avec le L. roux qui est d'un roux foncé, dont le chapeau a un mamelon, qui a le lait très âcre, et qui pousse dans les bois de Conifères. Le Lactaire à lait abondant est d'ailleurs plus grand que tous les autres Lactaires de teinte analogue.

Noms vulgaires. — Rougeole à lait doux, Vélo, Viau, Vachette. Vachotte.

Lactaire douceâtre. — *Lactarius subdulcis* (pl. XXVIII, fig. 3, p. 80).

Le chapeau est roux, *roux briqueté*, fauve rougeâtre, roux cannelle plus ou moins foncé, quelquefois mamelonné au centre, de 3 à 7 centimètres de diamètre. Le pied est à peu près de la même couleur que le chapeau, de 5 à 10 millimètres de diamètre. Les feuillets sont crème, rosés ou roussâtres, un peu décurrents. Le lait est blanc, douceâtre ou un peu amer.

C'est une espèce très commune dans les bois, en été et en automne.

Elle serait *comestible* d'après Cordier et différents auteurs, mais peu recommandable.

Remarque. — Il y a d'ailleurs au voisinage de cette espèce un certain nombre de formes très semblables dont quelques-unes peuvent être dangereuses (1).

Lactaire plombé. — *Lactarius plumbeus.* Synonyme : *Lactarius turpis* (pl. XXVIII, fig. 4, p. 80).

Le chapeau est d'abord arrondi, à bords enroulés en dessous, de 10 à 15 centimètres de diamètre, pouvant atteindre dans certains cas jusqu'à 30 ; sa couleur est vert olivâtre foncé, souvent avec des taches noirâtres, il devient en vieillissant brun olive presque noir ; il est *velouté*, puis glabre, souvent visqueux. Le pied est de même couleur que le chapeau, dur, souvent orné de fossettes, de 15 à 30 millimètres de diamètre. Les feuillets sont décurrents, crème, puis paille, bruns par le froissement. La chair est compacte, *blanche*, le lait blanc, *âcre*.

On trouve ce Lactaire en automne dans les forêts ombragées.

Cette espèce est donnée comme *comestible* (Quélet), malgré sa couleur peu engageante et l'âcreté de son lait. Weinmann, Lenz considé-

---

(1) *Nouvelle Flore des champignons* de MM. Cost. et Duf., p. 56.

raient le *Lactarius turpis*, qui n'est qu'une forme du *plumbeus*, comme comestible. On mange le Lactaire plombé dans certaines régions de la France et en Russie. Les vaches elles-mêmes le mangeraient avec avidité (Gillet). MM. Gillot et Lucand le considèrent cependant comme *suspect*. On fera bien de ne pas le récolter : tous ces Lactaires âcres peuvent être mauvais si on ne les débarrasse pas de leur lait par le rejet de la première eau.

Noms vulgaires. — Chavane, Eauburon, Lathiron, Poivré, Vache blanche.

Lactaire roux. — *Lactarius rufus* (pl. XXXI, fig. 1, p. 87).

Le chapeau est *roux foncé* pouvant pâlir, avec un petit *mamelon conique* au centre, cette petite saillie peut disparaître quelquefois sur un certain nombre d'échantillons ; le chapeau est finement velouté quand on l'examine à la loupe, mais devient à la fin lisse et glabre ; son diamètre varie de 6 à 9 centimètres. Le pied est de la même couleur que le chapeau, glabre ou farineux, un peu poilu à la base, de 1 centimètre d'épaisseur. Les feuillets sont nombreux, serrés les uns contre les autres, quelques-uns fourchus, crème jaunâtre ou roussâtres. La chair ferme est rougeâtre pâle ; le lait est *blanc, très âcre*.

On le trouve en été et automne dans les bois de Pins.

Il est *très vénéneux*.

Noms vulgaires. — Agaric meurtrier, Raffoult.

Lactarius pâle. — *Lactarius pallidus* (pl. XXXI, fig. 3, p. 87).

La couleur du chapeau varie entre *café au lait pâle et couleur chair* ou ocracé lavé de rosé ; sa taille est entre 5 et 10 centimètres, il est visqueux. Son pied est de la même teinte que le chapeau, de 10 à 15 millimètres d'épaisseur ; il est lisse, glabre, poilu un peu à la base. Les feuillets sont nombreux, décurrents, peu ramifiés, blanc jaunâtre ou de la couleur du chapeau. La chair est molle, crème, ocracé pâle ; le lait est blanc, *d'abord doux*, puis au bout de quelques instants *âcre*.

On le trouve en été et automne dans les forêts de Hêtres.

Sa *comestibilité* est douteuse.

Lactaire visqueux. — *Lactarius blennius* (pl. XXXI, fig. 2, p. 87).

Le chapeau est visqueux, d'abord arrondi, puis plan et enfin déprimé ; il a quelquefois un petit mamelon au centre ; sa teinte est *gris verdâtre*, olivâtre, quelquefois brune, fréquemment il se tache de brun olive foncé ; le diamètre est de 4 à 8 centimètres. Le pied est à peu près de la même teinte que le chapeau mais plus pâle, de 1 centimètre environ d'épaisseur. Les feuillets sont *blancs* au début, puis ils se tachent de gris, de gris verdâtre ou de gris brunâtre souvent sur de larges surfaces. La chair est blanche, puis gris olivâtre pâle, *d'abord douce*, puis *âcre* quand on la mâche longtemps. Le lait est *blanc, il ne devient gris qu'au bout d'un temps très long*, souvent plusieurs heures ; on fera donc bien de regarder s'il n'y a pas de lait desséché depuis longtemps sur les feuillets.

On le trouve en été et automne, dans les forêts ombragées où il est assez commun.

C'est une *espèce suspecte*.

Lactaire caustique. — *Lactarius pyrogalus* (pl. **XXXI**, fig. 4, p. 87).

Le chapeau est convexe, puis étalé et déprimé, glabre, de couleur variable, *gris livide*, ocracé, brun clair ou brun foncé ; il présente quelquefois des *zones* plus foncées ; le diamètre varie de 6 à 10 centimètres. Le pied est blanchâtre ou ocracé pâle, toujours moins foncé que le chapeau. Les feuillets sont *ocracé roussâtre*. La chair est ferme, *blanche*, le lait extrêmement *âcre et brûlant*, blanc.

On le trouve à terre dans les forêts humides en été et automne.

Il est *vénéneux*.

Lactaire délicieux. — *Lactarius deliciosus* (pl. **XXXI**, fig. 5, p. 87).

La taille du chapeau varie de 8 à 12 centimètres ; il se creuse en entonnoir à la fin ; sa couleur ordinaire est *jaune orangé* avec des zones *brun orangé* (moitié gauche du dessin) ; quelquefois, mais rarement, il prend une teinte gris livide zoné de verdâtre (moitié droite du dessin). Le pied a la même couleur que le chapeau. Les feuillets sont crème orangé. Le lait est *doux et orangé*. Toutes les parties du champignon peuvent se teinter à la fin de *vert*. La chair est blanche puis orangée, enfin verte.

On trouve ce Lactaire en été et en automne dans les bois de Conifères.

C'est une *espèce comestible très délicate*. On la mange en Italie, en Allemagne, en Suède. On la vend sur les marchés de Toulon (M. Guillemot), de Poitiers, de Fontainebleau (M. Bernard).

Confusion avec d'autres espèces. — On pourrait confondre ce Lactaire avec le L. roux, qui pousse sous les Conifères, mais le lait de ce dernier est blanc et âcre. Le *Lactarius theiogalus* a un lait blanc puis jaune. Il n'y a donc pas d'erreur à faire à moins que l'on ne ramasse trop à la légère les échantillons.

Noms vulgaires. — Barigoula, Bérigoula, Boulet sounous, Briqueté, Catalan, Champignon de pin, Comparo jaune, Orange, Orangé, Pignet,

LACTAIRES ET RUSSULES

1, 2 et 4. Espèces vénéneuses ou suspectes ; 3. Espèce comestible).

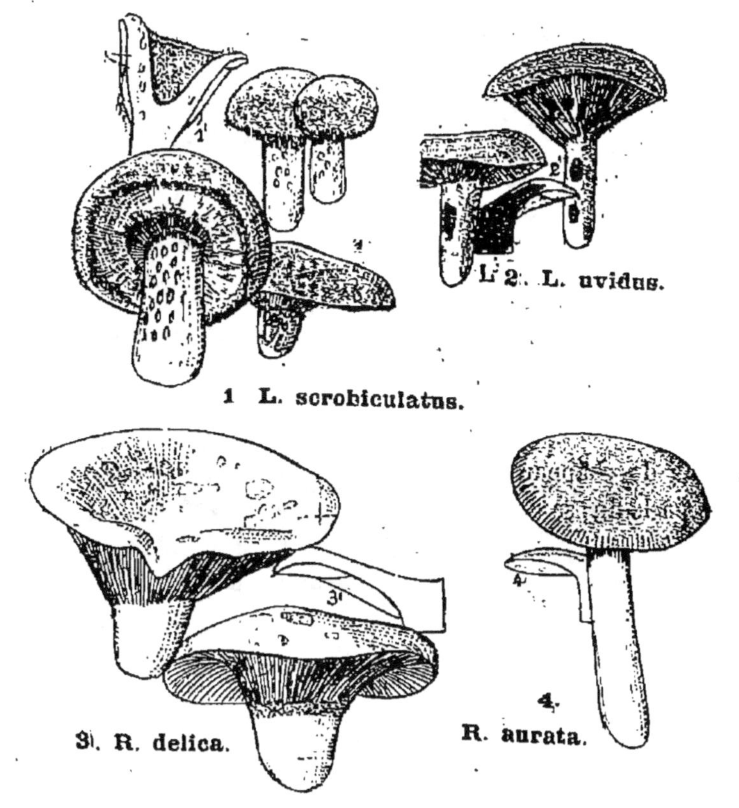

1. **Lactaire à fossettes,** *L. scrobiculatus ;* espèce vénéneuse, voir p. 96. — **2. Lactaire humide,** *L. uvidus ;* espèce vénéneuse, voir p. 97. — **3. Russule sans lait.** *R. delica ;* espèce comestible, voir p. 98. — **4. Russule dorée,** *R. aurata ;* propriétés alimentaires mal connues.

RUSSULES

(Espèces vénéneuses).

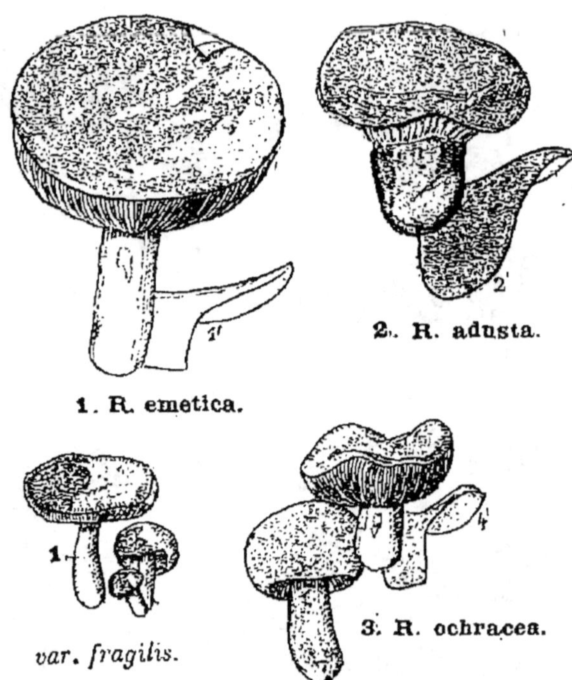

1. Russule émétique, *R. emetica;* espèce vénéneuse, dessin en bas à droite, variété *fragile (fragilis)*, voir p. 101. — **2. Russule brûlée,** *R. adusta;* espèce suspecte, voir p. 101. — **3. Russule ocracée,** *R. ochracea;* espèce suspecte, voir p. 101.

Pignen, Pinet, Polonais, Rougillon, Roussillon, Rouzillon, Rouzillous, Rouzilloum, Safrané, Sanguin, Vache rouge.

Lactaire sanguin. — *Lactarius sanguifluus* (pl. XXXII, fig. 4, p. 88).

Le chapeau a de 5 à 8 centimètres, il est *incarnat rouge*, quelquefois violeté, orangé ou jaune aurore, *non zoné*, tacheté de vert. Le pied est crème, puis rouge orangé, tacheté également de vert. Les feuillets sont orangés ou incarnats. Le lait est *rouge* ou *vineux*, quelquefois violet, *poivré*. La chair est blanche, pointillée de rouge.

Cette espèce est localisée dans la région méditerranéenne, elle pousse dans les bois de Conifères. Elle est très voisine du Lactaire délicieux.

C'est un *champignon comestible* des plus délicats, il est vendu sur le marché de Toulon (M. Guillemot).

Noms vulgaires. — Pignet, Pignen.

Lactaire sans zones. — *Lactarius azonites* (pl. XXXI, fig. 6, p. 87).

Le chapeau est *gris ocracé* ou fuligineux, quelquefois café au lait, finement velouté, maculé çà et là de taches noirâtres qui n'existent pas toujours. Le pied est blanc ou blanchâtre. Les feuillets sont *jaunâtre paille ou ocracés*. La chair est blanche, mais elle devient en cinq minutes d'un beau *rose rouge*. Le lait est *blanc, âcre ;* on voit qu'il devient rouge surtout par le changement de teinte de la chair.

On trouve ce champignon en été et automne, dans les bois ombragés.

Il est *suspect*.

Lactaire à lait jaune. — *Lactarius theiogalus*. Synonyme : *Lactarius chrysorrheus* (pl. XXXII, fig. 1, p. 88).

Dans la forme la plus commune le chapeau a de 5 à 6 centimètres de diamètre ; il est de couleur chair ou *incarnat fauve, souvent zoné* de bandes concentriques plus foncées. Le pied est *blanchâtre*, de 1 centimètre d'épaisseur. Les feuillets sont crème. Le *lait âcre est d'abord blanc, puis devient jaune citron* vif en quelques minutes. Sur des échantillons âgés le pied et le chapeau sont roux incarnat foncé, les feuillets d'une nuance ocracé roussâtre.

C'est une espèce commune en été et en automne, poussant dans les forêts ombragées.

Elle est *vénéneuse*.

Lactaire zoné. — *Lactarius zonarius* (pl. XXXII, fig. 2, p. 88).

C'est un grand champignon, dont le chapeau développé en entonnoir peut atteindre 6 à 15 centimètres ; il est de couleur paille, jaune pâle ou roussâtre orangé, orné de *zones concentriques* plus foncées, *finement* velouté au bord. Le pied est plein, ferme, crème jaunâtre. Les feuillets sont nombreux, minces, ramifiés, blanc sale, ocracé pâle. La chair est blanche. Le lait est *blanc, extrêmement âcre.* L'odeur est nulle.

On trouve ce Lactaire au bord des chemins, dans les prés et les bois, en automne.

Il est *vénéneux*.

Nom vulgaire. — Roussillon (dans le Midi).

Lactaire vénéneux. — *Lactarius torminosus*. Synonyme : *Agaricus necator* (pl. XXXII, fig. 3, p. 88).

Ce champignon, dont le chapeau est *couleur chair* ou *crème rosé,* ocracé pâle, quelquefois blanc, est reconnaissable lorsqu'il est jeune à son *bord très laineux*, pourvu de *longs poils.* Quand on a aperçu cette toison à l'état jeune, on la retrouve sur les individus âgés où elle est moins visible, non seulement au bord, mais sur tout le chapeau ; ce dernier peut être *un peu zoné ;* son diamètre varie de 5 à 10 centimètres. Le pied est court, épais, glabre, de 3 à 6 centimètres de haut, de même teinte que le chapeau, quelquefois orné de fossettes. Les feuillets sont blancs ou blanc lavé de rose. La chair est blanc crème, le lait *blanc* et *âcre.*

Cette espèce est très commune dans les bois, dans les bruyères et les prés.

On a considéré ce Lactaire comme vénéneux. Quand il est cru, c'est un fort purgatif. Certains auteurs disent qu'on peut le manger. On fera bien de ne pas le récolter et de le regarder comme *suspect.*

Noms vulgaires. — Calalos, Morton, Mouton, Mouton zoné, Raffouet, Raffoull, Sanghin pelo a dau lac.

Lactaire trivial. — *Lactarius trivialis* (pl. XXXII, fig. 5, p. 88).

Le chapeau est convexe, puis creux, jaunâtre ocracé, roux pâle ou gris lilas devenant blanchâtre. Le pied est paille grisâtre ou fauve rosé. Les feuillets sont *blancs,* puis crème jaunâtre et pointillés d'ocracé. La chair est blanche ; le lait *blanc* devient quelquefois jaune, il est âcre.

Cette espèce est *très rare,* on la trouve en automne dans les forêts de Conifères des montagnes. Elle est *suspecte.*

Lactaire à fossettes. — *Lactarius scrobiculatus* (pl. XXXIII, fig. 1, p. 93).

Le chapeau varie de 8 à 20 centimètres, il se creuse en entonnoir à la fin ; quand il est jeune, il est *laineux au bord* et sur toute sa surface comme le Lactaire vénéneux ; quand il est adulte on retrouve, mais en faisant attention, ces mèches sur le chapeau ; sa couleur est jaune pâle, café au lait, jaune ocracé; et il est plus ou moins nettement zoné. Le pied, blanc crème ou de la même teinte que le chapeau, est *orné de fossettes*. Les feuillets sont blanc crème ou ocracé pâle. La chair est blanche puis jaune. Le lait est *âcre; de blanc, il devient jaune soufre* à l'air.

On trouve ce Lactaire dans les bois humides, en été et automne.

Il est *vénéneux*.

Lactaire humide. — *Lactarius uvidus* (pl. XXXIII, fig. 2, p. 93).

Le chapeau est visqueux, *brun clair* ou *grisâtre* ou blanc crème, nuancé quelquefois de violet, de 3 à 8 centimètres. Le pied est blanchâtre ou crème, visqueux par l'humidité, creux à la fin, se tachant de violet. Les feuillets sont d'abord adhérents, puis décurrents, blanc crème, se tachant de violet. La chair et le lait sont d'abord *blancs, puis ils se colorent en violet* au bout de quelques minutes; la saveur est âcre mais seulement lorsqu'on a mâché le champignon pendant quelques instants.

On le trouve en automne dans les forêts argilo-calcaires.

Il est *vénéneux*.

GENRE RUSSULE.

[Du latin : *russulus*, rouge; allusion à la couleur rouge de plusieurs Russules.]

Ce genre ne peut pas être défini par un seul caractère. *Le chapeau est charnu et plan.* Les feuillets sont souvent *égaux* entre eux, et il n'y a pas de petits feuillets; fréquemment aussi, un certain nombre d'entre eux sont *ramifiés en fourche*. Dans quelques espèces cependant il y a de grands et de petits feuillets (1). Les spores sont *sphériques*, rarement ellipsoïdales, *ornées de verrues*, blanches ou jaunes. Dans ce genre on observe *des couleurs très vives* : le rouge, le vert, le violet, etc., qui se modifient à la suite des pluies. La peau du chapeau s'enlève souvent facilement. Certaines espèces sont très fragiles, un petit nombre d'entre elles ont la chair dure.

Remarque. — La distinction des Russules est rendue souvent difficile par leur changement de coloration. On fera bien de ne manger que les mieux caractérisées d'entre elles, bien que dans certains pays on les consomme presque toutes (d'après MM. Gillot et Lucand).

(1) Russule noircissante.

Russule sans lait. — *Russula delica* (pl. XXXIII, fig. 3, p. 93).

Ce gros champignon est *blanc*, mais il est tacheté par la terre qu'il soulève lorsqu'il s'épanouit. Le chapeau a de 10 à 15 centimètres, il est *dur*, rapidement creusé au centre en entonnoir. Le pied est court, épais de 2 à 3 centimètres, blanc. Les feuillets sont souvent inégaux, mais il y en a d'ordinaire un certain nombre se divisant en fourche; ils sont *blancs* ou blanc crème avec un léger reflet verdâtre qui souvent se manifeste surtout en haut du pied à leur insertion sur cet organe; ces lamelles sont décurrentes. La chair est blanche, sèche, de saveur d'abord agréable, puis un peu âcre. Les spores sont blanches.

On trouve cette espèce assez communément dans les forêts ombragées en automne.

Elle est *comestible*, mais exige une forte cuisson et un bon assaisonnement; préparée sur le gril, elle est indigeste. On la vend sur le marché de Dijon sous le nom de Prévat.

Espèces avec lesquelles on pourrait la confondre. — On pourrait la confondre avec les Russules noires (*adusta* et *nigricans*) quand elles sont jeunes, mais la chair de celles-ci noircit ou rougit à l'air au bout de cinq minutes. La Russule sans lait ressemble aussi à des Lactaires blancs (*L. piperatus*, etc.), mais elle n'a pas de lait.

Noms vulgaires. — Pignen blanc, Pignen de la Saint-Jean, Prévat, Prévet.

Russule brûlée. — *Russula adusta*. Synonyme : *Russula albo-nigra* (pl. XXXIV, fig. 2, p. 94).

Le chapeau est épais, de 6 à 12 centimètres de diamètre, au début blanc grisâtre, puis gris, enfin *noirâtre et noir*. Le pied présente les mêmes variations de teinte, il est gros de 2 à 4 centimètres d'épaisseur, en général court. Les feuillets sont *serrés* les uns contre les autres, *inégaux*, nombreux relativement à la taille du chapeau ; d'abord blancs, ils deviennent cendrés, puis noirâtres, ils adhèrent au pied. La *chair est d'abord blanche*, puis, au bout d'un temps variable, quelques minutes, elle devient *grise et noire*. Les spores sont blanches.

Cette Russule pousse en été et automne dans les forêts ombragées; elle n'est pas très commune.

Elle est *suspecte*.

Russule noircissante. — *Russula nigricans* (Nouv. Fl. p. 65).

Cette espèce présente les mêmes caractères que la précédente, mais elle s'en distingue par ses feuillets *très écartés* et par sa chair qui *rougit* au bout de cinq minutes environ et qui devient plus tard noire. Le chapeau d'abord blanc, puis gris, enfin noir, peut atteindre 10 à 20

RUSSULES

(1. Espèce comestible; 2, 3 et 4. Espèces suspectes).

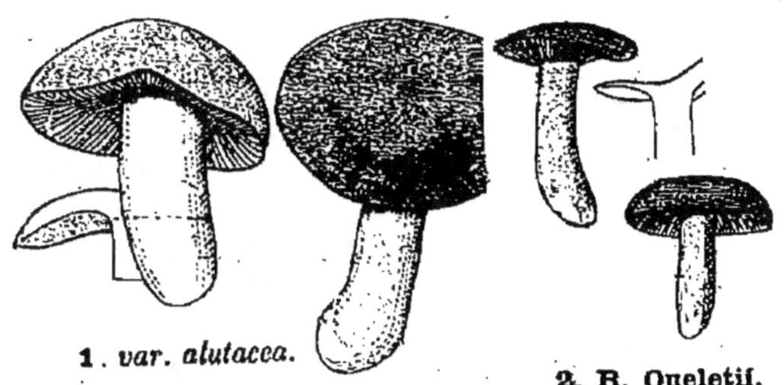

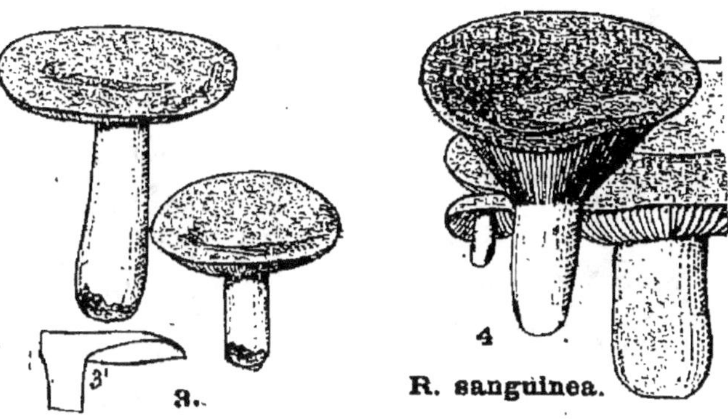

1. **Russule feuille morte**, *R. xerampelina;* espèce comestible,
1. R. alutacée, *R. alutacea* (peut être une variété de l'espèce
précédente); espèce comestible, voir p. 102.— **2. Russule de
Quèlet,** *R. Queletii;* espèce vénéneuse, voir p. 103. — **Russule blanc ocracé,** *R. ochroleuca;* espèce suspecte, voir
p. 103. — **4. Russule sanguine,** *R. sanguinea,* et la variété
de Linné (*Linnæi*); espèce suspecte, voir p. 103.

Planche XXXVI.

RUSSULES

(1, 2, 3 et 4. Espèces suspectes ou vénéneuses ;
5. Espèce comestible).

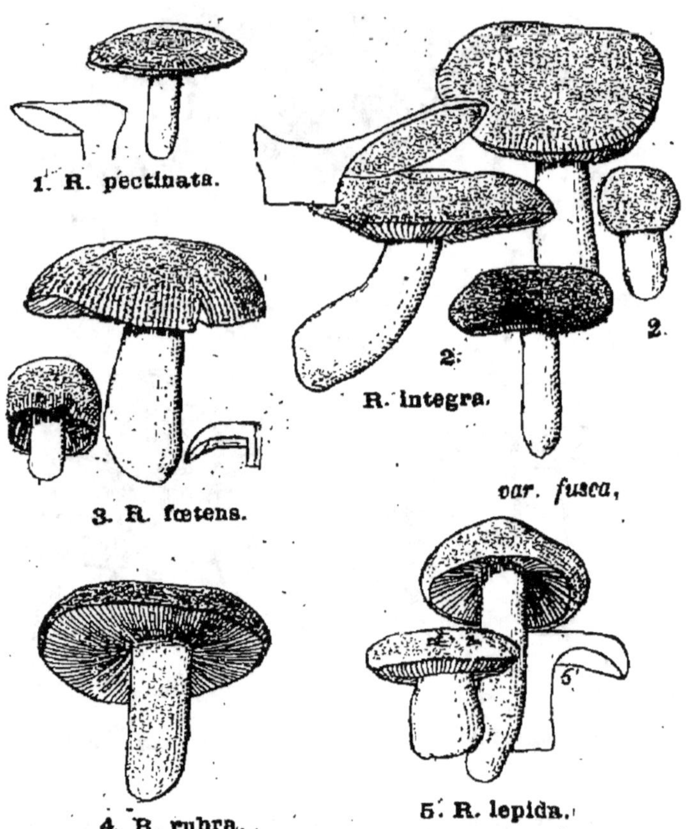

1. Russule striée, *R. pectinata*; espèce suspecte, voir p. 103. —
2. Russule entière, *R. integra*; comestibilité douteuse, voir
p. 104. — 3. Russule rouge, *R. rubra*; espèce vénéneuse,
voir p. 101. — 4. Russule jolie, *R. lepida*; espèce comestible,
voir p. 107.

centimètres. Les feuillets sont toujours inégaux et jamais fourchus. La spore est blanche.

Cette espèce est souvent très abondante en été et en automne dans les forêts de Hêtres.

Elle est *suspecte*.

Russule dorée. — *Russula aurata* (pl. XXXIII, fig. 4, p. 93).

Le chapeau est visqueux, d'abord convexe, puis plan et déprimé, *rouge orangé* (devenant quelquefois fauve, jaune citron); ses bords sont souvent striés à la fin ; son diamètre est de 6 à 8 centimètres. Le pied est blanc, quelquefois un peu jaunâtre à la base. Les feuillets sont blancs ou blanc jaunâtre avec une *bordure jaune d'or;* ils sont libres d'adhérence avec le pied. La chair est blanche, jaune sous la cuticule du chapeau, douce puis âcre. Les spores sont jaunes.

On trouve cette espèce peu commune dans les forêts arides et les clairières, en été.

D'après M. Gillet elle serait comestible. M. Quélet n'indique cette propriété qu'avec doute.

Russule émétique. — *Russula emetica* (pl. XXXIV, fig. 1, p. 94).

Le chapeau est *rouge vif*, de 8 à 10 centimètres, à bords lisses, puis striés ; la *peau* de cet organe se *sépare facilement en larges plaques*. Le pied est blanc ou légèrement rougeâtre. Les feuillets sont *blancs*, adhérents au pied ou libres, larges. La chair est *blanche*, rougeâtre sous la peau du chapeau, *très âcre*.

On trouve cette Russule *très* communément en automne et en été dans les forêts humides.

Elle est *vénéneuse*.

Variétés. — 1° La variété *fragilis* (fragile) est beaucoup plus petite, de 3 à 4 centimètres, le chapeau est ordinairement rouge, rose, quelquefois violet, brun ou blanc; il est strié au bord (fig. 1 en bas).

2° La variété *sardonia* (sardoine, pierre précieuse) se tache de jaune par le froissement ou la sécheresse.

Russule ocracée. — *Russula ochracea* (pl. XXXIV, fig. 3, p. 94).

Le chapeau est d'abord convexe, puis étalé, enfin creux au centre, de couleur *jaune ocracé*, nankin ou café au lait, de 5 à 7 centimètres de diamètre, à bords souvent striés, sillonnés. Le pied est blanc ou ocracé jaunâtre, peu foncé. Les feuillets et la chair ont la même teinte que le chapeau mais plus pâle. La chair est molle, *âcre ou douce*. Les spores sont jaune ocracé.

Cette espèce pousse en été et automne assez communément dans les forêts ombragées.

Elle est *suspecte*.

Russule alutacée. — *Russula alutacea* (pl. XXXV, fig. 1, p. 99).

Cette Russule est variable. Elle ressemble un peu à la Russule dorée : elle a le chapeau rouge et les feuillets *entièrement jaunes*, ce qui la distingue de cette espèce, qui a une bordure d'un jaune beaucoup plus intense ; ces feuillets sont larges, au début crème jaunâtre, ils ne sont *jamais farineux*. Le chapeau est *mat*, strié au bord en veillissant, de 6 à 15 centimètres ; c'est une des grandes espèces du genre. Le pied est blanc, quelquefois teinté de jaune à la base. La chair est blanche, rouge sous l'épiderme. Sa saveur est douce et rappelle celle de la noisette. La spore est jaune ocracé.

On trouve cette espèce en été et automne surtout dans les montagnes (Vosges et Cévennes).

Elle est *comestible* et mangée dans les Cévennes (M. de Seynes) et en Lorraine. On la vend sur le marché d'Iéna (M. Pfeiffer).

Espèces avec lesquelles on peut la confondre. — En dehors de la Russule dorée, dont il vient d'être question, on peut confondre l'espèce actuelle avec la Russule entière (*R. integra*), qui est grande également, et sur les propriétés alimentaires de laquelle on n'est pas bien fixé. Cette dernière espèce a les feuillets d'abord *blancs* et pulvérulents, farineux, ce qui n'arrive pas dans la Russule alutacée où ils sont d'abord crème, puis jaunes et jamais pulvérulents.

Variétés. — 1° Le chapeau peut quelquefois être teinté de rouge et de vert. 2° Il peut même devenir complètement vert. 3° Il peut être aussi brun.

Noms vulgaires. — Bise rouge, Crusolo, Crusolo blanco, Crussolo jiaouno, Crussolo biouletto, Cruzade, Fayssé, Lea, Lera, Rouget, Rougetto, Rougion, Rousson, Roussoun.

Russule feuille morte. — *Russula xerampelina* (pl. XXXV, fig. 1, p. 99).

Cette espèce se rattache, d'après M. Quélet, à la précédente qui n'en serait qu'une variété. Le chapeau est visqueux, de 10 à 12 centimètres, pointillé ou aréolé, pourpre lilas, ocracé, ou couleur feuille morte. Le pied est blanc ou incarnat rosé. Les feuillets sont fourchus, d'abord crème puis couleur d'abricot. La chair est blanche ou ocracé pâle, douce, odorante. La spore est jaune ocracé.

Cette espèce est assez peu commune sauf en certaines régions, elle pousse en automne dans les bois de Conifères.

Elle est *comestible*.

Ce champignon diffère de la Russule entière **par** sa substance ferme, par la pellicule de son chapeau non distincte, par les aréoles du chapeau.

Russule de Quélet. — *Russula Queletii* (pl. XXXV, fig. 2, p. 99).

Le chapeau est *pourpre noir* ou *violet noir*, de 3 à 8 centimètres. Le pied est *rose violacé*, peu foncé, blanc partiellement. Les feuillets adhérents au pied sont souvent fourchus ; ils ont individuellement une teinte crème, mais vus dans leur ensemble ils sont nettement jaunâtres (à la fin, ils sont quelquefois bruns ou tachés par la sécheresse de bleu azuré). La chair est blanche, *très poivrée*. La spore est blanche.

C'est une espèce commune dans les bois de Conifères.

Elle est *vénéneuse*.

Russule blanc ocracé. — *Russula ochroleuca* (pl. XXXV, fig. 3, p. 99).

Le chapeau a de 5 à 8 centimètres, il est *jaune* ou *jaune ocracé*, sa peau adhère à la chair, sa surface est humide ou lubréfiée. Le pied est *blanc ou grisâtre*, strié. Les feuillets sont blancs. La chair est blanche, jaune sous la cuticule, *âcre*. Les spores sont blanches.

Cette espèce n'est pas rare en automne dans les forêts ombragées ou sablonneuses.

Elle est *suspecte*.

Russule sanguine. — *Russula sanguinea* (pl. XXXV, fig. 3, p. 99).

Le chapeau, d'abord arrondi, devient en coupe sur l'adulte; il est *rouge sanguin* (quelquefois violacé obscur, blanchissant au bord), de 6 à 9 centimètres. Le pied est rouge ou rosé, strié, ridé, rarement blanc. Les feuillets sont nombreux, *décurrents*, rarement fourchus, minces, *blancs, puis crème paille*. La chair est blanche, caséeuse, l'odeur est nulle ; la saveur *âcre, brûlante*, nauséeuse. Les spores sont blanc crème.

Cette espèce est assez rare, elle pousse en été et automne dans les bois de Pins humides.

Elle est *suspecte ;* elle perdrait ses qualités nuisibles à la cuisson et serait mangée dans le Midi et à Autun.

La variété *Linnæi* (de Linné) a un gros chapeau rouge sang ou rose ainsi que le pied et les feuillets légèrement jaunâtres (fig. 4, p. 99).

Noms vulgaires. — Bonnet rouge, Cul rouge, Rouget, Rougeotte, Faux-Payssé.

Russule striée. — *Russula pectinata* (pl. XXXVI, fig. 1, p. 100).

Le chapeau est rapidement étalé, de 6 à 8 centimètres de diamètre, de la couleur *croûte de pain*, ou ocracé brunâtre, nettement *strié*, cannelé au bord. Le pied est court, blanchâtre, strié. Les feuillets sont adhérents puis libres, blancs. La chair est blanche, *âcre*, mais le champignon n'a pas d'odeur ou a une odeur faible.

On trouve cette Russule en été et automne dans les forêts.

Elle est *suspecte*.

Russule fétide. — *Russula fœtens* (pl. XXXVI, fig. 3, p. 100.)

Ce gros champignon a d'abord le chapeau *globuleux*, puis convexe, atteignant de 10 à 15 centimètres, *jaune sale, ocracé*, paille roussâtre, *très strié* au bord qui est cannelé, grenelé, tuberculeux. Le pied, épais de 2 à 3 centimètres, est blanc ou ocracé pâle. Les feuillets sont blancs ou ocracé paille, assez souvent inégaux, quelques-uns ramifiés, libres d'adhérence au pied, réunis par des nervures. La chair est blanche ou ocracé pâle, *très âcre;* l'odeur est *très forte* et rappelle celle de laurier-cerise; elle est fétide pour certaines personnes. Les spores sont blanches.

Cette espèce est assez commune en été et automne dans les forêts ombragées.

Elle est *vénéneuse*.

Russule entière. — *Russula integra* (pl. XXXVI, fig. 2, p. 100.)

Le chapeau est visqueux, de 10 à 12 centimètres, il est *pourpre foncé*, brun, brun fauve ou brun très pâle, les bords sont striés, sillonnés, tuberculeux. Le pied est épais, de 2 à 3 centimètres, blanc, ridé, strié. Les feuillets libres sont très larges, réunis par des veines, ils sont d'abord *blancs*, puis crème ocracé, *farineux*. La chair est *tendre*, blanche, douce, d'odeur de miel. Les spores sont ocracées.

Cette espèce n'est pas très commune, elle pousse en été et en automne dans les forêts ombragées.

Elle est donnée comme comestible par quelques auteurs (Schæffer, Vittadini, MM. Gillot et Lucand). Il sera cependant préférable de la tenir provisoirement comme *suspecte*.

Elle présente une variété plus petite à chapeau brun, la variété brune (*fusca*).

Russule rouge. — *Russula rubra* (pl. XXXVI, fig. 4, p. 100.)

Le chapeau est *très dur* (c'est une des espèces les plus dures du genre), d'un *beau rouge*, quelquefois décoloré, poli, souvent gercé. Le pied est ou blanc ou rouge rose, moucheté en haut. Les feuillets adhèrent au pied; ils sont souvent fourchus, blanc crème avec le bord de l'arête rose. La chair est grenue, blanche, la saveur est *âcre*, brûlante. Les spores sont blanches.

Cette espèce peu commune pousse en été dans les bois sablonneux.

Elle est *vénéneuse*.

Russule jolie. — *Russula lepida* (pl. XXXVI, fig. 5, p. 100).

Le chapeau de cette Russule est *dur* comme celui de la précédente, mais il est *mat*, non poli, comme pulvérulent, farineux, souvent aréolé, d'un rouge rosé, quelquefois partiellement blanc, à bords non striés, de 6 à 10 centimètres. Le pied est blanc, teinté quelquefois de rose, plein. Les feuillets sont blancs, crème, quelquefois bordés d'incarnat, larges, libres d'adhérence avec le pied. La chair est blanche, *douce*, ferme, d'un goût de noisette, puis un peu acerbe. Les spores sont blanches.

On trouve cette Russule en automne dans les forêts de Hêtres et de Chênes.

Elle est *comestible*, agréable (MM. Gillot et Lucand).

Espèces avec lesquelles on peut la confondre. — La confusion avec les Russules rouge et émétique ne peut se produire que si l'on ne goûte pas la chair qui est *très âcre* dans ces deux dernières espèces.

Noms vulgaires. — Cul rouge, Rouge.

Russule bleue jaune. — *Russula cyanoxantha* (CHARBONNIER) (pl. XXXVII, fig. 1, p. 107).

Le nom de Charbonnier, que l'on donne à ce champignon dans plusieurs régions, s'explique par la teinte du chapeau qui est *gris de plomb* teinté de *pourpre noir*, de violet noirâtre ou de vert; quelquefois, en se décolorant, ce champignon devient jaune et pourpre clair; à la surface du chapeau, on observe de très *fines rides* ou veines irrégulières rayonnant du centre vers la périphérie, sa taille varie de 8 à 15 centimètres, il peut être visqueux, sa consistance est *élastique*. Le pied est *blanc, ridé*. Les feuillets sont *blancs*, remontant vers le haut du pied, larges, souvent fourchus. Les spores sont blanches.

Cette espèce très commune pousse au printemps, en été et en automne, sous les forêts ombragées, surtout de Hêtres.

Elle est *comestible*, assez estimée. On la vend à vil prix dans tous les villages des environs de la forêt de Fontainebleau. J'ai fréquemment mangé ce champignon qui se ramollit malheureusement beaucoup à la cuisson.

Espèce avec laquelle on peut confondre cette Russule. — La Russule de Quélet se distinguera aisément du Charbonnier si on remarque que la chair de la première espèce est très amère, que ses feuillets sont jaunâtres et qu'elle pousse sous les Pins.

Russule verdoyante. — *Russula virescens* (PALOMET) pl. XXXVII, fig. 2, p. 107).

Ce champignon est très facilement reconnaissable. Quand il est jeune, il a le chapeau arrondi, crème ou café au lait pâle, *aréolé*, et tacheté de brun par place, puis de vert; en vieillissant les *craquelures s'étendent*, la *teinte verte augmente*, il devient finalement *moucheté de vert*; l'adulte est souvent déprimé au centre; sa taille peut être alors de 10 centimètres. Le pied est blanc, épais. Les feuillets sont blancs, inégaux, quelques-uns fourchus, parfois réunis entre eux à la base. La chair est *blanche, douce* : l'odeur et la saveur sont agréables. Les spores sont blanches.

Cette espèce est assez commune en été et en automne, dans les forêts sablonneuses et ombragées.

Elle est *comestible*; c'est le champignon le plus recommandable du genre, d'abord parce qu'il est excellent, ainsi que j'ai pu le vérifier moi-même, ensuite parce qu'on peut le reconnaître aisément. On le vend sur les marchés d'Épinal (M. Bojoly) et de Perpignan (M. Companyo).

Confusion. — Il faut avoir soin de ne pas confondre cette Russule avec les autres Russules vertes. La Russule fourchue, qui est vénéneuse, n'a jamais le chapeau craquelé.

Noms vulgaires. — Berdanel, Berdanello, Bise de curé, Bise verte, Blavet, Bordet, Bordetto, Cul vert, Cruagne, Iraux cher, Lera verda Palomet, Paloumé, Paloumetto, Palombette, Vert, Vert-bonnet, Vert des dames, Verdette, Verdoun.

Russule fourchue. — *Russula furcata* (pl. XXXVII, fig. 3, p. 107).

Le chapeau est d'un *beau vert*, non craquelé, *lisse*, se déprimant un peu à la fin au milieu, de 10 à 15 centimètres. Le pied est épais, blanc. Les feuillets sont blancs, quelques-uns fourchus. La chair est blanche, amère, *âcre*.

Cette espèce n'est pas commune; on la trouve surtout dans les forêts du Centre et de l'Ouest de la France.

Elle est *vénéneuse*.

GENRE MARASME.

[Du grec : *marasmos*, grande maigreur ; allusion à la sécheresse de ces champignons.]

Ces champignons sont *secs*, à chapeau *mince*, non charnu, flexible, coriace, plan, étalé comme dans les Collybies ou conique comme dans les Mycènes. Le pied est tenace, se pliant sans se briser, quelquefois corné. Les feuillets sont secs. Ces espèces poussent quelquefois sur les feuilles ou sur les brindilles. Elles se dessèchent sans pourrir et reprennent leur forme quand on les humecte de nouveau.

RUSSULES MARASMES

(1, 2, 4, 5. Espèces comestibles ; 3 et 6. Espèces vénéneuses suspectes).

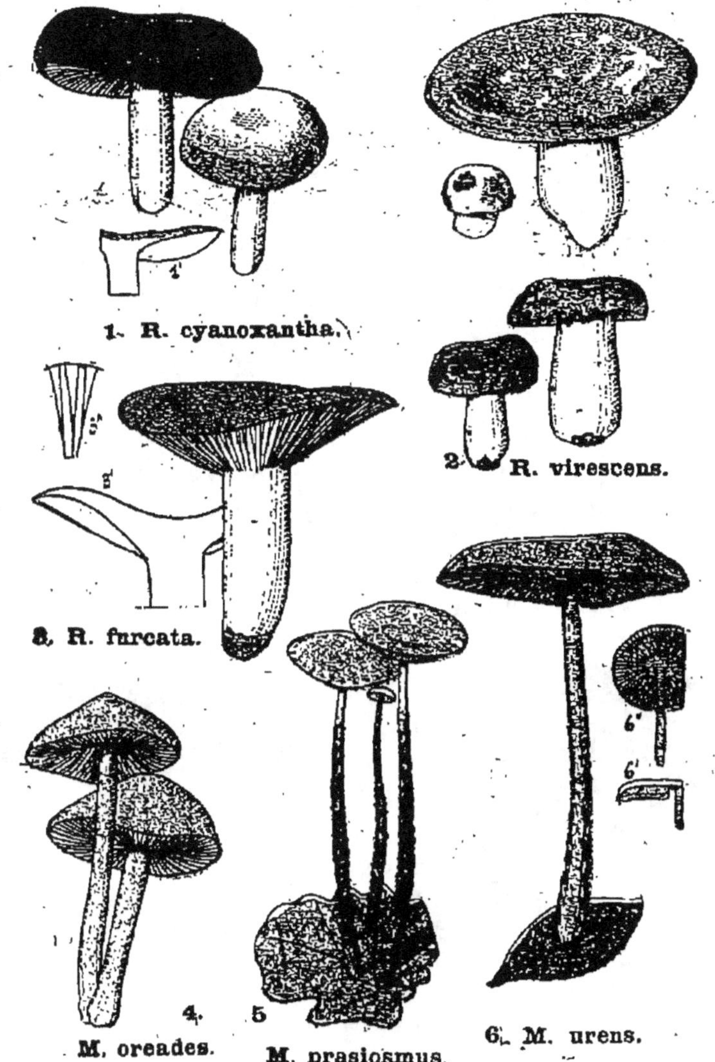

1. **Russule bleue jaune,** *R. cyanoxantha* (CHARBONNIER) ; comestible estimé, voir p. 105. — 2. **Russule verdoyante,** *R. virescens* (PALOMET) ; espèce comestible estimée, voir p. 105. — 3. **Russule fourchue,** *R. furcata ;* espèce vénéneuse, voir p. 106. — 4. **Marasme d'Oréade,** *M. oreades ;* espèce comestible, voir p. 109. — 5. **Marasme poireau,** *M. prasiosmus ;* espèce comestible, voir p. 109. — 6. **Marasme brûlant,** *M. urens ;* espèce suspecte, voir p. 109.

VOLVAIRES, PLUTÉES, ENTOLOMES

(1 et 4. Espèces vénéneuses ; 2 et 3. Espèces comestibles).

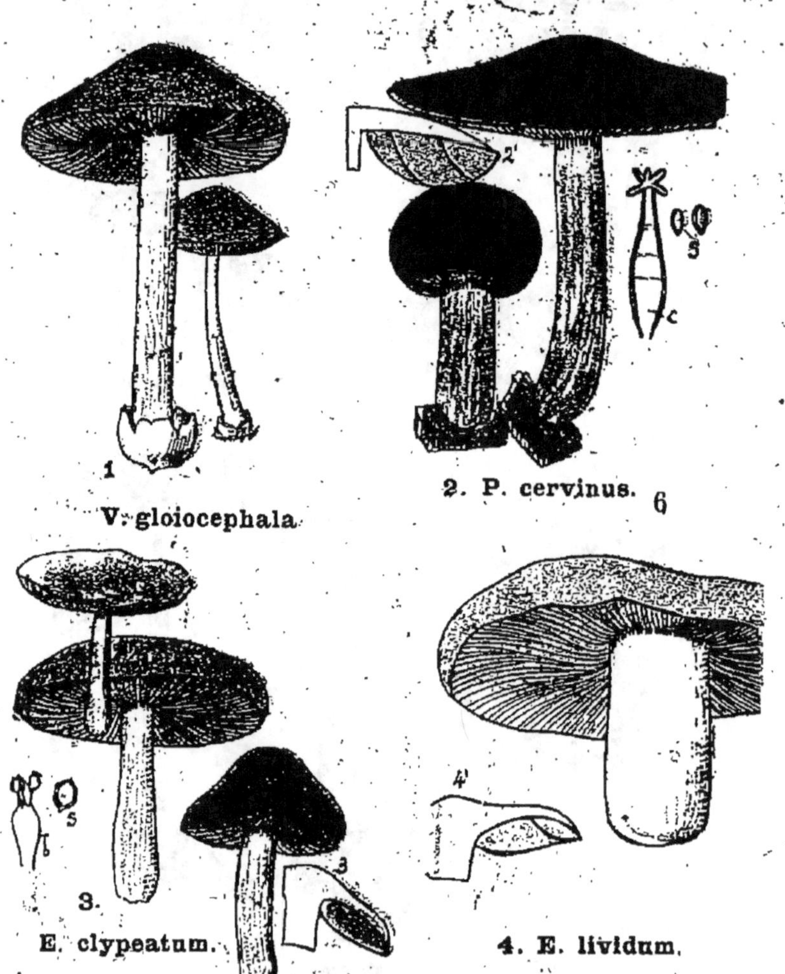

1. **Volvaire gluante**, *V. gloiocephala ;* espèce vénéneuse, voir p. 112. — 2. **Plutée couleur de cerf**, *P. cervinus ;* espèce comestible, voir p. 113. — 3. **Entolome en bouclier**, *E. clypeatum ;* espèce comestible, voir p. 114. 4. **Entolome livide**, *E. lividum ;* espèce vénéneuse, voir p. 114.

Marasme d'Oreade *Marasmius oreades* (pl. XXXVII, fig. 4, p. 107).

Ce champignon a un habitat très spécial qui permet de le reconnaître assez aisément : il pousse dans les prés herbeux, les *endroits découverts*. Son chapeau est flexible, coriace, un peu charnu, il est arrondi ou conique, étalé rapidement, gardant cependant quelquefois un mamelon au centre ; sa teinte est crème ocracé ou crème roussâtre, pâlissant par la sécheresse ; son diamètre varie de 2 à 6 centimètres. Le pied, qui a de 3 à 4 millimètres d'épaisseur, est de la même couleur que le chapeau ; il s'allonge quelquefois beaucoup quand le champignon pousse dans les hautes herbes ; il est plein. Les feuillets sont libres d'adhérence avec le pied, *assez espacés* entre eux, peu nombreux relativement au diamètre du chapeau ; leur couleur est blanc crème, crème jaunâtre très pâle. La chair est blanchâtre et douce. L'odeur, faible à l'état frais, devient très agréable et pénétrante quand on conserve le champignon en grande quantité dans une boîte.

On trouve ce Marasme au printemps, en été et en automne dans les bruyères, les prés, les chemins découverts, les clairières des bois.

Cette espèce est *comestible*, le chapeau mérite surtout d'être employé. On vend ce champignon sur les marchés d'Épinal et de Perpignan.

Noms vulgaires. — Cama sec, Champignon d'Armas, Champignon des fées, *Faux Mousseron*, Mousseron d'Armas, Mousseron d'automne, Mousseron de Dieppe, Mousseron godaille, Mousseron pied dur, Secadou.

Marasme poireau. — *Marasmius prasiosmus* (pl. XXXVII, fig. 5, p. 107).

Le chapeau est presque membraneux, crème ocracé pâle, devenant blanchâtre par la sécheresse, un peu ridé ou strié quelquefois sur le bord, de 2 à 4 centimètres de diamètre. Le pied est finement velouté en haut, laineux en bas, à *poils roussâtres* ou brunâtres ; il adhère aux feuilles parmi lesquelles il pousse. Les feuillets sont assez nombreux, étroits, blanc crème puis roussâtres. La chair n'est pas piquante, mais le champignon a une très *forte odeur d'ail* ou de poireau.

On trouve ce Marasme en automne, en troupe sur les feuilles, dans les forêts ombragées de Hêtres.

Il est *comestible*, mais ne peut guère servir que de condiment.

Marasme brûlant. — *Maramius urens* (pl. XXXVII, fig. 6, p. 107.)

Le chapeau a de 3 à 6 centimètres ; quand il est jeune, il est un peu épais, plus tard en vieillissant il devient relativement mince et plus sec ; il est alors ridé, souvent irrégulièrement écailleux ; sa teinte est crème

PANE SCHIZOPHYLLE ET VOLVAIRE

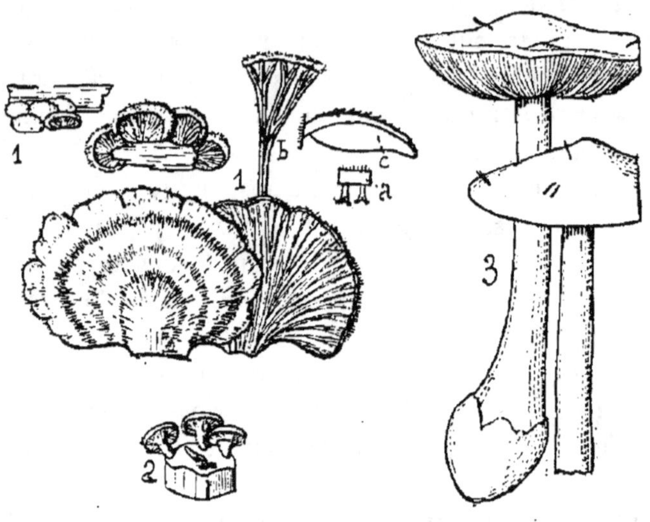

1. S. commune   **3.** *Var. speciosa*

2. P. stipticus

1. Schizophylle commun. *S. commune;* propriétés alimentaires inconnues, voir p. 111. — **2. Pane stiptique**. *P. stipticus;* espèce suspecte, voir p. 111. — **3. Volvaire gluante**, *V. gloiocephala*, var. *speciosa*, voir p. 113.

ocracé ou roussâtre pâle. Le pied est de même couleur, finement velouté en haut (ceci se voit à la loupe) et laineux à la base; cette laine est crème roussâtre, quelquefois jaunâtre ; ce pied adhère aux feuilles sur lesquelles il pousse ; il a d'ordinaire de 3 à 4 millimètres d'épaisseur, rarement il dépasse 5 millimètres. Les feuillets sont peu serrés entre eux, d'abord crème ou paille, puis roussâtres; au début ils sont *libres* d'adhérence avec le pied, sur l'adulte ils sont *fortement écartés* de lui. La chair est crème, *très poivrée*, âcre.

On trouve ce champignon communément dans les forêts ombragées, sur les feuilles mortes.

Il est *suspect*.

Je citerai en terminant un petit Marasme peu commun, le *Marasmius alliaceus* que l'on vend sur le marché d'Iéna (Voir pour cette espèce la *Nouvelle Flore des champignons* de MM. Costantin et Dufour, p. 67).

GENRE PANE.

[Du grec : *pan*, tout à fait, *ous*, oreille ; à cause de la forme du chapeau.]

Ces champignons *se dessèchent* sans *pourrir* comme les Marasmes, mais ils ont un pied latéral. Ils poussent sur le bois.

Pane stiptique. — *Panus stipticus* (pl. XXXIX, fig. 2, p. 110).

Le chapeau a une forme de rein ou de haricot, il est ocracé roussâtre ou cannelle, de 1 à 4 centimètres, ordinairement couvert de petites écailles floconneuses qui se détachent facilement. Le pied est latéral, court, d'environ 8 à 15 millimètres de longueur. Les feuillets sont réunis par un réseau veineux, ils sont étroits, crème ocracé. La chair est très âcre.

On le trouve communément en automne sur les souches.

On regarde cette espèce comme *suspecte* et même comme *vénéneuse*.

GENRE SCHIZOPHYLLE.

[Du grec : *schizo*, fendre, et *phyllon*, feuillets ; à cause de l'arête des feuillets fendue en gouttière.]

Ce champignon est coriace, il pousse sur les arbres et est dépourvu de pied. Il a l'arête des feuillets *fendue en deux*, en gouttière.

Schizophylle commun. — *Schizophyllum commune* (pl. XXXIX, fig. 1, p. 110).

Le chapeau est blanc grisâtre, velouté par-dessus, zoné, de 2 à 4 centimètres. Les feuillets sont roses ou gris lilas, ramifiés et creusés en gouttière (*a* fig. 1, p. 110, représente les feuillets coupés perpendiculairement à leur longueur; *b*, représente plusieurs feuillets vus de face, ramifiés; *c*, représente les feuillets vus de côté).

C'est une espèce automnale poussant sur les troncs des arbres morts ou mourants, assez rare.

Ses propriétés alimentaires sont *inconnues*.

AGARICINÉES A SPORES ROSES.

Les Agaricinées à spores roses comprennent un petit nombre de genres et d'espèces intéressantes.

Les **Volvaires** ont une *volve*, mais pas d'anneau.

Les **Plutées** ont les feuillets *libres* d'adhérence avec le pied.

Les **Entolomes** sont de gros champignons *charnus*, à feuillets présentant une *échancrure* au voisinage du pied.

Les **Nolanées** sont des champignons *grêles*, à chapeau d'ordinaire *conique* ou en *cloche*.

Les **Clitopiles** sont *charnus* et ont les feuillets *décurrents*.

Les **Claudopes** n'ont *pas de pied*.

Dans les trois genres Entolome, Nolanée et Clitopile les spores sont *anguleuses*.

GENRE VOLVAIRE.

[Du latin : *volva*, enveloppe; allusion à la membrane qui entoure le champignon jeune.]

Les Volvaires sont analogues aux Amanites. Le pied a *un étui*, reste de la volve, à sa base mais il est *dépourvu d'anneau*. Les *feuillets sont libres* et de couleur rose ou saumon. Les spores sont roses, *arrondies*.

Volvaire gluante. — *Volvaria gloiocephala* (pl. XXXVIII, fig. 1, p. 108).

Le chapeau est charnu, visqueux, de 5 à 6 centimètres, gris de souris, cendré, ou gris verdâtre. Le pied est blanc grisâtre ou blanc roussâtre, d'abord poilu, puis glabre; la volve qui entoure sa base est blanchâtre ou gris brunâtre. Les feuillets sont libres, puis assez écartés du pied, larges, ventrus, blancs puis *incarnat roux*.

On trouve cette espèce peu commune à terre dans les prés et les lieux vagues, surtout dans le Midi.

Elle est *vénéneuse*.

Une variété *speciosa* (remarquable) (pl. XXXIX, fig. 3, p. 110) a le même port, mais elle est d'abord *b'anc de lait*, puis le centre du chapeau devient gris jaunâtre ; il est comme glacé.

GENRE PLUTÉE.

[Du latin : *pluteus*, machine de guerre voûtée ; allusion à la forme du chapeau.]

Les feuillets dans ces champignons charnus sont *libres*, non adhérents avec le pied, leur couleur est rose ou saumon. La substance du chapeau est différente de celle du pied qui est fibreux, de sorte que ces deux organes se séparent assez aisément l'un de l'autre. Ce genre est très analogue au genre Lépiote, mais ici il n'y a jamais d'anneau. Les spores sont arrondies, ellipsoïdales ou sphériques. Les feuillets présentent entre les basides des cellules spéciales saillantes appelée *cystides*, pourvues souvent de pointes (fig. 2, *c*, p. 108). Ces champignons poussent sur le bois, rarement à terre.

Plutée couleur de cerf. — *Pluteus cervinus* (pl. XXXVIII, fig. 2, p. 108).

Le chapeau est conique à bords arrondis ou en cloche presque sphérique, puis très rapidement étalé, *brun foncé ou fauve*, visqueux par l'humidité, glabre puis écailleux ou fibrilleux, de 8 à 12 centimètres. Le pied est plein, puis creux, blanchâtre, couvert de fibrilles brunâtres, assez long. Les feuillets libres sont nombreux, larges, ventrus, d'abord blanc sale, puis rosés. La chair est molle et blanche, l'odeur forte, la saveur nulle. Les spores sont à contour elliptique, les *cystides permettent à coup sûr de reconnaître cette espèce* au microscope, elles sont renflées à la base et *portent 3 à 4 pointes au sommet* (fig. 2, *c*, cystide ; *s*, spore, p. 108).

Ce champignon n'est pas rare, mais il est d'ordinaire solitaire sur les troncs, les souches dans les bois au printemps, en été et automne.

Il est *comestible*.

GENRE ENTOLOME.

[Du grec : *entos*, dedans, et *loma*, frange ; parce que les **bords du** chapeau sont recourbés en dedans.]

Ce genre comprend des champignons *charnus* à bord replié en dessous dans le jeune âge, à feuillets souvent *échancrés* près du pied. Les spores sont roses, *anguleuses*. Les espèces de ce genre poussent toutes à terre.

Entolome livide. — *Entoloma lividum* (pl. XXXVIII, fig. 4, p. 108).

C'est un *gros champignon* charnu dont le chapeau a de 10 à 15 centimètres : cet organe est un peu visqueux par l'humidité, sa teinte est gris ocracé, *gris cendré teinté de jaunâtre* ou blanchâtre jaunissant légèrement. Le pied est épais de 2 à 3 centimètres de diamètre, blanc, quelquefois tacheté de rose. Les feuillets sont presque libres avec une échancrure, larges de 1 centimètre, ils sont espacés entre eux, d'abord *jaunes* puis *rougeâtres rosés, nuancés de jaune vers le bord* du côté du chapeau La chair est fragile, blanche, ayant une odeur assez variable de farine ou de fruits, puis désagréable à provoquer des nausées. La saveur n'est pas agréable.

On trouve cet Entolome assez peu fréquemment en automne, à terre, dans les forêts ombragées.

Il est *vénéneux*.

Entolome en bouclier. — *Entoloma clypeatum*. Synonyme : *Agaricus phonospermus, Entoloma sepium* (pl. XXXVIII, fig. 3, p. 108).

Cette espèce, qui est comestible, se distingue de la précédente, vénéneuse, par plusieurs caractères : 1º elle pousse dans les vergers, les prés, et non dans les bois ; 2º on la rencontre au printemps et non à l'automne ; 3º son pied est moins épais, de 10 à 15 millimètres seulement de diamètre ; 4º ses feuillets ne sont jamais jaunes.

Le chapeau est conique ou en cloche, non visqueux, puis étalé, souvent mamelonné, de 5 à 8 centimètres ; il est *fibrilleux*, brunâtre, ou gris verdâtre, ocracé pâle, blanchissant. Le pied est blanchâtre sale, fibrilleux, un peu pulvérulent, *farineux* au sommet. Les feuillets sont peu serrés, d'abord blancs, puis rosés. La chair est blanche, de saveur et d'odeur faibles.

On trouve ce champignon *au printemps*, dans les prés, dans les haies et les vergers.

Il est *comestible*. C'est seulement depuis peu d'années que la comestibilité de cette espèce est bien établie. Elle est mangée communément dans l'Est, le Centre et l'Ouest de la France. On l'apporte tous les printemps sur les marché de Poitiers et de Rochefort.

Noms vulgaires. — Mousseron des haies, Potiron d'avril.

CLITOPILES, NOLANÉES, PHOLIOTES

(1 et 4. Espèces comestibles).

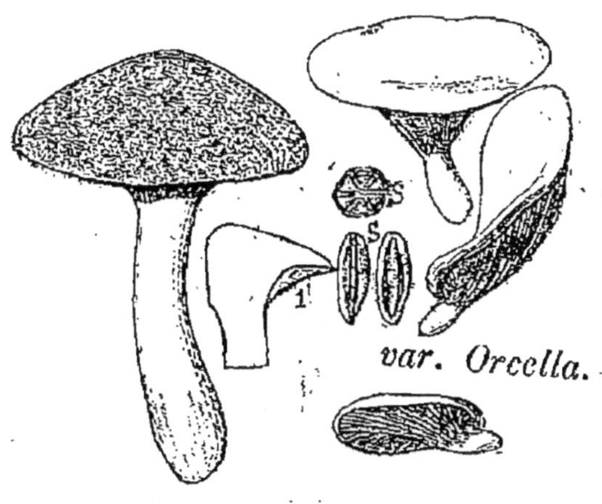

var. *Orcella.*

1. C. prunulus.

2. P. aurea.

3. N. mammosa.

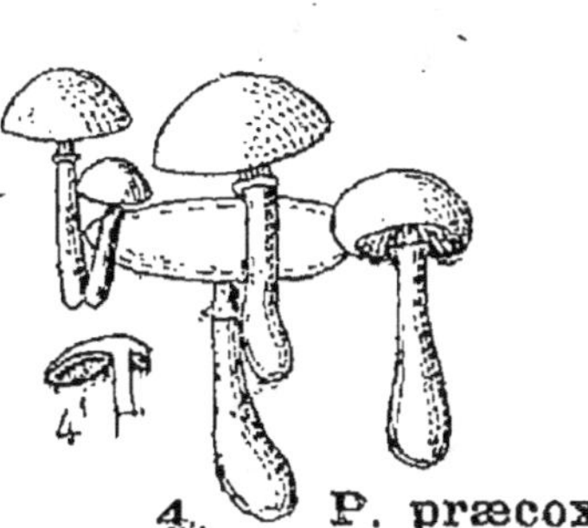

4. P. præcox.

1. **Clitopile des pruniers,** *C. prunulus;* espèce comestible,
voir p. 117. — **2. Nolanée mamelonnée,** *N. mammosa;* propriétés alimentaires inconnues, voir p. 117. — **3. Pholiote
doré,** *P. aurea;* propriétés alimentaires inconnues, voir p. 121.
— **4. Pholiote précoce,** *P. præcox;* espèce comestible, voir
p. 121.

PHOLIOTES

(3. Espèce comestible).

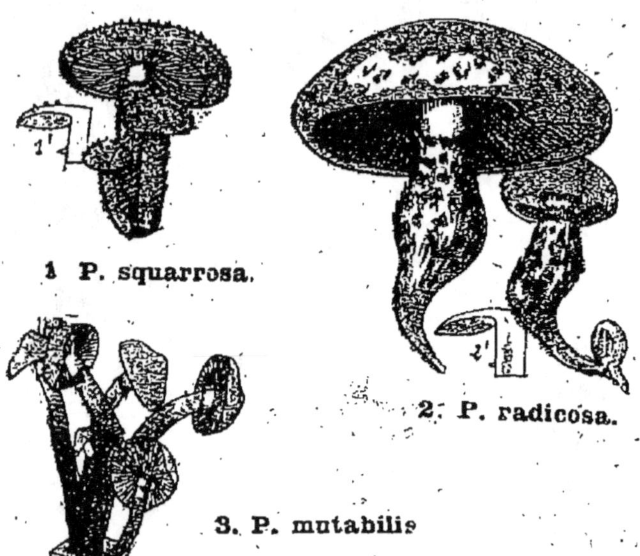

1. Pholiote écailleux, *P. squarrosa;* comestibilité douteuse, voir p. 121. — **2. Pholiote à racine**, *P. radicosa;* propriétés alimentaires mal connues, voir p. 122. — **4. Pholiote changeant**, *P. mutabilis;* espèce comestible, voir p. 122.

GENRE NOLANÉE.

[Du latin : *nola*, clochette ; allusion à la forme du chapeau.]

Dans ce genre, le pied est *grêle*, le chapeau *conique*, les spores *anguleuses*; ce genre correspond au groupe des Mycènes.

Nolanée mamelonnée. — *Nolanea mammosa* (pl. XL, fig. 3, p. 115).

Le chapeau est convexe avec un mamelon conique au centre, il s'étale plus tard en gardant ce sommet en cône ; il devient translucide quand il absorbe l'eau ; sa teinte est *brune* ou brun jaunâtre, il est *strié satiné*, son diamètre est de 1 à 4 centimètres. Le pied est grêle, long, creux, *blanc farineux* au sommet, luisant, grisâtre, poli sur *le reste* de sa surface. Les feuillets remontent sous le chapeau pour s'insérer en haut du pied, ils sont d'abord *gris*, puis incarnats.

On trouve cette espèce en été et en automne dans les bois, les pelouses sèches et les endroits découverts. Elle n'est pas très commune.

Ses propriétés alimentaires sont *inconnues*.

GENRE CLITOPILE.

[Du grec : *clitos*, penché, et *pilos*, chapeau ; parce que le bord du chapeau est d'abord enroulé.]

Les champignons de ce genre sont *charnus*, leurs feuillets sont *décurrents*, c'est-à-dire qu'ils descendent en s'amincissant le long du pied. Les spores ne sont pas anguleuses.

Clitopile des pruniers. — *Clitopilus prunulus* (pl. XL, fig. 1, p. 115).

Le chapeau est d'abord convexe, puis étalé et même en coupe à la fin; il est *blanc* ou blanc grisâtre, de 4 à 8 centimètres. Le pied est blanc, mou, plein, cotonneux à la base, un peu farineux. Les feuillets sont décurrents, d'abord *blancs*, puis rosés en vieillissant. La chair est tendre, agréable au goût, d'odeur de farine.

On trouve cette espèce peu rare dans les prés et dans les forêts, en automne et en été.

Elle est *comestible* et se vend sur le marché d'Iéna en Allemagne (M. Pfeiffer); elle est excellente.

5.

Confusion. — Il faut avoir soin de ne pas la confondre avec les Clitocybes blancs qui sont suspects, mais qui se distinguent parce qu'ils n'ont jamais les feuillets roses.

Variété. — La variété *orcella* (en petite jarre) est plus grêle, et a le chapeau souvent déformé, déjeté un peu de côté par rapport au pied excentrique ; elle pousse dans les haies, les clairières des bois ou sous les Sapins (page 115, fig. 1).

Noms vulgaires. — Farineux, Farinet, Langue de carpe, Meunier, Mouceron, Mousseron, Mousseron d'automne.

GENRE CLAUDOPE.

[Du latin : *claudus*, boiteux, *pes*, pied ; allusion au pied latéral ou nul.]

Le chapeau est souvent renversé avec les feuillets en haut ; le pied est court ou nul.

Je ne citerai que le **Claudope variable** (*Claudopus variabilis*) petit champignon à chapeau blanc, à feuillets rosés ou ocracés, qui est très commun sur les brindilles (Voir Petite Fl., Cost. et Duf. p. 38).

AGARICINÉES A SPORES OCRACÉES.

Dans ce groupe on trouve :

1° Les **Pholiotes** qui ont un *anneau* (fig. 1, p. 119) vers le haut du pied.

2° Les **Cortinaires** caractérisés par l'existence d'une *cortine*. Sous ce nom, on désigne un ensemble de filaments réunissant le bord du chapeau au haut du pied. Quant le champignon s'épanouit, cette espèce de toile d'araignée se déchire en laissant quelques filaments peu apparents sur le chapeau et, sur le pied, une sorte d'anneau formé de filaments en général couleur de rouille ou cannelle (fig. 2 et 3, p. 119). (Ce sont les spores tombées sur la cortine qui colorent souvent ces filaments). Quelquefois le réseau des filaments s'étend sur tout le pied. Les spores sont d'ordinaire rouillées, ferrugineuses, couleur de cannelle. Les *feuillets changent fréquemment de couleur* en vieillissant : dans le jeune âge, ils sont quelquefois blancs, jaunes, violets ou rouge sang ; à la fin ils sont presque toujours rouillés ou cannelle.

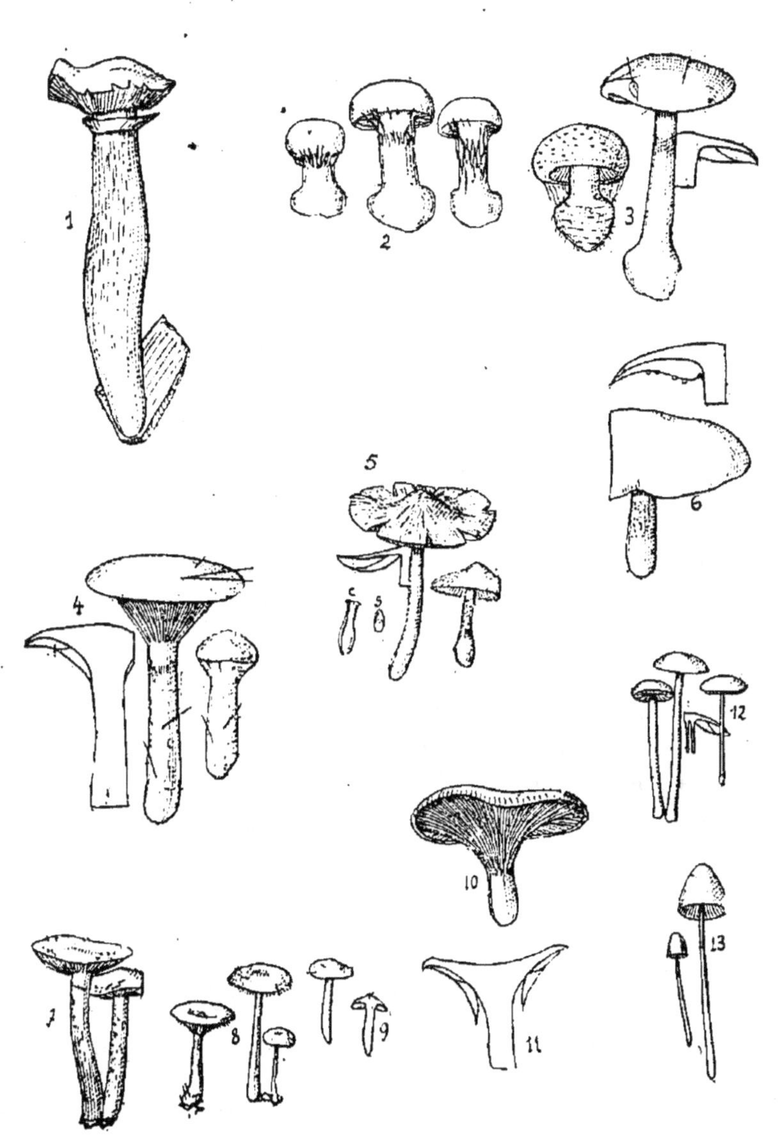

1. Pholiote. — 2 et 3. Cortinaires. — 4. Gomphides. —
5. Inocybes. — 6. Hébélomes. — 7. 8 et 9. Flammules.
— 10 et 11. Paxilles. — 12. Naucories. — 13. Galères.

3° Les **Gomphides** ont les feuillets *décurrents* (fig. 4, p. 119). Ils ont une cortine *visqueuse* transparente, qui disparaît presque complètement sur l'adulte ou laisse des débris noirâtres sur le pied. Les feuillets sont brun foncé. Les spores sont olivâtres ou brun foncé. Le genre Gomphide se rapproche donc beaucoup des Agaricinées à spores brun pourpre et noires.

4° Les **Inocybes** sont des champignons *en général grêles*, dont l'épiderme du chapeau se *divise en fibrilles*, ce qui le rend *soyeux* et quelquefois écailleux (fig. 5, p. 119) (*s* représente la spore ; *c* la cystide).

5° Les **Hebelomes** sont de gros champignons *charnus, à feuillets* libres ou *échancrés* au voisinage de leur insertion sur le pied ; très souvent des gouttelettes s'observent sur ces feuillets quand le champignon est jeune et que le temps est sec (fig. 6, p. 119).

6° Les **Flammules** sont voisines des Hebelomes, mais elles n'ont pas les feuillets échancrés, ces feuillets *adhèrent toujours au pied* (fig.7 et 9), ils sont quelquefois décurrents (fig. 8, p. 119).

7° Les **Naucories** sont grêles (fig. 12, p. 119), à *pied mince*, à chapeau hémisphérique ou convexe, puis *rapidement étalé*.

8° Les **Galères** sont également grêles, *à pied mince*, mais à chapeau *en cloche ou conique* (fig. 13, p. 119).

9° Les **Tubaires** ont les feuillets *décurrents*, c'est-à-dire qu'ils descendent sur le pied qui est *grêle*.

10° Les **Crepidotes** sont dépourvus de pied.

11° Les **Paxilles** sont de *gros champignons* à feuillets *décurrents*, descendant sur le pied en s'amincissant. Ces feuillets s'enlèvent facilement tous ensemble comme des tubes d'un Bolet ou comme le foin d'un Artichaut (fig. 11, p. 119).

GENRE PHOLIOTE.

[Du grec : *pholis*, écaille ; car le chapeau est souvent écailleux.]

Parmi les Agaricinées à spores ocracées, les Pholiotes se distinguent tout de suite par la présence de leur *anneau* sur le pied. La coloration des feuillets est brun clair, brun ocracé ou rouillée ; elle permet de reconnaître tout de suite que l'on a affaire à une plante à spores ocracées. On ne peut confondre ces champignons qu'avec les Armillaires quand ces derniers sont âgés ; mais à cet état, dans l'Armillaire de miel, les feuillets sont roussâtres et non ocracés ; ces Armillaires poussent d'ailleurs en touffes et, sur les chapeaux inférieurs, on voit une poussière blanche qui est due aux spores. Les Pholiotes poussent souvent en touffes et fréquemment sur le bois, sur les souches.

Pholiote doré. — *Pholiota aurea.* Synonyme: *Pholiota spectabilis* (pl. XL, fig. 2, p. 115).

Ce champignon est d'un *jaune doré.* Le chapeau est glabre, puis soyeux, quelquefois finement écailleux; son diamètre peut être de 5 à 8 centimètres. Le pied est épais, plein puis creux, lisse, *strié*, atteignant de 1 à 3 centimètres d'épaisseur ; il est de même couleur que le chapeau, farineux, pruineux au-dessus de l'anneau ; cet anneau est bien développé, jaune orangé ; le pied se prolonge quelquefois en racine à sa base. Les feuillets sont jaune doré, puis ferrugineux. La chair est jaune ou ferrugineuse, rougissant quelquefois un peu; sa saveur est amère.

On trouve cette espèce sur les souches ou à terre, en automne.

Ses propriétés alimentaires sont *inconnues.*

Pholiote précoce. — *Pholiota præcox* (pl. XL, fig. 4, p. 115).

Cette espèce pousse au printemps, ce qui explique son nom. Le chapeau est *blanc* ou blanchâtre, quelquefois légèrement ocracé au centre, souvent mamelonné au milieu, glabre, de 4 à 8 centimètres de diamètre. Le pied est blanc ou blanchâtre, souvent un peu renflé à la base, farineux, puis glabre, il devient *creux* à la fin ; l'anneau petit disparaît d'ordinaire. Les feuillets sont nombreux, adhérents au pied, crénelés à la fin, d'abord blanchâtres, puis grisâtres, bruns ou rouillés. La chair est *molle* et de saveur *douce* ou faible.

On trouve ce Pholiote au *printemps*, quelquefois en été, dans les *prés*, les bruyères, les jardins et les champs. Il est assez commun.

Ce champignon est *comestible*, il faut éviter de le confondre avec le suivant.

Pholiote dur. — *Pholiota dura* (Voir Nouv. Fl. Cost. et Duf., p. 87).

Cette espèce, que l'on regarde comme vénéneuse ou du moins comme *suspecte,* se distingue de la précédente parce que sa chair est *dure*, *vireuse*; ce Pholiote pousse d'ordinaire en été ; son pied est *plein*.

Pholiote écailleux. — *Pholiota squarrosa* (pl. XLI, fig. 1, p. 116).

Le nom de cette espèce rappelle qu'elle est couverte de *fortes écailles*, retroussées; on les observe non seulement sur le chapeau, mais sur le pied. Ce chapeau d'abord globuleux s'étale et peut atteindre de 5 à 10 centimètres ; sa couleur est *rouillée*, *roussâtre*, fauve clair. Les écailles du pied s'arrêtent en un point où elles se multiplient pour former une sorte d'*anneau déchiré* et souvent peu distinct; au-dessous de l'anneau, le pied a la couleur du chapeau, au-dessus il est blanc jaunâtre, lisse. Les feuillets d'abord pâles deviennent bruns, puis ferrugineux ou olivâtres. La chair est jaune, elle a une odeur de bois pourri.

On trouve ce champignon assez communément en automne, il est en touffes sur les troncs d'arbres divers (Saule, Hêtre, etc,).

Sa *comestibilité est douteuse.*

Pholiote à racine. — *Pholiota radicosa* (pl. XLI, fig, ?, p. 116).

Le chapeau est *visqueux* par l'humidité, il est lisse, à la fin tacheté de brun ; sa teinte est blanc crème, café au lait ou ocracé pâle. Le pied est *couvert d'écailles* brunes, il est blanchâtre ou de la même teinte que le chapeau ; son diamètre varie de 7 à 30 millimètres, il se *prolonge en une racine* qui peut avoir plusieurs centimètres de longueur ; l'anneau est bien développé, persistant, blanc ou brunâtre ; le pied est blanc, farineux au-dessus de l'anneau. Les feuillets, d'abord un peu adhérents au pied puis libres, sont brun clair, à la fin bruns. La chair est blanche, son odeur rappelle celle du laurier-cerise ou des amandes amères ; sa saveur est un peu amère.

On trouve le Pholiote à racine assez souvent en été au pied des arbres dans les forêts ombragées.

Ses *propriétés alimentaires ne sont pas bien connues.*

Pholiote changeant. — *Pholiota mutabilis* (pl. XLI, fig. 3, p. 116).

Le chapeau est d'abord un peu floconneux, brun roussâtre, devenant café au lait pâle par la sécheresse, quelquefois jaunâtre au milieu ; il est comme huilé par l'humidité. Le pied est tenace, très écailleux au début, les écailles disparaissent quand il vieillit ; d'abord plein, il se creuse en avançant en âge ; sa teinte est brun foncé dans le bas, et pâle au-dessus de l'anneau ; celui-ci est persistant ou fugace, brun d'ordinaire. Les feuillets adhérents ou décurrents sont larges, brun roussâtre ou rouillés. La chair est blanche ou nuancée de jaune pâle, l'odeur est forte, peu agréable.

Cette espèce pousse en été et en automne sur les souches.

On peut la confondre avec l'Armillaire de miel, mais les spores sont ocracées et non blanches.

Le Pholiote changeant est *comestible*, il se vend sur le marché d'Iéna (M. Pfeiffer).

Pholiote destructeur. — *Pholiota destruens* (pl. XLIII, fig. 1, p. 123).

C'est un gros champignon de 10 à 20 centimètres, dont le chapeau est blanchâtre ou crème jaunâtre, puis brunâtre, couvert de *grosses mèches blanches* qui disparaissent assez rapidement. Le pied est très épais, de 2 à 3 centimètres de diamètre, renflé à la base, écailleux et blanchâtre ;

PHOLIOTES

(1. Espèce suspecte ; 2 et 3. Espèces comestibles).

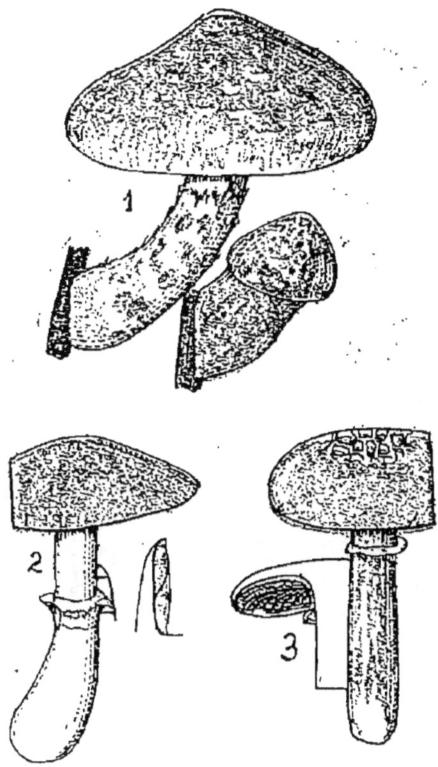

1. P. destruens

2. P. caperata   3. P. aegerita

1. Pholiote destructeur, *P. destruens;* espèce suspecte, voir
p. 122. — **2. Pholiote ridé**, *P. caperata;* espèce comestible,
voir p. 127. — **3. Pholiote du Peuplier**, *P. ægerita;* espèce
comestible, voir p. 127.

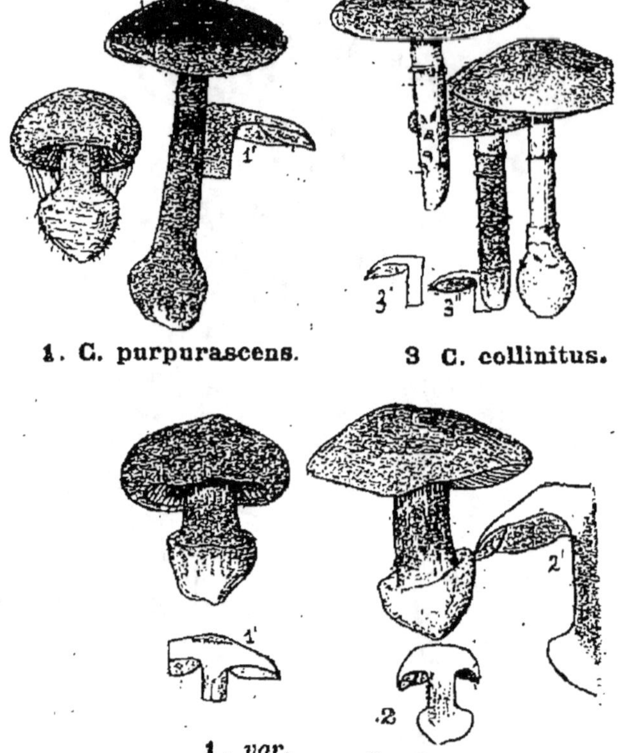

1. Cortinaire purpurin, *C. purpurascens;* propriétés alimentaires inconnues; 1. variété bleue (*cærulescens*) serait alimentaire, voir p. 128. — **2. Cortinaire à pied glauque**, *C. glaucopus;* propriétés alimentaires inconnues, voir p. 128. — **3. Cortinaire visqueux**, *C. collinitus;* espèce comestible, voir p. 128.

CORTINAIRES

(3. Espèce comestible).

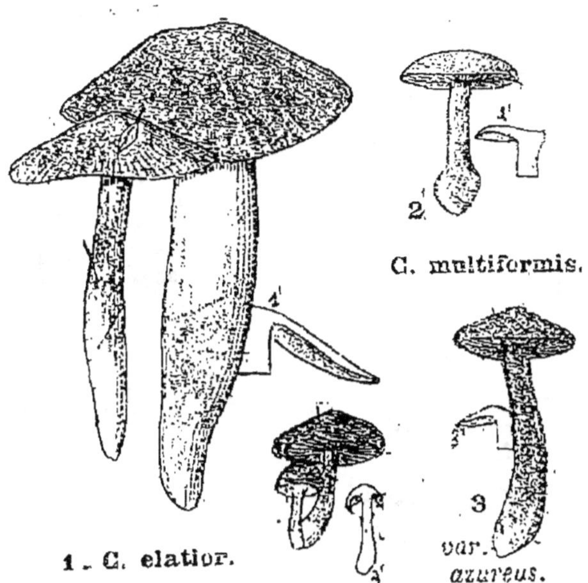

1 _ C. elatior.

C. multiformis.

C. anomalus.

var. azureus.

1. Cortinaire élevé, *C. elatior;* propriétés alimentaires inconnues, voir p. 131. — **2. Cortinaire multiforme,** *C. multiformis;* propriétés alimentaires inconnues, voir p. 131. —
3. Cortinaire anormal, *C. anomalus* et la variété azurée
(*azureus*); espèce comestible, voir p. 131.

Planche XLVI.

CORTINAIRES

(1. Espèce comestible; 2, 3 et 4. Espèces suspectes
ou non alimentaires).

1. C. largus.

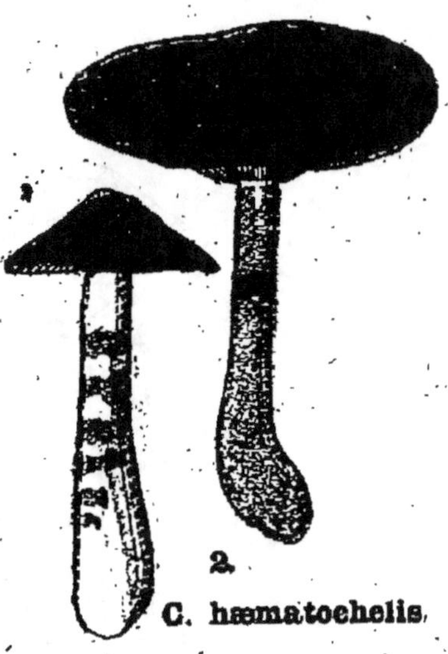

2.
C. hæmatochelis.

3

C. alboviolaceus.

4. C. infractus.

1. Cortinaire large, *C. largus;* espèce comestible, voir p. 132.
— **2. Cortinaire taché de sang,** *C. hæmatochelis;* comestibilité douteuse, voir p. 132. — **3. Cortinaire blanc violet,**
C. alboviolaceus; espèce non comestible, voir p. 132. — **4. Cortinaire à bords rompus.** *C. infractus;* propriétés alimentaires
inconnues, voir p. 132.

l'anneau disparait rapidement. Les feuillets sont nombreux, crénelés au bord, ils adhèrent au pied ou descendent sur lui par une petite strie ; leur teinte est d'abord crème, brune puis rouillée. La chair est blanche, ferme, douce puis amère.

On trouve ce champignon en été et automne sur les troncs de Peuplier et de Saule : il détruit quelquefois des rangées de ces arbres.

Il est *suspect.*

Pholiote ridé. — *Pholiota caperata* (pl. XLIII, fig. 2, p. 123).

Le chapeau, d'abord arrondi ou en cloche, s'étale en gardant souvent le centre un peu proéminent ; il est couleur d'*abricot* ou jaune ocracé, le sommet du chapeau qui est ridé est comme couvert d'un voile farineux, blanc, très léger et fugace ; la taille du chapeau est de 5 à 8 centimètres. Le pied est blanc ou de la couleur du chapeau mais un peu plus clair, de 10 à 15 millimètres de diamètre. L'anneau est bien développé, souvent éloigné du chapeau. Les feuillets sont dentelés, jaunâtres, puis ocracés. La chair est blanche ou blanc jaunâtre, fragile.

On trouve le Pholiote ridé assez communément, en été et en automne dans les forêts ombragées.

Il est *comestible.*

Pholiote du peuplier. — *Pholiota ægerita.* Synonyme: *Pholiota cylindracea ; Pholiota attenuata* (pl. XLIII, fig. 3, p. 123).

Le chapeau est blanc crème, puis ocracé ou brun clair, surtout au centre, souvent aréolé, crevassé. Le pied est cylindrique ou atténué à la base, glabre, blanc ou ocracé pâle. Les feuillets adhèrent au pied ou sont un peu décurrents, d'abord blanc crème, puis ocracé brunâtre. La chair est blanche, d'odeur et de saveur agréables.

On trouve ce champignon au printemps, en été et en automne sur les *souches* de Peuplier et de Saule.

Il est *comestible,* on le mange dans le Midi à Montpellier et à Toulouse.

On en connait trois variétés. La forme à chapeau crevassé, la forme à pied cylindrique (*cylindracea*), la forme à pied atténué en bas (*attenuata*).

Noms vulgaires. — Aloumère, Aubadero, Bolet de Salzé, Champignon du Saule, Oulouméro, Piboulado, Pivoulade, Sauzenado, Sahuquère, Sahuquero.

GENRE CORTINAIRE.

[Du latin : *cortina,* tapisserie ; à cause de la cortine filamenteuse.]

La *cortine,* qui existe dans ce genre, est une sorte de *toile filamenteuse* qui relie le bord du chapeau au haut du pied. C'est principalement sur le pied qu'elle est visible parce qu'elle est colorée par la chute des spores couleur de rouille, elle apparaît comme *un anneau formé de filaments appliqués sur le pied ;* quelquefois la cortine est irrégulière et forme une sorte de réseau sur tout le pied. Le genre Cortinaire est caractérisé, non seulement par l'existence d'une cortine, mais par le *changement de teinte des feuillets* avec l'âge : quand le champignon est très jeune, ils sont violets, blanchâtres, ocracés, jaunes ou rouges ; en vieillissant ils deviennent presque toujours cannelle ou ferrugineux.

Cortinaire purpurin. — *Cortinarius purpurascens* (pl. XLIV, fig. 1, p. 124).

Le chapeau est arrondi, puis étalé, de 5 a 15 centimètres, visqueux, souvent tigré, d'un brun roux foncé au milieu, violet ou pourpre foncé au bord. Le pied est épais, il présente un *bulbe avec un rebord saillant,* il est violacé foncé ou purpurin. Les feuillets sont larges, échancrés, *violet pourpre*, puis cannelle. La chair est lilas, agréable au goût.

On trouve cette espèce en été dans les forêts.

Ses propriétés alimentaires ne sont pas bien connues.

La variété *cærulescens* a le chapeau bleu clair ou lilas, se décolorant et devenant jaune paille ou crème avec des traces de bleu au centre. Le pied est bleu (pl. XLIV, fig. 1, p. 124); elle serait *comestible.*

Cortinaire à pied glauque. — *Cortinarius glaucopus* (pl. XLIV, fig. 2, p. 124).

Le chapeau charnu est ocracé, café au lait, ocracé jaunâtre ou brunâtre, surtout au centre ; le bord du chapeau est souvent orné d'une *zone saillante* et *brune* ; cet organe est couvert d'un chevelu très fin appliqué sur sa surface ; son diamètre varie de 8 à 12 centimètres de diamètre. Le pied est renflé à la base en *bulbe* qui présente un *rebord saillant* ; ce pied est fibrilleux, strié, légèrement lilas ou bleu, puis jaunâtre. Les feuillets sont échancrés près du pied, larges, lilas, puis couleur d'argile ou de cannelle.

On trouve cette espèce en automne et en été dans les prés et au bord des forêts.

Ses propriétés alimentaires sont inconnues.

Cortinaire visqueux. — *Cortinarius collinitus* (pl. XLIV, fig. 3, p. 124).

Le chapeau est très visqueux, jaune ocracé, un peu fauve rougeâtre ou brunâtre au centre, quelquefois entièrement vert olivâtre. Le pied est *visqueux,* d'ordinaire *cylindrique,* quelquefois renflé à la base, *il pré-*

Planche XLVII.

CORTINAIRES

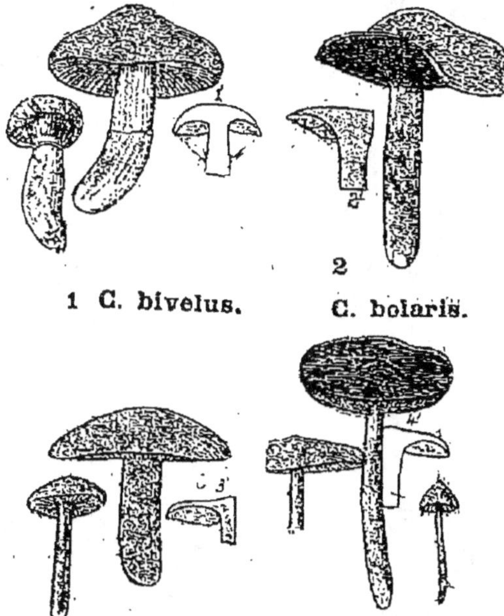

1 C. bivelus.   2 C. bolaris.

3. C. orellanus.   C. cinnamomeus.

1. Cortinaire à deux voiles, *C. bivelus;* propriétés alimentaires inconnues, voir p. 133. — **2. Cortinaire ocre rouge,** *C. bolaris;* propriétés alimentaires inconnues, voir p. 133. — **3. Cortinaire des montagnes,** *C. orellanus;* propriétés alimentaires inconnues, voir p. 133. — **4. Cortinaire cannelle,** *C. cinnamomeus;* comestibilité douteuse, voir p. 134.

GOMPHIDES ET INOCYBES

(Espèces suspectes).

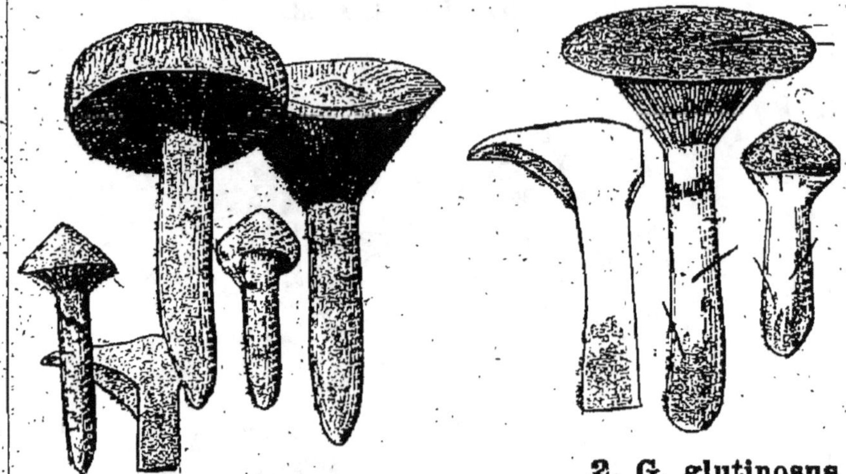

1. G. viscidus.

2. G. glutinosus

3. I. rimosa.

var. fulva.

893. I. geophila.

1. **Gomphide visqueux,** *G. viscidus;* espèce suspecte, voir
p. 135. — 2. **Gomphide glutineux,** *G. glutinosus;* espèce
suspecte, voir p. 135. — 3. **Inocybe fendillé,** *I. rimosa;* propriétés alimentaires inconnues, voir p. 136. — 4. **Inocybe
terrestre,** *I. geophila;* forme blanc type avec la variété violacée (*violacea*) et la variété fauve (*fulva*), voir p. 137.

sente des écailles souvent floconneuses, disposées en *anneaux superposés, incomplets ou imparfaits*; sa teinte est souvent la même que celle du chapeau, un peu plus pâle surtout dans le haut qui est souvent blanchâtre, quelquefois un peu violeté. Les feuillets adhèrent au pied ou descendent un peu sur lui par une petite strie, ils sont *ocre pâle ou violet*, puis rouillés. La chair est blanche, grisâtre ou jaunâtre, douce.

On trouve cette espèce en été et en automne dans les forêts ombragées. Elle est *comestible*.

Cortinaire élevé. — *Cortinarius elatior* (pl. XLV, fig. 1, p. 125).

Le chapeau est conique, puis étalé, très visqueux, *ridé cannelé* au bord; sa couleur est très variable, quelquefois brun surtout par l'humidité, d'autres fois violet et brun, ou paille grisâtre; sa taille varie de 8 à 12 centimètres. Le pied est *aminci aux deux extrémités*, de 1 à 3 centimètres de diamètre, sa teinte est blanchâtre, souvent *nuancée de violet*; il est floconneux dans le bas. Les feuillets sont adhérents au pied, larges, réunis par des veines, *ocracés ou lilas*, puis brun rouillé, le bord souvent blanc.

On trouve ce champignon assez communément en été et en automne dans les forêts ombragées.

Ses propriétés alimentaires sont inconnues

Cortinaire multiforme. — *Cortinarius multiformis* (pl. XLV, fig. 2, p. 125).

Le chapeau n'est jamais bien grand, il varie de 3 à 6 centimètres; sa couleur est *jaune ocracé pâle* ou *jaune fauve*; il est visqueux ou sec, suivant que le temps est humide ou non. Le pied présente un *bulbe avec un rebord*, la marge est assez souvent peu saillante; sa couleur est blanchâtre ou blanc ocracé. Les feuillets échancrés ou libres sont souvent dentelés, nombreux, blanc crème, puis couleur d'argile peu foncé. La chair est blanche, ferme, puis molle, douce.

On trouve ce champignon assez communément dans les forêts ombragées.

Ses propriétés alimentaires sont inconnues.

Cortinaire anomal. — *Cortinarius anomalus* (pl. XLV, fig. 3, p. 125).

Ce champignon est à la fois très commun et très variable. Le chapeau, qui a de 3 à 6 centimètres, peut être brun ou roux cendré, ou roux briqueté, quelquefois violet (variété *azureus*). Le pied est légèrement renflé à la base en bulbe, son diamètre varie de 5 à 20 millimètres; sa couleur est d'ordinaire blanc crème, ou paille, il est faiblement teinté de violet dans le haut, ou même entièrement bleu. Les feuillets sont adhérents au pied ou presque libres, lilas grisâtre, puis rouillés.

On trouve ce Cortinaire en été et automne assez abondant dans les forêts ombragées.

Il est *comestible*.

Cortinaire large. — *Cortinarius largus* (pl. XLVI, fig. 1, p. 126).

Le chapeau peut avoir de 10 à 15 centimètres, il est visqueux par l'humidité, *brun* foncé à bords violacés. Le pied est épais de 15 à 20 millimètres, cylindrique ou un peu renflé à la base ; il est farineux en haut, fibrilleux ou soyeux en bas, *blanc ou teinté de lilas*. La cortine est blanche. Les feuillets adhèrent au pied ou sont échancrés, larges, souvent denticulés, d'abord lilas puis cannelle. La chair est blanche et douce.

On trouve ce Cortinaire en été et automne dans les forêts ombragées.

Il est *comestible* et vendu sur le marché de Dijon.

Nom vulgaire. — Pied bleu.

Cortinaire taché de sang. — *Cortinarius hæmatochelis* (pl. XLVI, fig. 2, p. 126)

Ce champignon est tout de suite reconnaissable à la *zone ou aux zones rouge vif* ornant le pied. Le chapeau est *pelucheux*, ocracé *fauve rougeâtre* ou brun. Le pied a une teinte blanchâtre ou crème légèrement roussâtre en dehors des zones rouges ; il est renflé en bulbe à la base. Les feuillets sont adhérents au pied, quelquefois presque libres, larges, crème jaunâtre, jaunes, puis brunâtres. La chair est crème jaunâtre, douce.

On trouve ce champignon en été et automne dans les forêts ombragées.

Il est peut-être comestible, mais ce fait exige confirmation, on fera donc bien de ne pas le manger.

Cortinaire blanc violet. — *Cortinarius alboviolaceus* (pl. XLVI, fig. 3, p. 126).

Le chapeau a de 3 à 8 centimètres de diamètre, il est d'abord d'un *violet* assez foncé, mais il se décolore peu à peu en grandissant et sur l'adulte il est *blanc* légèrement nuancé de violet, ou même blanc crème, un peu ocracé ; il est fibrilleux, soyeux, brillant. Le pied, qui présente quelquefois un anneau, est d'ordinaire *renflé à la base* ; il présente les mêmes teintes que le chapeau ; la cortine est *cannelle*, fauve. Les feuillets adhérents au pied sont d'abord d'un bleu foncé ou lilas grisâtre, puis ocre fauve. La chair est violacée, elle peut rougir dans la variété *cyanites* (bleuâtre) ; l'odeur est à peu près nulle.

On trouve ce Cortinaire en automne dans les forêts sablonneuses.

Ses *propriétés alimentaires sont inconnues*.

Cortinaire à bords rompus. — *Cortinarius infractus* (pl. XLVI, fig. 4, p. 126).

Le chapeau est convexe, puis plan, bosselé, irrégulier, de 5 à 8 c., visqueux, d'une teinte *olivâtre* mélangée de fauve ou de brun. Le pied est assez épais, un peu renflé à la base, fibrilleux olivâtre, plus clair que le chapeau, quelquefois violacé au sommet. Les feuillets sont libres ou presque libres, larges, veinés, *olivâtres* puis bruns. La chair présente la même teinte, quelquefois un peu bleuâtre, amère.

Cette espèce se trouve assez fréquemment dans les forêts ombragées. Ses *propriétés alimentaires sont inconnues.*

Cortinaire à deux voiles. — *Cortinarius bivelus* (pl. XLVII, fig. 1, p. 129).

Le chapeau a de 5 à 8 centimètres, il est d'un *gris lilas pâle, fauve briqueté* ou brun, glabre, soyeux, souvent pelucheux au bord. Le pied est renflé très légèrement a la base, quelquefois il s'amincit un peu après s'être renflé vers le milieu, il présente un *anneau floconneux* formant une sorte de bourrelet blanc ; au-dessous de cet anneau le pied est finement peluché ; la cortine blanche disparaît rapidement. Les feuillets sont jaune ocracé, puis cannelle. La chair est blanche, quelquefois roussâtre dans le pied, d'odeur agréable.

On trouve cette espèce assez rarement, dans les forêts ombragées en automne.

Ses *propriétés alimentaires sont inconnues.*

Cortinaire ocre rouge. — *Cortinarius bolaris* (pl. XLVII, fig. 2, p. 129).

Le chapeau est convexe, puis étalé, *blanc, moucheté de fibrilles rouges,* de 2 à 6 centimètres. Le pied présente la même coloration blanche et les mêmes mouchetures rouges, il est cylindrique. Les feuillets adhérent au pied, ils sont crème jaunâtre, puis fauve rougeâtre. La chair est *blanche,* se tachant de rougeâtre ; sa saveur est, au bout de quelques instants, âcre et amère.

On trouve ce champignon dans les forêts sablonneuses. Il est commun dans la forêt de Fontainebleau

Ses *propriétés alimentaires sont inconnues.*

Cortinaire des montagnes. — *Cortinarius orellanus* (pl. XLVII, fig. 3, p. 129).

Le chapeau est arrondi, mais étalé, soyeux fibrilleux, *jaune orangé foncé,* devenant pourpre ou brun, de 4 à 6 centimètres de diamètre. Le pied est cylindrique, jaune orangé ou jaune strié de fibrilles rougeâtres ; la cortine est jaune ou orangée. Les feuillets larges, d'abord *jaunes,* deviennent *orangés* avec une bordure jaune fréquente. La chair est jaune ou jaunâtre fauve, rosée sous la cuticule du chapeau ; elle est aigrelette ou un peu amère.

Cette espèce est rare, on la trouve en automne dans les forêts surtout tourbeuses.

Ses propriétés alimentaires sont inconnues.

Cortinaire cannelle. — *Cortinarius cinnamomeus* (pl. XLVII, fig. 4, p. 129).

Le chapeau est d'abord conique, puis étalé mais gardant souvent un mamelon au centre, de 3 à 5 centimètres, un peu fibrilleux ou écailleux ; sa teinte est ocre fauve ou cannelle. Le pied assez grêle est jaune ou jaune ocracé, à écailles fibreuses, roussâtres à la fin ; la cortine est jaunâtre. Les feuillets d'abord jaunes deviennent jaune safrané, puis cannelle ; ils sont larges, nombreux, et adhèrent faiblement au pied. La chair est jaune ou jaunâtre, tendre, un peu vireuse.

On le trouve en été et automne, surtout dans les bois de Conifères.

Sa comestibilité est encore douteuse.

Cortinaire cinabre. — *Cortinarius cinnabarinus.*

Le champignon peut être *entièrement rouge cinabre vif*. Le chapeau en vieillissant se teinte un peu de brun rouge ; il est fibrilleux satiné, d'abord conique, il s'étale et présente de 3 à 8 centimètres de diamètre. Le pied est plein, cylindrique, quelquefois un peu renflé à la base, d'un beau rouge brillant, pouvant se nuancer de jaune ; la cortine est rouge ou rose orangé. Les feuillets sont d'un *rouge sang foncé*, larges, un peu écartés les uns des autres, réunis par des veines. La chair est pourprée, à odeur de radis (Voir Nouv. Fl. Ch. Cost. et Duf., p. 101).

On trouve ce Cortinaire en été et automne dans les forêts ombragées.

Ses propriétés alimentaires sont inconnues.

GENRE GOMPHIDE

[Du grec : *gomphos*, clou, *eïdos*, ressemblance ; à cause de la forme du champignon qui rappelle un clou ou une cheville.]

Le genre *Gomphide* est voisin des Cortinaires, il existe dans ce groupe *une cortine* (voir la définition du genre Cortinaire) qui est constituée ici par une membrane gélatineuse, transparente qui forme souvent sur le pied de l'adulte une sorte d'anneau noirâtre, appliqué sur lui ; cet anneau disparaît le plus souvent assez tôt. Les feuillets sont *décurrents*, ils descendent en s'amincissant sur le pied ; ils deviennent en vieillissant cendrés, noirâtres, olivâtres, quelquefois pourpre foncé : cette coloration est due aux spores qui sont *olives* ou *brun foncé*. Par ce dernier caractère, les Gomphides constituent une transition entre les Agaricinées à spores noires et les Agaricinées à spores ocracées.

Gomphide glutineux. — *Gomphidius glutinosus* (pl. XLVIII, fig. 2, p. 130).

Le chapeau est *visqueux*, chocolat pâle, ocracé *livide*, quelquefois nuancé de *lilas* ou de rougeâtre, fréquemment aussi tacheté de noir, surtout au bord, de 4 à 10 centimètres. Le pied est *visqueux*, *blanc*, et *jaune en bas*, à la fin rouillé dans la partie inférieure. Les feuillets sont blanchâtres ou *gris*, puis brun foncé, olivâtres, souvent *divisés en fourche*. La chair est blanche, jaune dans le pied.

On trouve cette espèce en été et automne dans les bois de Conifères.

On la donne comme comestible avec quelques doutes, on fera donc bien de ne pas la manger.

Gomphide visqueux. — *Gomphidius viscosus* (pl. XLVIII, fig. 1, p. 130).

Le chapeau est d'une teinte vineuse, nuancée de gris ou de lilas, il peut être brun; mamelonné quand il est jeune, il s'étale et peut se déprimer au centre; son diamètre varie de 3 à 9 centimètres ; il est visqueux par l'humidité. Le pied est ocracé fauve nuancé de pourpre, un peu jaune ocracé dans le bas ; la cortine annulaire noirâtre appliquée sur le pied disparaît d'ordinaire. Les feuillets sont souvent bifurqués, d'abord gris jaunâtre, gris pourpre, puis pourpre foncé à la fin. La chair est ocracé roussâtre, jaunâtre dans le pied. La spore est olivâtre.

On trouve cette espèce en été et automne dans les bois de Conifères.

Cette espèce est *suspecte* pour certains auteurs (M. Quélet). On la mange dans certaines localités, d'après M. Gillet.

GENRE INOCYBE

[Du grec : *is, inos*, fibre, *cybè*, tête ; parce que le chapeau est fibrilleux.]

Les champignons de ce genre sont le plus souvent grêles, leur chapeau est *soyeux, fibrilleux* ou *écailleux*.

Inocybe fendillé. — *Inocybe rimosa* (pl. XLVIII, fig. 3, p. 130).

Le chapeau, d'abord conique, s'étale en gardant le centre surélevé, les bords étant retroussés; il est *fibrilleux* et *se fendille* radialement en diverses parties de sa surface et au bord, suivant la direction du rayon; sa teinte est brunâtre, brun jaunâtre ou roussâtre. Le pied fibrilleux est strié, blanc paille ou de même couleur que le chapeau, mais plus clair, blanc farineux au sommet; il est plein, cylindrique ou renflé à la base. Les feuillets sont denticulés à la fin libres, ventrus, crème, puis bruns. La chair est blanchâtre, l'odeur rappelle celle de la terre, la saveur est désagréable.

On trouve cette espèce en automne dans les forêts ombragées.

Ses propriétés alimentaires sont inconnues.

Inocybe terrestre. — *Inocybe geophila* (pl. XLVIII, fig. 4, p. 130).

Le chapeau est conique, puis étalé avec un mamelon, de 1 à 3 centimètres de diamètre, *blanc* (quelquefois violet ou brun). Le pied est grêle, de 1 à 2 millimètres de diamètre, cylindrique ou un peu renflé vers le bas, *blanc* d'ordinaire (quelquefois violet ou fauve). Les feuillets sont libres, ventrus, d'abord blanchâtres (ou violacés) puis bruns, les bords sont souvent crénelés et blancs.

On trouve ce champignon assez communément en automne dans les forêts ombragées.

Ses propriétés alimentaires sont inconnues.

Cette espèce présente trois variétés :

1° La variété type a le chapeau et le pied blancs ; 2° la variété *fulva* (fauve) (fig. 2) a le chapeau et le pied roussâtres ou brunâtres ; 3° la variété *violacea* (violacée) est violette (fig. 2, p. 130).

Inocybe de Trinn. — *Inocybe Trinnii.*

Le chapeau est un peu charnu, *blanc rayé de fibrilles rouges ou roses*, devenant à la fin jaunâtre ocracé pâle, de 3 à 5 centimètres de diamètre. Le pied est également blanc, teinté de rose. Les feuillets adhèrent au pied, ils sont crème, *rougissant au contact des doigts* (comme tout le champignon), puis brun fauve. La chair blanche *rougit* au bout d'un certain temps à l'air, elle est parfumée.

On trouve ce champignon assez peu communément en été et automne dans les prés et les forêts.

Ses propriétés alimentaires sont inconnues.

GENRE NAUCORIE

[Du latin : *naucum*, flocon ; allusion aux flocons du pied et du chapeau de certaines espèces.]

Les Naucories ont le *pied grêle* mais résistant, se pliant d'ordinaire sans se briser ; le chapeau est à bords enroulés dans le jeune âge, il s'étale et devient *plan*. Les feuillets sont larges, ventrus, ils adhèrent au pied. Ce genre est l'analogue du genre Collybie.

NAUCORIE, FLAMMULE, GALÈRE

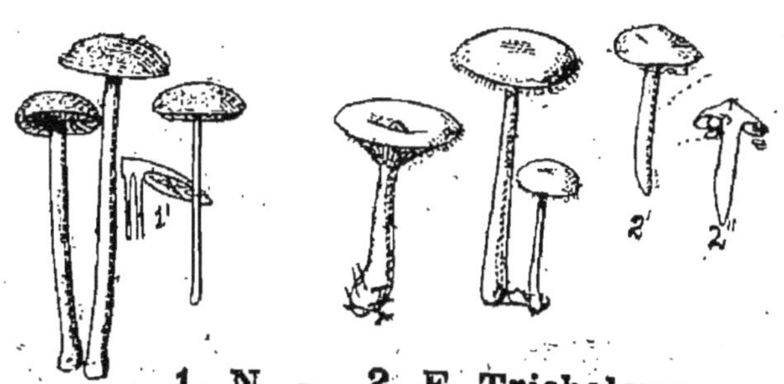

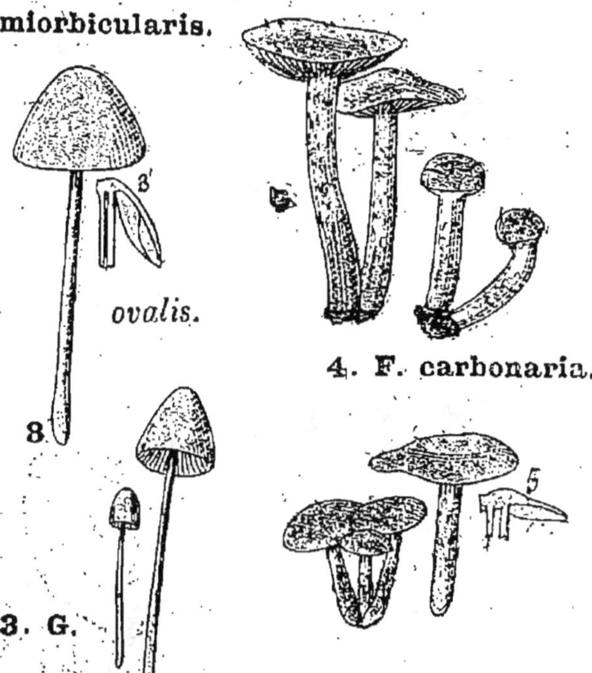

1. Naucorie semi-orbiculaire, *N. semiorbicularis;* propriétés alimentaires inconnues, voir p. 139. — **2. Flammule Tricholome**, *F. tricholoma;* propriétés alimentaires inconnues, voir p. 140. — **3. Galère tendre**, *G. tenera;* propriétés alimentaires inconnues, voir p. 139. — **4. Flammule des charbonnières**, *F. carbonaria;* propriétés alimentaires inconnues, voir 140. — **5. Flammule gommeuse**, *F. gummosa;* propriétés alimentaires inconnues, voir p. 140.

HEBELOMES, PAXILLES

(3 et 4. Espèces comestibles).

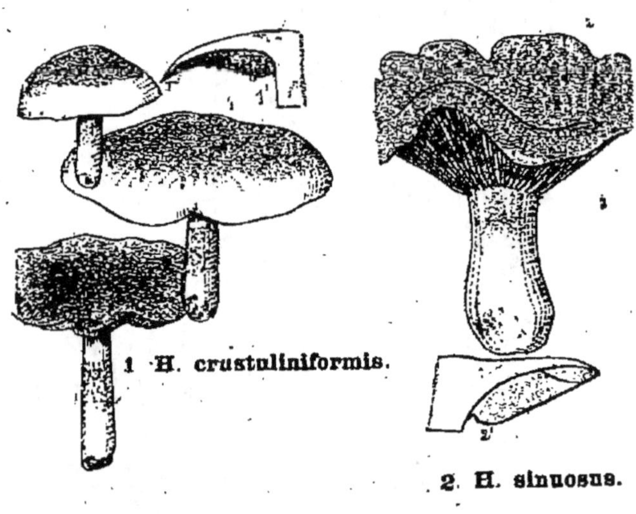

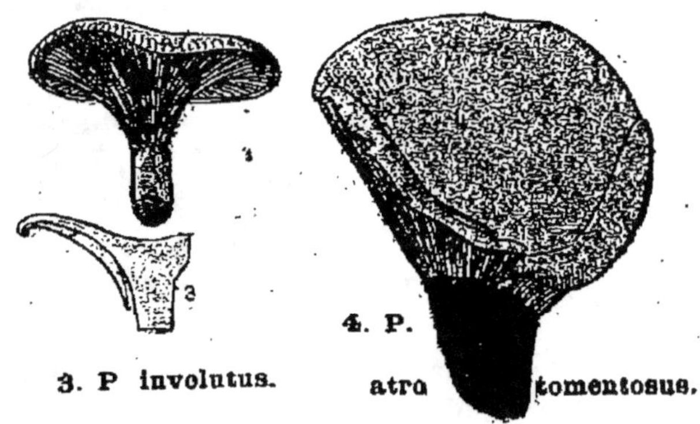

1. Hebelome échaudé, *H. crustuliniformis;* comestibilité douteuse, voir p. 141. — **2. Hebelome sinueux,** *H. sinuosus;* propriétés comestibles inconnues, voir p. 141. — **3. Paxille enroulé,** *P. involutus;* espèce comestible, voir p. 142. — **4. Paxille velouté noir,** *P. atrotomentosus;* espèce comestible, voir p. 142.

Naucorie semi-orbiculaire. — *Naucoria semiorbicularis*. Synonyme : *Naucoria pediades* (pl. XLIX, fig. 1, p. 137).

Au début le chapeau est arrondi, presque hémisphérique, il s'étale un peu et se ride en vieillissant ; il est glabre, luisant, un peu visqueux, de 1 à 4 centimètres de diamètre ; sa couleur est *crème jaunâtre* ou *jaune ocracé pâle*. Son pied blanchâtre ou de même teinte que le chapeau est grêle, tenace, de 2 à 3 millimètres d'épaisseur ; il est élancé, pourvu de stries farineuses sous les feuillets ; il est luisant plus bas. Les feuillets sont *larges*, pâles au début, ils deviennent ensuite roussâtres. La chair a une teinte un peu plus claire que celle du chapeau.

On trouve cette espèce au printemps et en été dans les cultures, dans les prés, dans les clairières des bois.

Ses propriétés alimentaires sont inconnues.

GENRE GALÈRE

[Du latin : *galea* ou *galerus*, casque ; allusion à la forme du **chapeau**.]

Les Galères ont le pied *grêle*, cartilagineux comme celui des Naucories, mais leur chapeau est *conique* ou en *cloche*.

Galère tendre. — *Galera tenera* (pl. XLIX, fig. 3, p. 137).

Le chapeau est d'abord en cloche, puis conique, de 1 à 6 centimètres, jaune ocracé pâle ou roussâtre. Le pied est élancé, glabre, strié supérieurement, blanchâtre ou de la même teinte que le chapeau ; son diamètre ne dépasse pas 2 millimètres. Les feuillets sont crème roussâtre, puis cannelle, ils s'insèrent en haut du pied. La chair est de la couleur du reste du champignon, l'odeur et la saveur sont faibles.

On trouve cette espèce en été et automne dans les bois et les prés.

Ses propriétés alimentaires sont inconnues.

· La variété *ovalis* (ovale) (fig. 3) a le chapeau un peu arrondi.

Je ne ferai que mentionner les deux genres **Tubaire** à pied grêle et à feuillets *décurrents* (Ex. : Tubaire furfuracé, *Tubaria furfuracea*) et les **Crépidotes** dépourvus de pied (Ex. : Crépidote mou, *Crepidotus mollis*).

GENRE FLAMMULE

[Du latin : *flammula*, petite flamme ; allusion à la couleur fréquemment jaune de ces champignons.]

Ce genre est formé, en grande partie, de champignons poussant sur le bois; exceptionellement quelques espèces (celles que je citerai plus loin) poussent sur la terre. Ce sont des champignons charnus comme les Hébélomes dont les feuillets sont *adhérents mais sans échancrure* au voisinage du pied; dans quelques espèces les lames sont *décurrentes*.

Flammule des charbonnières. — *Flammula carbonaria* (pl. XLIX, fig. 4, p. 137).

Cette espèce est caractérisée par son habitat : elle se développe toujours sur les places où l'on a fait du charbon. Le chapeau a de 4 à 5 centimètres (exceptionellement, il peut atteindre 10 cent.); il est glabre, *visqueux*, ce qui se voit aux grains de charbon qui restent fréquemment accolés sur sa surface; sa teinte est *fauve rougeâtre au centre et jaunâtre sur les bords*. Le pied est fibrilleux, blanc crème ou crème jaunâtre, ocracé avec des fibrilles rousses, brun à la base; il est creux, rigide, présentant quelquefois un anneau ou une cortine fugaces. Les feuillets sont crème ou jaunâtres, puis brun roussâtre. La chair est *ferme*, ocracé pâle, plus foncée dans le pied.

On trouve cette espèce en été et automne sur les places à charbon.

Ses *propriétés alimentaires sont inconnues*.

Flammule Tricholome. — *Flammula Tricholoma*. Synonyme *Inocybe Tricholoma* (pl. XLIX, fig. 2, p. 137).

Le chapeau est blanchâtre ou blanc crème, quelquefois légèrement rosé, souvent mamelonné au centre, à la fin déprimé en entonnoir; sa surface est *couverte de poils raides*, nombreux surtout au bord. Le pied est blanchâtre, cylindrique ou renflé à la base qui est quelquefois poilue. Les feuillets sont *très décurrents*, d'abord très pâles, puis ocracé jaunâtre, enfin bruns en vieillissant. La chair est blanche, l'odeur agréable.

Cette espèce n'est pas très rare, on la trouve en été et automne dans les forêts ombragées.

Ses *propriétés alimentaires sont inconnues*.

Flammule gommeuse. — *Flammula gummosa* (pl. XLIX, fig. 5 p. 137).

Le chapeau est d'ordinaire *jaune verdâtre* plus ou moins clair, quelquefois brun, parsemé de *mèches*, il est *visqueux*; son diamètre varie de 3 à 6 centimètres. Son pied, de même teinte que le chapeau, est fibrilleux, floconneux, de 5 à 8 millimètres de diamètre. Les feuillets sont d'abord jaunes, puis cannelle. La chair molle est jaune verdâtre ou jaune brunâtre; sa saveur est douce.

On trouve cette Flammule en été et automne (pas très communément), dans les bois, à terre, souvent au voisinage des souches.

Ses *propriétés alimentaires sont inconnues*.

GENRE HÉBÉLOME

[Du grec: *hébé*, pubescence, *loma*, frange.]

Les Hébélomes sont analogues aux Tricholomes et aux Entolomes. Ils comprennent des espèces *charnues*, grosses, dont les feuillets sont les uns *libres*, les autres *échancrés* près de leur insertion sur le pied.

Hébélome échaudé. — *Hebeloma crustuliniformis* (pl. L, fig. 1, p. 138).

Le chapeau a de 5 à 12 centimètres, il est ocracé jaunâtre, pâlissant surtout au bord qui peut être blanc; fréquemment le *centre* prend une teinte *roussâtre* plus accusée, presque rouge; le chapeau est assez souvent irrégulier de forme, il est bosselé, les bords ondulés; sa surface peut être humide ou un peu visqueuse. Le pied est blanchâtre, couvert en haut de *petites mèches blanches*. Les feuillets d'abord blanchâtres deviennent ensuite brun clair, puis brunâtres ; leur arête est souvent chargée de gouttelettes laiteuses, surtout par l'humidité. La chair blanchâtre a une saveur aigre, désagréable; l'odeur rappelle celle du radis.

On trouve cet Hébélome en été et automne dans les bois et sur les chemins même découverts.

Sa *comestibilité est encore douteuse*.

Hébélome sinueux. — *Hebeloma sinuosa* (pl. L, fig. 2, p. 138).

C'est un gros champignon charnu, à *bords sinueux*, de 10 à 15 centimètres, glabre, visqueux, roussâtre pâle, roux ocracé. Le pied est très épais, de 2 à 3 centimètres, blanchâtre, couvert de *flocons fibrilleux bruns* qui sont des débris d'une cortine ; ce pied est farineux en haut. Les feuillets sont *très larges*, crème ocracé, puis bruns. La chair est *molle*, blanchâtre, un peu roussâtre ; l'odeur rappelle celle des fruits.

On trouve cette espèce en automne dans les forêts de Conifères.

Ses *propriétés alimentaires sont inconnues*.

GENRE PAXILLE

[Du latin : *paxillus*, petit pieu ; parce que le pied est dur et ferme.]

Les champignons de ce genre sont gros, *charnus* à feuillets *décurrents*, c'est-à-dire descendant longuement sur le pied en s'amincissant:

Ces feuillets *s'enlèvent tous ensemble*, à la manière du foin d'un Artichaut.

Paxille enroulé. — *Paxillus involutus* (pl. L, fig. 3, p 138).

Le chapeau a de 6 à 10 centimètres de diamètre (accidentellement il peut atteindre 20 centim.), il est un peu tomenteux, velouté, mais ce caractère se voit surtout au bord (avec une loupe); sa teinte est *ocracé roussâtre* ou ocracé olivâtre; les bords sont *repliés en dessous* et ils présentent d'ordinaire au bord des *striations ou des cannelures*. Le pied, de même couleur que le chapeau, a de 10 à 15 millimètres de diamètre (rarement 2 à 3 centimètres). Les feuillets sont d'abord crème jaunâtre, puis ocracés, quelquefois tachetés de brun, souvent réunis ensemble à la base. La chair est molle, jaune roussâtre pâle, de saveur douce.

On trouve ce Paxille en été et automne, dans les bois de Conifères, les prés, les bruyères et les bois à Graminées.

Il est *comestible*, je l'ai mangé plusieurs fois et lui ai trouvé un assez bon goût.

Paxille velouté noir. — *Paxillus atro-tomentosus* (pl. L, fig. 4, p. 138).

Ce grand champignon a le chapeau d'abord convexe, puis en entonnoir, sa taille varie de 15 a 30 centimètres, il est un peu velouté, brun roussâtre clair. Le pied est très épais, de 2 à 3 centimètres de diamètre, couvert d'une sorte de *velours brun noir*. Les feuillets sont ramifiés, crème olivâtre ou ocracé brunâtre. La chair est douce et blanchâtre.

Ce champignon se trouve en été et automne dans les bois de Pins.

Il est *comestible* bien qu'il noircisse au contact du couteau.

AGARICINÉES A SPORES BRUN POURPRE
NOIRES OU NOIRATRES

Dans ce groupe, je distinguerai :

1º Les **Psalliotes** qui ont un *anneau* et les feuillets libres.

2º Les **Strophaires** qui ont un *anneau* et les feuillets adhérents.

3º Les **Hypholomes** qui ont une *cortine*, c'est-à-dire une trame filamenteuse fragile qui relie le bord du chapeau au haut du pied, qui se déchire quand le chapeau s'étale et reste d'ordinaire sur la partie supérieure du pied comme un *collier formé de filaments noirs*; fréquemment cette cortine disparait complètement sur l'adulte. Les Hypholomes poussent souvent en touffes sur les souches.

4° Les **Coprins** sont des champignons éphémères dont les feuillets se transforment en une *eau noire* en quelques heures.

GENRE PSALLIOTE

[Du grec : *psallion*, anneau.] (Synonyme : *Pratelle*.)

Ce genre est très important au point de vue alimentaire : il comprend le Champignon de couche, les Boules de neige et les Champignons de prés les plus appréciés.

Il est caractérisé par l'existence d'un *anneau* en haut du pied. Les feuillets sont *libres*, ils varient de teinte : blancs ou roses au début, ils deviennent en vieillissant *brun pourpre noirâtre*. Les spores sont brun pourpre.

Psalliote des champs. — *Psalliota arvensis* (pl. LI, fig. 1, p. 145).

C'est un grand champignon dont le chapeau peut atteindre 10 et même 20 centimètres de diamètre ; il est *blanc*, devenant crème ocracé, farineux, quelquefois floconneux, à épiderme fendillé. Le pied est *plein*, blanc, épais de 1 à 3 centimètres, un peu renflé à la base. L'anneau porte en dessous un *cercle d'écailles* qui paraissent le *dédoubler*. Les feuillets sont d'abord *blancs*, puis brun pourpre foncé. La chair est *blanche*, à odeur de farine.

On trouve ce Psalliote au printemps et en automne dans les pâturages et dans les forêts.

C'est un *comestible* très apprécié qui se vend sur tous les marchés, en particulier sur celui de la Rochelle sous le nom de Brunette.

Confusion. — Il faut éviter de le confondre avec les Amanites blanches. (Lire ce qui est dit plus loin, p. 148.)

Noms vulgaires. — Boule de neige, Brunette, Champignon des Bruyères, Poluron, Teurre mouton.

Psalliote des prés. — *Psalliota pratensis* (pl. LI, fig. 2, p. 145).

Le chapeau est soyeux, villeux à la loupe, à la fin pelucheux, de 5 à 9 centimètres, blanc ou blanc grisonnant surtout au milieu. Le pied est blanc, *l'anneau simple* disparaît facilement. Les feuillets sont gris ou crème, puis brun foncé pourpre. La chair est *blanche*, ferme, parfumée.

On trouve ce champignon surtout dans le Nord et l'Ouest de la France, dans les prés et les bois.

Il est *comestible* et délicat.

Il faut avoir soin de ne pas le confondre avec les Amanites blanches et les Volvaires.

Psalliote champêtre. — *Psalliota campestris* (CHAMPIGNON DE COUCHE) (Espèce cultivée) (pl. LI, fig. 3, p. 145)

Le chapeau est arrondi blanchâtre, il peut être brun ou roux pâle, ocracé roussâtre, blond, de 5 à 15 centimètres, il est soyeux ou écailleux. Le pied est *plein*, glabre ou fibrilleux, blanc ; l'anneau est simple, souvent fugace. Les feuillets sont blancs, puis rosés, enfin brun pourpre, brun roussâtre. La chair est *molle*, elle prend à l'air une teinte *rosée* ou *brun roussâtre*, elle est douce et parfumée.

On peut trouver cette espèce dans les prés et les bruyères.

Il est inutile d'insister sur sa *comestibilité* connue de tous, on la vend sur tous les marchés de France d'Algérie, d'Europe et d'Amérique.

Variétés. — 1° Dans la variété *peronata* (bottée), le pied a plusieurs bracelets. 2° Le pied peut avoir près de la base une sorte de *volve* s'insérant sur un sillon inférieur, c'est ce qui s'observe dans la variété *bitorquis* (à deux colliers, p. 145). 3° Enfin une variété *villatica* (des fermes, p. 145) pousse dans les cours, jardins et les caves, elle est très grande de 10 à 20 centimètres, à chapeau pelucheux, à chair *ferme, fétide*.

Noms vulgaires. — Binous, Boule de neige, Bolet de fem, Bolet de prat, Boulet, Bousquinet, Bouzigoun, Brunette, Cabalos, Caberlas, Caberlatch, Camparol, Campagnola, Campagnoulé, Champignon de bruyères, de prés, du fumier, de couche, Cluzeau, Envinassa, Gounos, Misseron, Paturon, Potiron, Pradel, Pradelet, Pradels, Rougetto, Saussiron, Tout-Roum, Vineux, Vinois.

Psalliote de Bernard. — *Psalliota Bernardii* (p. 7, fig. 1) (Nouvelle Flore des champ. Cost. et Duf., p. 119).

Le chapeau est très gros, de 10 à 20 centimètres, très épais, hémisphérique, convexe, *crevassé aérolé*, blanc grisonnant. Le pied est *plein*, ovoïde, *épais de 4 à 5 centimètres*, strié au sommet ; il porte un anneau membraneux strié en dessus. Les feuillets sont gris incarnats, puis brun pourpre foncé. La chair est *dure, nauséabonde*, très blanche, prenant à l'air une teinte purpurine ou brunâtre.

Ce champignon pousse au printemps, en troupe, dans les *prairies baignées par la mer* aux environs de la Rochelle.

M. Bernard l'a vu vendre sur le marché de la Rochelle, confondu avec le Psalliote champêtre. Il faut une forte cuisson pour lui faire perdre

PSALLIOTES

(Espèces comestibles).

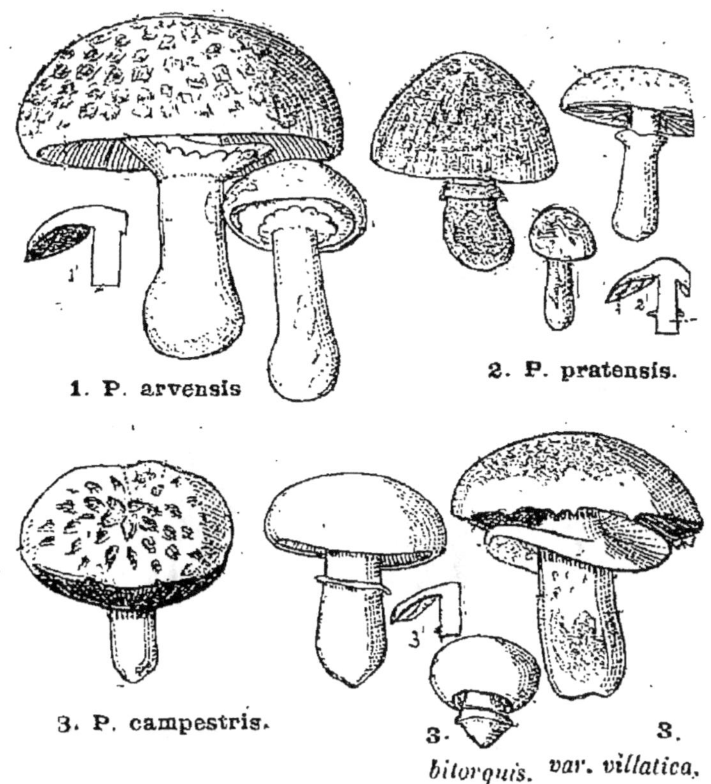

1. P. arvensis

2. P. pratensis.

3. P. campestris.

3. bitorquis.　3. var. villatica.

1. **Psalliote des champs**, *P. arvensis;* comestible apprécié, voir p. 143. — 2. **Psalliote des prés**, *P. pratensis;* comestible délicat, voir p. 145. — 3. **Psalliote champêtre**, *P. campestris* (CHAMPIGNON DE COUCHE); vendu partout en Europe et en Amérique, voir p. 144; variété *à deux colliers* (*bitorquis*); variété *des fermes* (*villatica*), voir p. 144.

PSALLIOTES

(1, 3 et 4. Espèces comestibles ; 2. Espèce suspecte),

1

var. hæmorrhoidaria.

2. P flavescens.

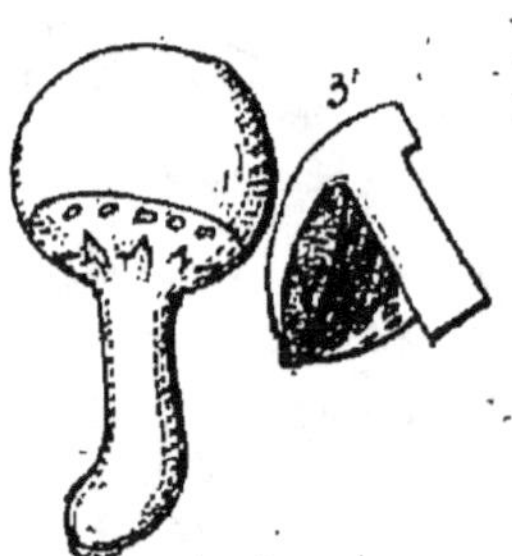

'P Vaillantii.

3.

4. P. sylvicole.

1. **Psalliote sanguinolent,** *P. hæmorrhoidaria;* comestible
excellent, voir p. 147. — **2. Psalliote jaunissant,** *P. flaves-*
cens; quelquefois indigeste, voir p. 147. — **3. Psalliote de**
Vaillant, *P. Vaillantii;* espèce comestible, voir p. 148. —
4. Psalliote sylvicole, *P. sylvicola* (BOULE DE NEIGE DES BOIS);
espèce comestible, voir p. 148.

son odeur, mais il est comestible. C'est probablement une forme de *P. cam-pestris* modifié par le milieu salé.

Nom vulgaire. — Gros pied.

Psalliote sanguinolent. — *Psalliota hæmorrhoidaria* (pl. LII, fig. 1, p. 146).

Ce champignon se distingue des précédents parce que *sa chair devient rapidement à l'air rouge sang*. Son chapeau est brun, couvert d'écailles provenant de l'excoriation de l'épiderme. Le pied est fibrilleux ou écailleux, blanc ou brun, d'abord plein, puis creux. Son odeur est nulle, sa saveur agréable.

On trouve ce Psalliote en automne sur les racines des Chênes.

C'est un *comestible excellent.*

Ce champignon serait d'après M. Quélet une variété du *silvatica.*

Psalliote silvestre. — *Psalliota silvatica.* (Petite Fl. Champ. Cost. et Duf., p. 45.)

Comme dans le *Psalliota hæmorrhidaria*, le chapeau est brun et écailleux. Le pied est blanchâtre, fibrilleux, creux à la fin. La chair, d'abord blanche, rougit légèrement à l'air, *puis devient brune.*

On trouve cette espèce en automne dans les bois de Pins.

Vittadini affirme que ce champignon administré à des animaux les a fortement indisposés. M. Quélet le regarde cependant comme comestible.

Psalliote jaunissant. — *Psalliota flavescens* (pl. LII, fig. 2, p. 146). (Petite Fl. Champ., Cost. et Duf., p. 44.)

Ce Psalliote se distingue par ce fait que le chapeau se *tache de jaune* soit sous forme de petites stries, soit sous forme de larges plaques qui s'étendent sur une grande partie du chapeau et du pied. Si l'on gratte un peu l'épiderme du chapeau ou du pied, cette teinte apparait. Cependant la coloration jaune n'est que superficielle, la *chair est blanche.*

Dans la variété *Xanthoderma* (à derme jaune), la chair est *jaune.*

On trouve ce champignon dans les parcs, les bois de Sapins, les prés, en automne.

Cette espèce est fréquemment indigeste, elle a produit (d'après M. Génevier et d'après M. Gillot) des indispositions souvent très graves. On la vend cependant, d'après M. Gillot, sur le marché d'Autun. Il se peut que les empoisonnements partiels attribués à cette espèce soient dus à des échantillons trop âgés. On fera cependant bien de la regarder comme *suspecte*, d'autant mieux que l'on peut être exposé à la confondre avec les Amanites citrine ou phalloïde, **qui sont des poisons si redoutables.**

Psalliote de Vaillant. — *Psalliota Vaillantii* (pl. LII, fig. 3, p. 146). (Nouvelle Fl. Champ. Cost. et Duf., p. 119).

La chair de cette espèce *rougit* légèrement dans sa partie superficielle. Le pied est pourvu d'un anneau qui présente en dessous un cercle *d'écailles jaunes*.

On trouve ce champignon en automne dans les forêts sablonneuses.

Il est *comestible*. (Lire ce qui est dit plus loin p. 148 à propos de la confusion avec les Amanites.)

Nom vulgaire. — Boule de neige des bois.

Psalliote silvicole. — *Psalliota silvicola* (pl. LII, fig. 4, p. 146). (Nouv. Fl. Champ. Cost. et Duf., p. 119.)

Le chapeau est *blanc*, plus ou moins soyeux, d'abord hémisphérique, puis plein, de 8 à 10 centimètres. Le pied est *grêle*, de 8 à 10 millimètres d'épaisseur, *creux*, un peu renflé à la base sur l'adulte. La chair ferme se *colore faiblement en brun roussâtre* à l'air.

On trouve dans les bois assez communément cette espèce qui n'est peut être qu'une variété forestière du *Psalliota campestris*.

Confusion avec les Amanites. — Il faut avoir bien soin de ne pas confondre cette Boule de neige des forêts et d'une façon générale des Psalliotes avec les Amanites blanches, telles que l'Amanite printanière, l'Amanite vireuse ou les variétés blanches des Amanites phalloïde et citrine. On fera bien de se reporter à la description précise de ces quatre Amanites, et de bien se fixer dans l'esprit les caractères, en somme très simples, qui permettent de distinguer un Psalliote d'une Amanite (Voir p. 23 à 25).

Confusion avec les Volvaires. — Une autre confusion très grave pourrait être faite avec les Volvaires, mais dans la Volvaire gluante (var. *speciosa*) le chapeau est visqueux, les feuillets rosés ne deviennent jamais brun pourpre, le pied est toujours dépourvu d'anneau et entouré d'un étui à la base.

GENRE STROPHAIRE

[Du grec : *strophion*, bandelettes circulaires ; allusion à l'anneau.]

Les Strophaires ont un *anneau* comme les Psalliotes, mais les feuillets au lieu d'être libres sont *adhérents* au pied.

Strophaire vert-de-gris. — *Stropharia æruginosa* (pl. LIII, fig. 1, p. 151). (Petite Fl. Champ. Cost. et Duf., p. 145.)

Le chapeau est très *visqueux, vert bleuâtre ou vert-de-gris*, pâlissant
en vieillissant, devenant *vert jaunâtre* et souvent même en partie jaune,
il est souvent mamelonné au centre et couvert de flocons qui disparaissent ultérieurement ; sa taille varie de 3 à 5 centimètres. Le pied est de
même couleur que le chapeau, de 4 à 7 centimètres de long, *visqueux*,
creux ; l'anneau qu'il porte est souvent floconneux ou filamenteux, il
peut même manquer complètement. Les feuillets sont d'abord blanchâtres, puis gris violacé, enfin brun pourpre noir avec un liséré blanc.
La chair est blanche ou verdâtre, vireuse

On trouve ce champignon en été et automne dans les forêts, les prés.

Il est regardé comme *suspect*.

Strophaire écailleux. — *Stropharia squamosa* (pl. LIII, fig. 2,
p. 151). (Petite Fl. Champ. Cost. et Duf., p. 45.)

Le chapeau est *ocracé fauve* avec des *mèches blanches* qui disparaissent assez rapidement. Son diamètre varie de 3 à 6 centimètres. Le pied
est grêle, élancé, d'ordinaire de 2 à 3 millimètres de diamètre (quelquefois il peut atteindre jusqu'à 6 millimètres), il est écailleux au-dessous
de l'anneau, ocracé roussâtre ; il est pulvérulent au sommet. Les
feuillets sont d'abord crème, puis brun pourpre. La chair est crème
ocracé.

On trouve ce champignon en été et automne, dans les forêts ombragées.

Il est *suspect*.

GENRE HYPHOLOME

[Du grec · *hyphos*, filament, *loma*, frange ; à cause de la cortine.]

Ce genre comprend le plus souvent des espèces poussant *en touffes*,
quelquefois à terre, plus fréquemment *sur les souches*. Une *cortine*,
c'est-à-dire une sorte de voile filamenteux, réunit le bord du chapeau au
haut du pied : il faut examiner les échantillons très jeunes pour bien voir
cette cortine, car souvent elle disparaît sur l'adulte ; quelquefois cependant on trouve sur le pied un collier filamenteux et sur le chapeau des
filaments bruns très fins. L'existence de cette cortine caractérise le
genre Hypholome parmi les Agaricinées à spores brun pourpre.

Hypholome fasciculé. — *Hypholoma fasciculare* (pl. LIV, fig. 3,
p. 152). (Petite Fl. Champ. Cost. et Duf., p. 45.)

Le chapeau de ce champignon varie d'ordinaire entre 2 et 6 centi-
tres de diamètre, il est souvent *entièrement jaune soufre*, quelquefois

un peu orangé au centre, jaune seulement au bord Le pied est *grêle*,
fluet, en moyenne de 4 à 5 millimètres de diamètre, jaune soufre, assez
long et *cylindrique*. Sur les vieux échantillons, le chapeau devient irrégulier et roussâtre foncé ; le pied, de même teinte, peut alors atteindre
10 et 12 millimètres de diamètre. Au début, les feuillets sont *jaunes*, puis
jaune verdâtre, à la fin olivâtres ou nuancés de brun pourpre foncé. La
chair est jaune et *très amère*. Les spores sont violet noirâtre.

On trouve partout cette espèce *très commune*, en touffes, sur les
souches, en toutes saisons, dans les forêts et les vergers.

Elle est *vénéneuse*.

Hypholome briqueté. — *Hypholoma sublateritium* (pl. LIV, fig. 4,
p. 152). (Petite Fl. Champ. Cost. et Duf., p. 45.)

Cette espèce est très voisine de la précédente, mais elle est plus
trapue. Le chapeau a de 5 à 10 centimètres, il est toujours *fortement
orangé briqueté*, surtout au milieu, quelquefois un peu jaunâtre au bord
Le pied est jaune soufre, souvent plus épais en haut (de 10 à 15 millimètres) et très *aminci en bas*. Les feuillets sont crème jaunâtre ou gris
verdâtre, puis olive brunâtre foncé. La chair est blanc jaunâtre ; sa saveur
est *amère*. Les spores sont brun violacé.

On trouve ce champignon toute l'année sur les souches, en touffes,
dans les forêts et dans les prés, moins communément que le précédent
Il est *véneneux*.

Hypholome humide. — *Hypholoma hydrophilum* (pl. LIV, fig. 6,
p. 152). (Petite Fl. Champ. Cost et Duf., p. 45.)

Ce champignon pousse toujours en très grosses touffes sur les souches. Lorsque le temps est humide, le chapeau est d'un *brun cannelle*, il
devient par la sécheresse blanc jaunâtre, ocracé pâle, couleur café
au lait ; il est fragile, rugueux, striolé ; d'abord sphérique, il s'étale bientôt ; son diamètre varie de 3 à 8 centimètres. Le pied est *creux*, soyeux,
fibrilleux, brillant souvent, un peu ondulé, blanchâtre, à la fin un peu
roussâtre, surtout à la base. Les feuillets adhèrent au pied, ils sont
serrés les uns contre les autres, blanchâtres, puis gris rosé, à la fin
brun pourpre, brun roussâtre ou brun lilas foncé. La chair est mince,
humide, brunâtre ou blanchâtre. Les spores sont d'un violet très
foncé.

On trouve cet Hypholome partout, toute l'année, très communément
en touffes sur les souches.

Il est *suspect*.

Hypholome de De Candolle. — *Hypholoma Candolleana* (pl. LIV,
fig. 5, p. 152). (Petite Fl. Champ. Cost. et Duf , p. 45.)

STROPHAIRES

(Espèces suspectes).

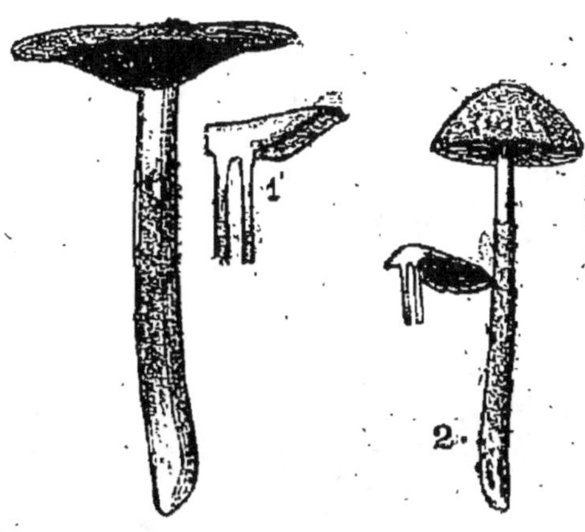

1. S. æruginosa.   S. squamosa.

1. **Strophaire vert-de-gris**, *S. æruginosa*; espèce suspecte, voir p. 148. — 2. **Strophaire écailleux**, *S. squamosa*; espèce suspecte, voir p. 149.

HYPHOLOMES

(3, 4 et 6. Espèces suspectes ; 5. Espèce comestible).

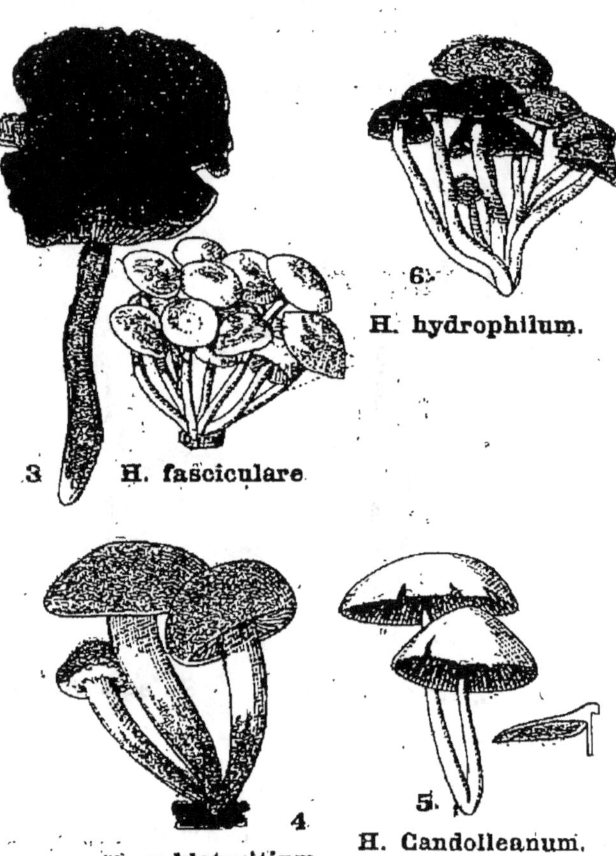

3. **Hypholome fasciculé**, *H. fasciculare;* espèce vénéneuse, voir p. 149. — 4. **Hypholome briqueté**, *H. sublateritium;* espèce vénéneuse, voir p. 150. — 5. **Hypholome de De Candolle**, *H. Candolleana;* espèce comestible, voir p. 150. — 6. **Hypholome humide**, *H. hydrophilum;* espèce suspecte, voir p. 150.

Le chapeau est crème, ocracé pâle, ou *blanchâtre* avec le sommet un peu ocracé, très mince, de 5 à 7 centimètres de diamètre. Le pied est *creux*, élancé, *strié au sommet*. Les feuillets remontent s'insérer en haut du pied, ils sont presque libres, d'abord *teintés de lilas*, puis brun pourpre avec un liséré blanc. Les spores sont violetés, noirâtres. La chair est blanche, mince.

On le trouve dans les prés, les bruyères, les lieux découverts.

Il est *comestible.*

Hypholome pleureur. — *Hypholoma lacrymabundum* (pl. LVI, fig. 1, p. 157).

Le chapeau a de 5 à 10 centimètres, il est d'abord un peu conique, à bords enroulés, puis étalé, couvert *de fibrilles*, ocracé roussâtre ou *brunâtre*. Le pied est *creux*, de taille variable, d'ordinaire de 4 à 5 millimètres de diamètre (dans certains échantillons, il peut atteindre 2 à 3 centimètres et le chapeau 15 centimètres), il est blanchâtre, à fibrilles brunâtres avec un anneau fibrilleux noir persistant souvent, mais pouvant disparaître. Les feuillets sont nombreux, adhérents, d'abord blanchâtres, puis brun roussâtre, brun pourpre foncé, souvent pointillés, ayant fréquemment un liséré floconneux blanc; ils portent quelquefois *des gouttelettes liquides*. La spore est brun pourpre.

On trouve rarement ce champignon en groupe, mais isolé ou par 2 ou 3 individus dans les champs et les bois, *à terre* et non sur les souches.

Il est *suspect.*

Une variété *pyrrhotricha* (à fibrilles couleur feu) est entièrement fauve orangé, fauve roussâtre, très fibrilleuse.

GENRE COPRIN

[Du grec : *copros*, fiente, fumier; milieu sur lequel se développent d'ordinaire ces champignons.]

Les espèces de ce genre sont *éphémères*, à *feuillets se transformant en eau noirâtre*. Les spores sont noirâtres.

Coprin chevelu. — *Coprinus comatus* (pl. LVI, fig. 2, p. 157). (Petite Fl. Champ. Cost et Duf., p. 46.)

C'est une grosse et surtout haute espèce dont le chapeau peut avoir 8 centimètres de hauteur, en cloche puis conique. La couleur de ce chapeau est *blanchâtre* ou crème ocracé au sommet, quelquefois un peu rosé vers le bas; il est couvert de *très nombreuses et grosses écailles*, *strié* au bord qui est déchiqueté, fendillé. Le pied est souvent renflé à la base, de 1 centimètre d'épaisseur, pourvu d'un *anneau oblique, mobile*. Les feuillets sont d'abord blanchâtres, puis rosés et noir violeté.

On trouve ce champignon en été et automne dans les cultures, au bord des chemins, dans les cours.

Il est *comestible* quand il est jeune.

Coprin noir d'encre. — *Coprinus atramentarius* (pl. LVI, fig. 3, p. 157). (Petite Fl. Champ. Cost. et Duf., p. 46.)

Ce champignon s'observe toujours *en touffes*. Le chapeau est grisâtre ou *brun clair*, brun légèrement rosé ou violeté, couvert de fines mèches, il est ovoïde, oblong, de 3 a 7 centimètres à la base, de 3 à 7 centimètres de haut. Le pied est blanchâtre ou grisâtre, souvent moucheté de brun, jaunâtre surtout à la base qui présente *un rebord* peu saillant correspondant au point où le chapeau s'insérait sur le pied avant son épanouissement. Les feuillets sont d'abord blanchâtres, puis brun grisâtre, brun foncé, presque noirs La chair est *blanche*.

On trouve ce Coprin en été et automne dans les **prés**, les jardins et les cours, quelquefois dans les forêts

Il est *comestible*, quand il est très jeune

Coprin micacé. — *Coprinus micaceus* (pl. LVI, fig. 4, p. 157). (Petite Fl. Champ. Cost. et Duf., p. 46.)

Le caractère principal de cette espèce est tiré de l'existence de *grains cristallins*, brillants *poudrant* la surface du chapeau, sa couleur est *fauve jaunâtre* ou fauve roussâtre ; sa forme est en cloche, puis conique ; il est *strié* au bord, de 3 a 4 centimètres Le pied est creux, blanchâtre, un peu poilu a la base. Les feuillets sont blancs, puis rapidement brun pourpre noirâtre.

On trouve cette espèce assez communément au printemps et en automne dans les bois et les vergers.

Ses *propriétés alimentaires sont inconnues*.

Coprin blanc noir. — *Coprinus plicatilis* (pl. LV, fig. 1, p. 155). (Petite Fl. Champ Cost. et Duf., p 46.)

Ce grand champignon a le chapeau conique, ou en cloche, de 5 à 8 centimètres de base sur autant de hauteur ; sa teinte est *brun noirâtre sous des écailles blanches ;* ces écailles forment au début un voile qui se sépare en grosses plaques blanches collées sur le chapeau. Le pied est blanc, élancé de 1 centimètre de diamètre, souvent renflé en bulbe à la base. Les feuillets sont blancs, puis rosés et *noir violacé*, ils sont libres.

On trouve ce Coprin en automne peu communément sur la terre dans les hautes futaies.

Ses *propriétés alimentaires sont inconnues*.

COPRIN, LENZITE, TRAMÈTE, DEDALÉE

(Espèces non comestibles).

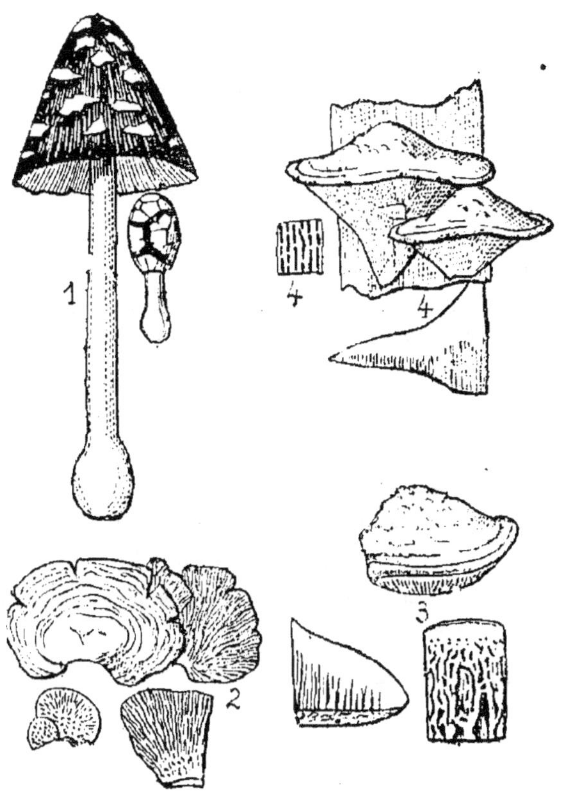

1. C. plicatilis   4. T. gibbosa

2. L. flaccida   3. D. quercina

1. **Coprin blanc noir**, *C. plicatilis*; propriétés alimentaires inconnues, voir p. 154. — **2. Lenzite flasque**, *L. flaccida*; espèce non alimentaire, voir p. 156. — **3. Dédalée du chêne**, *D. quercina*; espèce non alimentaire, voir p. 156. — **4. Tramète gibbeux**, *T. gibbosa*; espèce non alimentaire, voir p. 159.

FAMILLE DES POLYPORÉES

Les Polyporées sont caractérisées par l'existence de *pores* à la face inférieure du chapeau fructifère. Ces pores sont les orifices *de tubes portant les spores.*

Plusieurs genres doivent être signalés dans cette famille :

1º Les **Polypores** sont des champignons souvent fermes, coriaces, quelquefois charnus, pouvant avoir *un pied central* ou *latéral*, mais offrant le plus souvent un *chapeau dépourvu de pied.*

On ne peut confondre les Polypores avec les Bolets que lorsque le pied est central et la consistance charnue. Dans ce cas, on distinguera toujours les Polypores des Bolets à ce caractère, que les tubes ne se séparent pas facilement du chapeau. Les tubes ont des pores *arrondis :* ils forment une assise *bien distincte.*

2º Les **Bolets** sont des champignons *charnus*, n'ayant jamais la consistance coriace du liège ou du bois, ils ont toujours un *pied central* et les *tubes soudés s'enlèvent aisément tous ensemble* comme le foin du fond d'un Artichaut.

3º Les **Fistulines** sont *charnues*, dépourvues de pied ou à pied latéral ; les tubes s'enlèvent aisément comme ceux des Bolets ; mais ici *ils sont indépendants* les uns des autres.

A côté de ces trois genres importants je signalerai :

Les **Lenzites** qui forment une transition entre les Agaricinées et les Polyporées. Dans le jeune âge, ces champignons ont des *tubes*, mais ils deviennent irréguliers, puis se transforment *en lames* sur l'adulte. Ces champignons sont dépourvus de pied, ils sont coriaces comme du liège. Comme exemple de *Lenzite*, je signalerai le Lenzite flasque (*Lenzites flaccida*) (pl. LV, fig. 2, p. 155).

Les **Dédalées** sont *coriaces*, dépourvues d'ordinaire de pied, leurs *tubes ne forment pas une assise régulière* distincte de la substance du chapeau. Les pores d'abord *irréguliers*, sinueux, se réunissent entre eux, deviennent irréguliers et on les a comparés à des dédales, ils se transforment quelquefois en ébauches de lames. Comme exemple, je noterai la Dédalée du Chêne (*Dædalea quercina*, pl. LV, fig. 3, p. 155).

Planche LVI.

HYPHOLOMES ET COPRINS

(1 et 4. Espèces suspectes ; 2 et 3. Espèces comestibles).

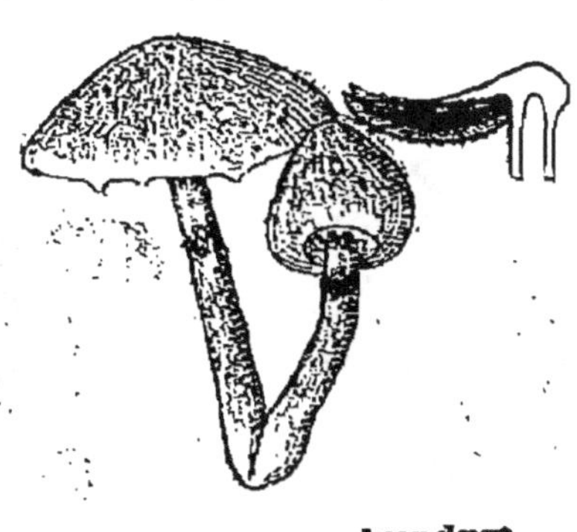

1. H. lacrymabundum.

2. C. comatus.

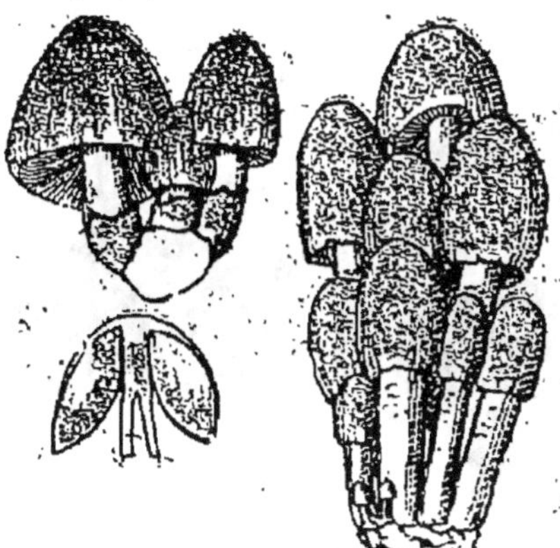

3. C. atramentarius.

C. micaceus.

1. Hypholome pleureur, *H. lacrymabundum ;* espèce suspecte, voir p. 153. — **2. Coprin chevelu**, *C. comatus ;* espèce comestible, voir p. 153. — **3. Coprin noir d'encre**, *C. atramentarius ;* espèce comestible, voir p. 154. — **4. Coprin micacé**, *C. micaceus ;* propriétés alimentaires inconnues, voir p. 154.

Planche LVII

POLYPORES

(1 et 3. Espèces comestibles ; 2 et 4. Espèces non comestibles).

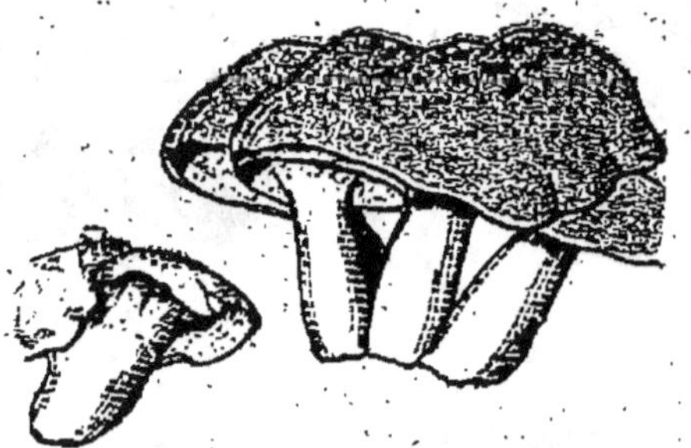

1. P. ovinus.

2

P. lucidus.

4.

P. versicolor.

3. P. scobinaceus.

1. **Polypore des brebis,** *P. ovinus ;* espèce comestible, voir p. 163. — 2. **Polypore luisant,** *P. lucidus ;* espèce non comestible, voir p. 164. — 3. **Polypore en râpe,** *P. scobinaceus* (Pied de mouton) ; espèce comestible, voir p. 163. — 4. **Polypore à couleurs variées,** *P. versicolor ;* espèce non comestible, voir p. 164.

Les **Tramétes** sont également *dépourvus d'une couche de tubes,* ceux-ci s'enfoncent à des profondeurs variables dans la substance du chapeau ; ces caractères rappellent ceux des Dédalées, mais les *pores sont ronds ou allongés.* Exemple : le Tramète gibbeux (*Trametes gibbosa,* pl. LV, fig. 4, p. 155).

GENRE POLYPORE

[Du grec : *polys*, nombreux, *poros*, pore].

Ce genre est très variable. Il comprend des espèces pourvues d'un *pied central* ou *latéral* et un plus grand nombre d'autres dépourvues de pied. La consistance de ces champignons peut beaucoup changer : à côté d'espèces un peu molles, on rencontre des espèces fermes comme du liège ou coriaces comme du bois. *Les tubes forment une ou plusieurs assises régulières* qui se séparent *assez difficilement* du chapeau ; les pores sont presque toujours *ronds*, petits, réguliers.

Polypore d'hiver. — *Polyporus brumalis* (pl. LIX, fig. 1, p. 162).
Ce Polypore est pourvu d'un *pied s'insérant au milieu du chapeau.* Le chapeau est convexe, puis plan, mince, coriace, *velouté*, souvent cilié, puis glabre, *gris brunâtre* ou ocracé, café au lait, de 3 à 8 centimètres. Le pied est grêle, floconneux, gris brun. Les pores sont ronds, denticulés, *blancs.*

On trouve ce Polypore au printemps et en automne sur les souches et sur les petits rameaux.

Il est *comestible.*

Polypore blanc noir. — *Polyporus leucomelas* (pl. LIX, fig. 2, p. 162).
Il ressemble au précédent, mais il est plus grand et plus charnu : le chapeau a souvent 10 centimètres, il est cendré ou brun presque noir. Le pied est gris cendré. Les pores sont blancs, puis gris. La chair est *blanche*, rosée ou violacée, noirâtre dans le pied, un peu amère.

Cette espèce rare se trouve dans les sapinières des montagnes (Alpes Jura, Vosges).

Elle est *comestible.*

Polypore groupé. — *Polyporus confluens* (pl. LIX, fig. 3, p. 162).
Ce champignon se présente sous forme de touffes de chapeaux groupés les uns au-dessus des autres, et soudés à leur base sur une sorte de masse commune formant un pied tuberculeux. Les chapeaux à

bords ondulés sont *couleur chair*, rosé, roussâtre pâle, jaunâtres ou fauves. Le pied est simple ou rameux, blanc, crème ou tacheté de rose chair. Les pores sont blancs ou blanc crème, souvent lavés d'une teinte couleur chair, ils sont ronds, puis labyrinthiformes ; les tubes sont peu épais. La chair est blanche, à odeur de pomme, très légèrement amère.

Cette espèce est surtout méridionale ; on la rencontre souvent aux environs de Nice.

Elle est *comestible*, on la vend sur le marché d'Iéna.

Polypore en ombelle. — *Polyporus umbellatus* (pl. LVIII, fig. 2, p. 161). (Petite Fl. Champ., Cost. et Duf., p. 49.)

Ce champignon se présente avec un tronc blanc d'où partent un grand nombre de pieds blancs également, ramifiés, terminés par des chapeaux *étalés perpendiculairement* aux pieds correspondants, puis déprimés au centre, quelquefois striés radialement ; la teinte de ces chapeaux est variable, brunâtre ou café au lait pâle. Les pores blancs, anguleux, descendent sur le pied. La chair, peu épaisse dans le chapeau, est blanche, molle et de saveur agréable.

On rencontre ce Polypore sur les vieilles souches des forêts de Hêtres, surtout dans le Jura et les Vosges.

Il est *comestible* lorsqu'il est jeune, il semble s'altérer assez rapidement.

Polypore feuillé. — *Polyporus frondosus* (pl. LVIII, fig. 1, p. 161).

Il y a dans cette espèce un *tronc commun* mais il est court, tuberculeux et les chapeaux en *partent de côté*, étalés ou avec les *bords rabattus* ; la teinte de ces chapeaux est *brune* ou gris brunâtre ; ils sont rayés, farineux. Les pores sont décurrents, c'est-à-dire qu'ils descendent sur le tronc commun ; leur couleur est blanche, ils sont polygonaux, denticulés. La chair est fibreuse, fragile, blanche, agréable au goût.

On trouve ce champignon en été et automne sur les souches de Chêne, de Charme, des forêts ombragées.

Il est *comestible*.

Polypore chicorée. — *Polyporus intybaceus* (pl. LVIII, fig. 3, p. 161).

Les chapeaux sont rameux, issus les uns des autres ; les lobes ainsi formés sont dressés, étalés, sinueux, *réunis sur un tronc très court*. Leur couleur est celle de la noisette blonde ou brun roussâtre clair ; ces chapeaux brunissent en vieillissant ; leur diamètre est de 2 à 5 centimètres, mais l'ensemble du champignon a de 10 à 20 centimètres. Les pores sont *ronds*, dentés, transformés en lames dans les parties obliques, *blancs*, puis se tachant de brun. La chair est *blanche* ou blanc roussâtre, douce ; l'odeur est celle du champignon de couche.

POLYPORES

(Espèces comestibles).

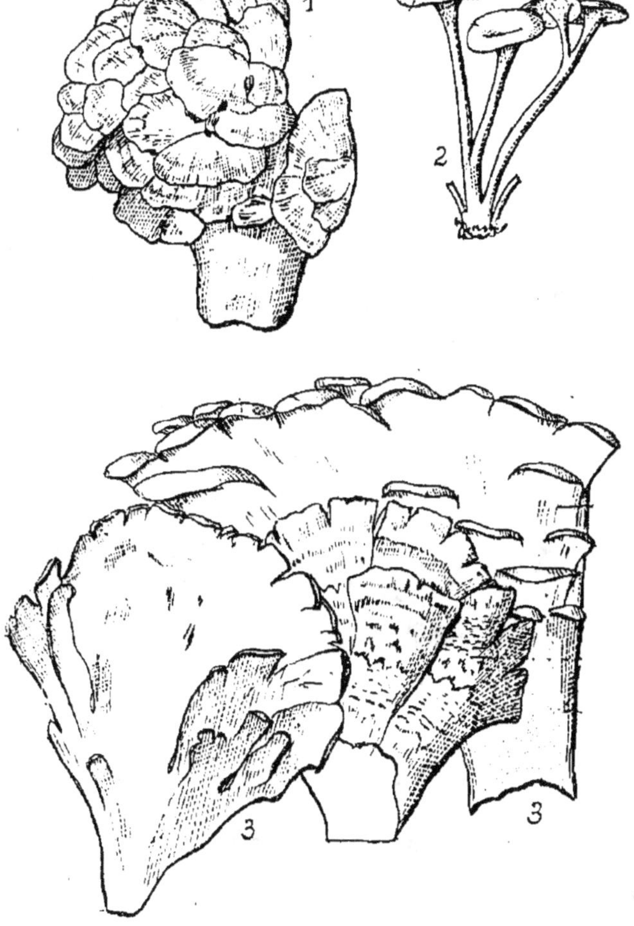

1. P. frondosus   2. P. umbellatus

3. P. intybaceus

1. **Polypore feuillé**, *P. frondosus*; espèce comestible, voir p. 160. — 2. **Polypore en ombelle**, *P. umbellatus*; espèce comestible, voir p. 160. — 3. **Polypore chicorée**, *P. intybaceus*; espèce comestible, voir p. 160.

POLYPORES

(Espèces comestibles).

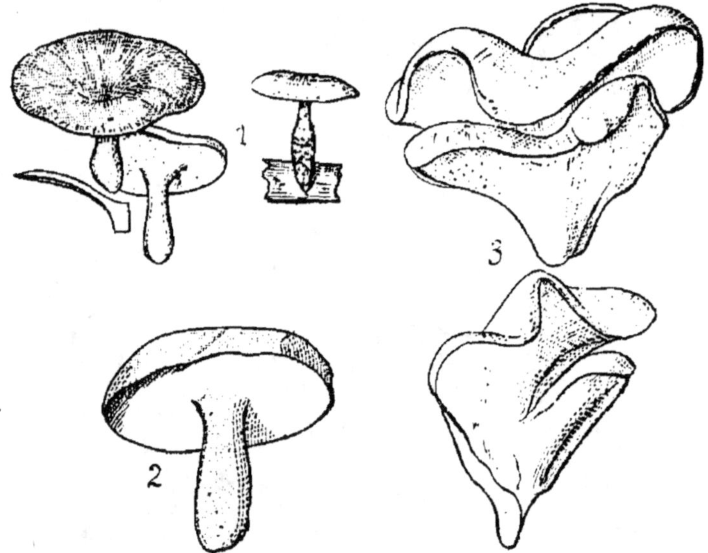

1. P. brumalis   **3. P. confluens**

2. P. leucomelas

1. Polypore d'hiver, *P. brumalis*; espèce comestible, voir p. 159. — **2. Polypore blanc noir**, *P. leucomelas*; espèce comestible, voir p. 159. — **3. Polypore groupé**, *P. confluens*; espèce comestible, voir p. 159.

On trouve cette espèce en été et automne sur les souches des forêts. Elle est *comestible*, d'après M. Quélet.

Polypore en acanthe. — *Polyporus acanthoides.* Synonyme : *Polyporus giganteus.* (Nouvelle Flore des Ch., Cost. et Duf., p. 142.)

Ce champignon est gigantesque, il peut former des touffes de 50 centimètres à 1 mètre. Il est composé de chapeaux soudés entre eux, en coupe ou en forme de rein, concaves, superposés les uns aux autres, à bords lobés, contournés ; leur surface est sèche, granuleuse ou *cannelée radiée*, présentant des zones au bord ; de couleur paille ou brun ferrugineux. Les tubes sont longs, les pores petits, ronds, à la fin déchiquetés et difformes, blanc pâle ou blanc crème, puis se teignant de *brun cendré*, de *cannelle* et même de *noir*. Les pieds sont courts, à peine distincts, réunis en un gros tubercule commun. La chair est blanche, puis brunâtre et *noirâtre*, fibreuse ; l'odeur est aigre, la saveur désagréable.

On trouve ce champignon peu communément sur les vieilles souches. Sa *comestibilité est douteuse.*

Polypore des brebis. — *Polyporus ovinus* (pl. LVII, fig. 1, p. 158).
Ce Polypore charnu pousse d'ordinaire en touffes, quelquefois isolé. Le chapeau est blanchâtre ou ocracé très pâle ; sa surface, d'abord lisse ou farineuse, se gerce bientôt et devient crevassée, surtout au centre ; ses dimensions sont variables, de 6 à 10 centimètres d'ordinaire, il peut dans certains cas atteindre 20 centimètres. Le pied blanchâtre est épais, de 10 à 30 millimètres ; il s'insère presque au milieu du chapeau. Les pores sont arrondis, puis irrégulièrement sinués, labyrinthés, blancs, puis jaunes. La chair est compacte, fragile, blanche, puis jaunâtre ; l'odeur est agréable, le goût rappelle celui des amandes.

Ce champignon pousse en été et automne dans les forêts de Pins et de Sapins ; il existe surtout dans le Midi, dans l'Esterel, les Alpes ; on l'a signalé dans le Jura et les Vosges.

Il est *comestible* et se vend sur le marché d'Iéna (M. Pfeiffer).

Nom vulgaire. — Croquette des sapinières.

Polypore en râpe. — *Polyporus scobinaceus.* Synonyme: *P. pescapræ* (Pied de mouton) (pl. LVII, fig. 3, p. 158).
Comme dans l'espèce précédente, le pied est dressé, mais il s'insère *latéralement* sur le chapeau, ce dernier, qui a de 5 à 10 centimètres, est brun marron, écailleux. Le pied est blanc ou jaune surtout à la base, quelquefois entièrement jaune ou jaune ocracé ; le haut de cet organe est réticulé. Les pores sont *larges*, d'abord blancs, puis se tachant de jaune citron, quelquefois verdissant au toucher ; ils deviennent

jaune ocracé à la fin. La chair est dure, fragile, blanche; son goût est agréable.

Ce champignon pousse en été et en automne dans les forêts de Conifères.

Il est *comestible* et très communément consommé dans les Vosges; on le conserve souvent dans le sel ou dans le vinaigre. Il est vendu sur le marché d'Iéna (M. Pfeiffer).

Noms vulgaires. — Pied de mouton, Pied de mouton noir.

Polypore luisant. — *Polyporus lucidus* (pl. LVII, fig. 2, p. 158).

Le chapeau de ce champignon est inséré par son bord sur le haut du pied qui est dressé verticalement et perpendiculairement au chapeau. Tout le champignon *paraît avoir reçu une couche de vernis*; sous cette croûte brillante, il est coloré en brun rougeâtre. Le chapeau présente une série de sillons disposés parallèlement au bord; il est mamelonné, mais le mamelon est placé au voisinage du pied. Les pores sont d'abord blanc grisâtre, puis brunâtre. La chair est fibreuse, de la consistance du liège, zonée, brune.

On trouve ce Polypore en été, en automne, sur les souches d'arbres divers (Chêne, Charme, Sapin, Poirier, etc.).

Il ne peut venir à l'idée de personne de manger ce champignon qui a presque la consistance du bois.

Polypore à couleurs variées. — *Polyporus versicolor* (pl. LVII, fig. 4, p. 158). (Petite Fl. Champ., Cost. et Duf., p. 50.)

Ce champignon est *dépourvu de pied*. Le chapeau est *mince, étalé, rigide, velouté*, crème ou paille avec des *zones rougeâtres* ou plus ordinairement brun foncé, noirâtre, *zoné de rouge, de violet, de fauve*. Les pores sont petits, ronds, puis déchirés irrégulièrement, labyrinthés, *blancs*, puis crème paille. La chair est blanche, coriace.

On trouve les individus de cette espèce *non comestible* très communément sur les souches; ils sont groupés les uns au-dessus des autres; on les observe toute l'année.

Polypore soufré. — *Polyporus sulfureus* (pl. LX, fig. 1, p. 165).

Les chapeaux de ces champignons sont *sans pied, épais*, d'un *jaune d'or* ou *jaune orangé*; ils deviennent blancs en vieillissant; on les trouve superposés les uns aux autres. Les pores sont *jaunes*, les tubes sont *courts*. La chair est *blanche*, molle, crayeuse, aigrelette ou un peu amère.

On trouve ce Polypore sur des troncs d'arbres très divers : Chênes, Pommiers, Cerisiers, etc.

Sa *comestibilité est douteuse*, on fera donc bien de ne pas le consommer.

POLYPORES

(Espèces non comestibles).

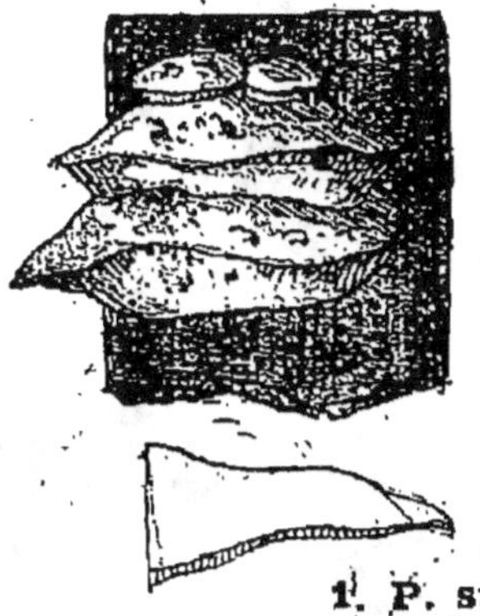

1. P. sulfureus.

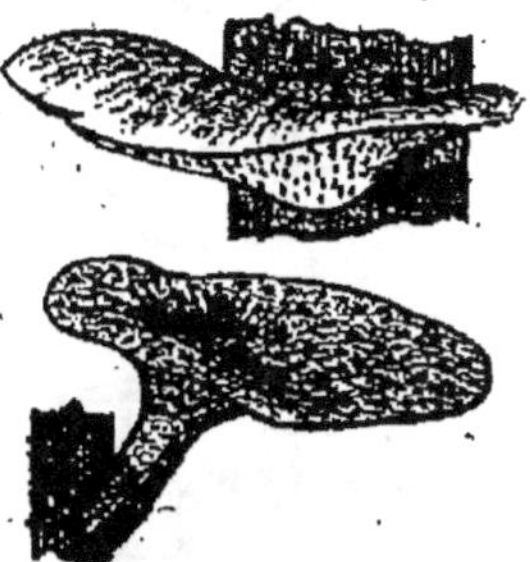

2. P. squamosus.

1. **Polypore soufré**, *P. sulfureus;* comestibilité douteuse, voir
p. 164. — 2. **Polypore écailleux**, *P. squamosus;* propriétés
alimentaires inconnues, voir p. 167.

BOLETS

(1, 2 et 4. Espèces comestibles ; 3. Espèce vénéneuse).

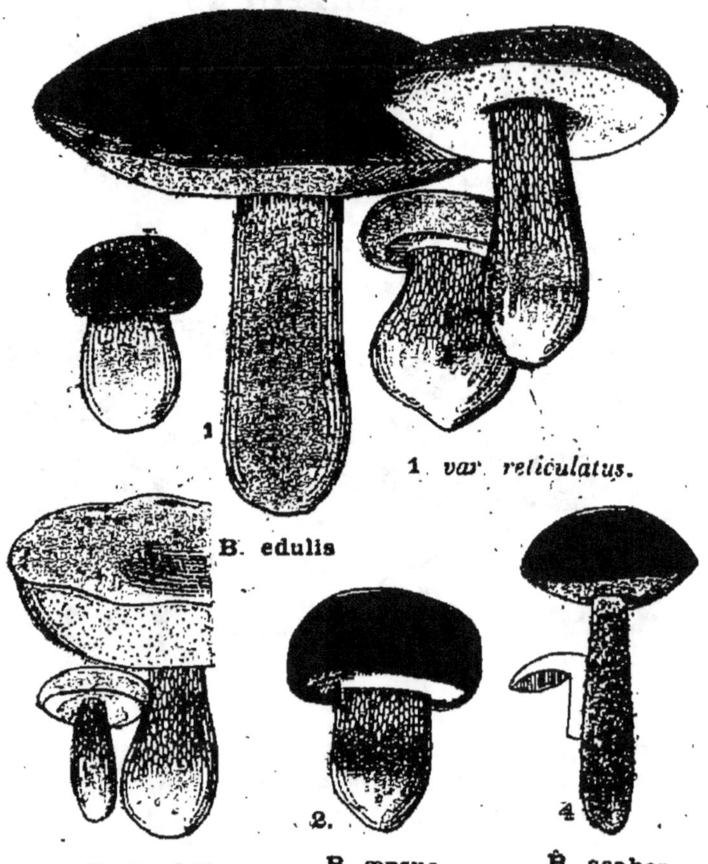

1. Bolet comestible, *B. edulis* (Cep, Cèpe de Bordeaux); comestible très délicat, voir p. 167. — **2. Bolet bronzé,** *B. æreus* (Cep noir, Gendarme noir); espèce comestible délicate, voir p. 168. — **3. Bolet amer,** *B. felleus;* espèce vénéneuse, voir p. 168. — **4. Bolet raboteux,** *B. scaber;* espèce comestible, voir p. 168.

Polypore écailleux. — *Polyporus squamosus* (pl. LX, fig. 2, p. 165).

Le pied de ce champignon s'insère de côté sur le chapeau qui s'étale en éventail et a de 20 à 40 centimètres ; il est de couleur crème ocracé ou paille avec de nombreuses écailles fauves ou brunes. Le pied est réticulé et ocracé en haut, velouté et brun noirâtre en bas. Les pores sont larges, dentés, blancs, puis ocracés. La chair est tendre, puis ferme, sa couleur est blanche.

Ce champignon pousse sur les vieux troncs de Saule, Noyer, Frêne, Érable, Marronnier ; on l'observe en été et en automne.

Il *n'est pas comestible*.

Nom vulgaire. — Polypore du Noyer.

GENRE BOLET

[Du grec : *bolités*, champignon].

Ce genre comprend des espèces *charnues*, pourvues d'un pied inséré *au milieu du chapeau* et dont les tubes forment *une assise qui se sépare aisément* du reste de la chair comme le foin d'un Artichaut se détache du fond.

Bolet comestible. — *Boletus edulis* (Cep) (pl. LXI, fig. 1, p. 166).

Le chapeau est d'un brun marron, sa taille varie de 8 à 20 centimètres ; il est rarement fendillé, aréolé. Le pied varie de 3 à 4 centimètres d'épaisseur, assez souvent il se renfle vers le bas ; il est brun clair ou brun ; il présente sur sa partie supérieure *un réseau* très régulier. Les pores sont *blancs* au début, à la fin jaune verdâtre et même ocracés ; les tubes diminuent de longueur au voisinage du pied et ils sont souvent même indépendants de lui. La chair est blanche et tendre, de saveur agréable.

On trouve le Cep assez communément certaines années dans les forêts ombragées, en *automne* ou à la fin de l'été.

Comestible. — Il se vend partout, sur tous les marchés ; on l'expédie depuis quelques années en quantité énorme sur Paris.

Confusion possible. — Il faut avoir bien soin, quand on le récolte, de ne pas ramasser en même temps de jeunes Bolets amers qui, lorsqu'ils sont très jeunes, ont les pores blancs. On évitera une pareille méprise, en ne ramassant jamais de Ceps trop petits ou ceux dont les pores seront roses ; si on avait le moindre doute, on goûterait un peu la chair et si elle était amère, il faudrait rejeter l'échantillon.

Variétés. — 1° Une première variété est le Cep d'été, *Boletus reticulatus* (réticulé) qui a tous les caractères du Cep précédent, mais dont le réseau s'étend jusqu'à la base du pied ; il pousse au printemps et en été.

2° Une seconde forme est le Cep blanc, *Boletus albus*, qui est tout blanc, chapeau, pied et pores.

Noms vulgaires. — Aricelous, Bolé, Brucq, Bruguet, Bruquet, Cap mol, Ceb, Cep, Cep franc tête rousse, Cèpe de Bordeaux, Cèpe d'automne, Cepet, Ceps, Champignon polonais, Essalon, Fouge, Gros pied, Grosse queue, Gyrole, Michotte, Miquennot, Missol, Mol, Mouillet, Moussar, Nissoulous, Polonais, Porchin, Potiron, Prourse, Seixh de Pachera, Sequet.

Bolet amer. — *Boletus felleus* (pl. LXI, fig. 3, p. 166).

Le chapeau de ce champignon a de 5 à 12 centimètres ; il est de couleur café au lait, roux rosé ou ocracé pâle. Le pied est de même couleur ; il est orné d'un *réseau*, surtout dans sa partie supérieure ; quand le champignon est âgé, ce réseau est moins net. Les pores d'abord blancs deviennent rapidement *roses* ; ils sont larges, anguleux ; les tubes sont assez épais et de la même teinte que les pores. La chair est molle, blanche, quelquefois un peu rosée, un peu ocracée dans le pied ; sa saveur est *très amère*.

On trouve ce Bolet surtout en automne dans les forêts sablonneuses ; il est assez commun.

Sa saveur très amère le fait regarder comme *vénéneux*.

Nom vulgaire. — Cèpe chicotin.

Bolet bronzé. — *Boletus aereus* (pl. LXI, fig. 2, p. 166).

Le chapeau de cette espèce est hémisphérique, de 6 à 10 centimètres, d'un *brun foncé presque noir*. Le pied est gros, renflé à la base en bulbe, il a de 4 à 5 centimètres de diamètre ; sa teinte est ocracé roussâtre ; il est orné d'un *beau réseau* surtout dans sa partie supérieure. Les pores sont *blancs*, puis jaunâtres, jaune verdâtre. La chair est blanche, *ferme*, de saveur agréable et douce.

On trouve ce Bolet pendant l'été dans les années chaudes.

Il est *comestible*, aussi bon que le Cep-comestible (*Boletus edulis*). La teinte brune de son chapeau ne permet pas de le confondre avec le Bolet amer. On le vend sur les marchés de Limoges, de Paris, de Fontainebleau, de Perpignan.

Noms vulgaires. — Cep noir, Cèpe à la vache, Gendarme noir, Tête de nègre.

Bolet raboteux. — *Boletus scaber* (pl. LXI, fig. 4, p. 166).

Le chapeau de ce champignon est *brun*, sa taille varie de 4 à 10 cen-

BOLETS

(Espèces comestibles).

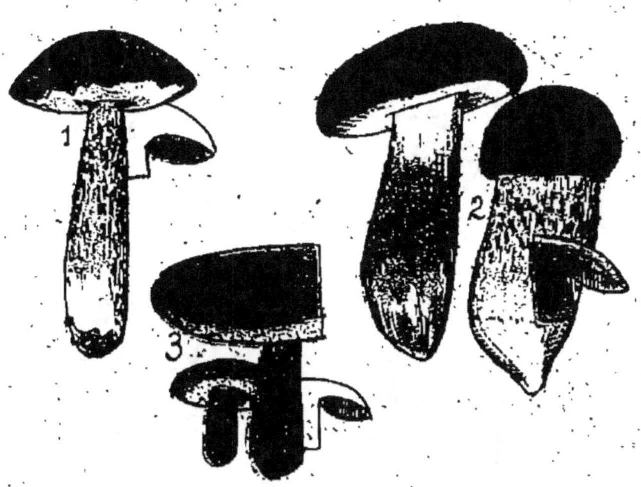

1 et 2. B. scaber.

1. Var. aurantiacus   *2. Var. duriusculus*

3. B. castaneus

1 et 2. Bolet raboteux, *B. scaber ;* 1. Var. *orangée (aurantiacus) ;*
2. Variété *dure (duriusculus) ;* espèce comestible, voir p. 171. —
3. Bolet chatain, *B. castaneus ;* espèce comestible, voir p. 171.

BOLETS

(Espèces suspectes).

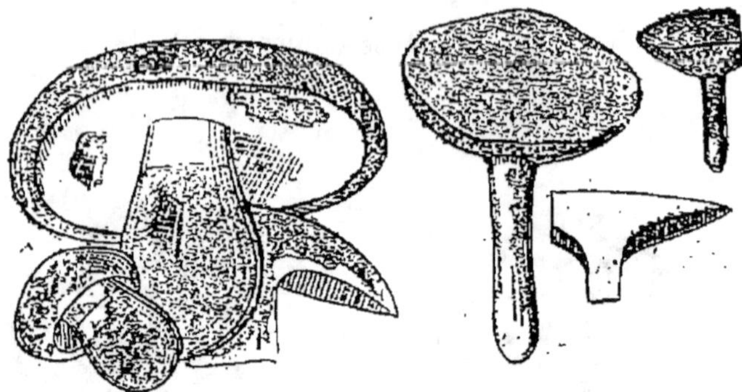

1. B. cyanescens.

2. B. piperatus.

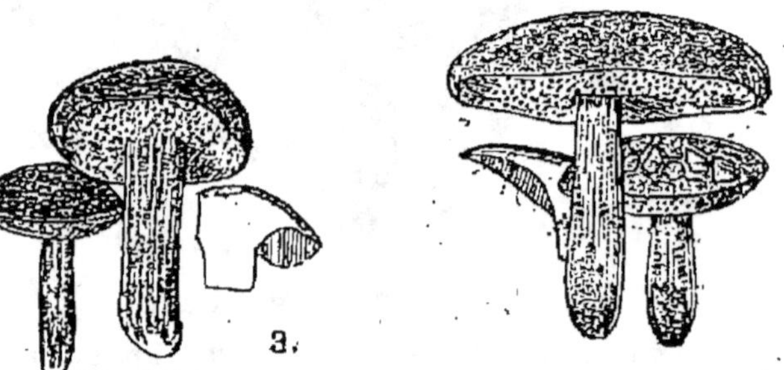

3.
B. subtomentosus.

4. B. chrysenteron.

1. **Bolet bleuissant**, *B. cyanescens;* espèce suspecte, voir p. 172. — 2. **Bolet poivré**, *B. piperatus;* espèce suspecte, voir p. 172. — 3. **Bolet velouté**, *B. subtomentosus;* espèce peut-être comestible, mais ceci est encore incertain, voir p. 172. — 4. **Bolet à chair jaune**, *B. chrysenteron;* comestibilité encore douteuse, voir p. 173.

limètres. Le pied est relativement grêle et haut de 10 à 15 millimètres ; il est souvent un peu renflé dans le bas, couvert *d'écailles très apparentes* ; ces écailles sont brunes, tandis que tout le reste du pied est blanc grisâtre. Les pores sont blancs, puis blanc grisonnant et à la fin un peu ocracés ; les tubes diminuent de hauteur au voisinage du pied, de manière à apparaître comme indépendants de lui. La chair est blanchâtre ou grisâtre ; elle peut quelquefois bleuir à l'air, très faiblement ; sa saveur est douce, fade.

Cette espèce est très commune, partout dans tous les bois ombragés, en automne.

Ce champignon est *comestible*, mais en général, peu estimé : je l'ai mangé à maintes reprises et l'ai trouvé assez bon. Il faut le cueillir jeune. Il devient noir à la cuisson, mais il ne faut pas s'effrayer de ce changement de teinte. On le vend sur le marché de Perpignan (Campanyo).

Variétés. — Les variétés de cette espèce sont très nombreuses.

1° La variété *aurantiacus* (orangée) (pl. LXII, fig. 1, p. 169), a le chapeau rouge orangé et les écailles du pied de même couleur, la marge du chapeau se prolonge d'ordinaire en une sorte de frange ou voile membraneux. La chair est blanche, vert brunâtre à l'air.

2° La variété *duriusculus* (dure) (pl. LXII, fig. 2, p. 169), est beaucoup plus grosse. La chair est très ferme, *dure*, et elle *rougit* à l'endroit des blessures. Le chapeau peut être brun ou orangé.

3° La variété *niveus* (blanc de neige) est entièrement blanche.

Toutes ces variétés sont *également comestibles*. J'ai mangé la variété *duriusculus* qui est très bonne.

Noms vulgaires. — Fouge de la Camba longa, Fouge raspignous, Fouge rous, Gyrole, Gyrole rouge, Rousile, Roussille, Roussin, Temoulo, Tremoulen, Tremoulo.

Bolet châtain. — *Boletus castaneus* (pl. LXII, fig. 3, p. 169).

Le chapeau de cette espèce est d'abord convexe, puis plan, enfin un peu creux au centre ; sa taille varie de 5 à 9 centimètres ; la teinte du chapeau est la même que celle du pied, elle est *brun marron* ou brun rouge. Le diamètre du pied varie entre 10 et 15 millimètres. Les pores sont *blancs*, puis jaune clair ; quand le champignon devient âgé, ils peuvent être jaunâtres. La chair est très dure, blanche, d'un goût agréable ; elle bleuit quelquefois accidentellement.

On trouve ce Bolet assez *rarement* en été et en automne dans les forêts ombragées et siliceuses.

Il est *comestible*.

Bolet bleuissant. — *Boletus cyanescens* (pl. LXIII, fig. 1, p. 170).

La couleur de tout ce champignon est un peu variable; il est souvent brun clair, ocracé; on le trouve aussi jaune ocracé et même jaune citrin; il est quelquefois tout blanc. Le chapeau et le pied sont pelucheux; le diamètre du chapeau varie d'ordinaire entre 6 et 10 centimètres, mais il peut très bien en atteindre 15. Le pied est épais, de 2 à 4 centimètres de diamètre, la base est pelucheuse, renflée, la partie supérieure est rétrécie et lisse. Les pores sont d'ordinaire *blancs*, quelquefois jaunes; ils se tachent fréquemment au contact des doigts d'un *bleu intense*, d'autres fois seulement de vert. La chair est dure et blanche; elle *bleuit* instantanément à l'air. Sa saveur est nulle.

Ce Cep pousse en été et automne dans les forêts ombragées.

Letellier prétend que certaines personnes le mangent, M. Quélet le donne comme comestible avec un point de doute; on fera bien de le regarder comme *suspect* provisoirement.

Noms vulgaires: Blaous, Cep fol, Cep bleuissant, Cep fails, Indigotier, Pissacair blu, Sorcier.

Bolet poivré. — *Boletus piperatus* (pl. LXIII, fig. 2, p. 170).

Ce petit Bolet est d'abord hémisphérique, puis plan; son chapeau a de 2 à 5 centimètres de diamètre, rarement 7 centimètres; sa teinte est jaune ocracé pâle, nankin, quelquefois rougeâtre, fauve pâle. Le pied a les mêmes teintes; son épaisseur varie de 4 à 7 millimètres. Les pores anguleux et grands peuvent être *cuivré rougeâtre*, ils deviennent rapidement *bruns* ou rouillés. Les tubes *descendent quelquefois* un peu sur le haut du pied. La chair est jaunâtre, quelquefois un peu incarnate; sa saveur est *poivrée*.

On trouve ce Bolet en été et en automne dans les forêts de Pins.

On doit considérer provisoirement cette espèce comme *suspecte*, malgré l'expérience de Roques qui en a mangé un fragment cru avec un peu de pain, sans accident, sauf un léger malaise d'estomac.

Bolet velouté. — *Boletus subtomentosus* (pl. LXIII, fig. 3, p. 170).

Le chapeau est *velouté, brun* ou brun olive, de 5 à 10 centimètres de diamètre. Le pied jaune brunâtre est orné de *fines côtes brunes ou fauves*, libres, rarement réunies en large réseau. Les pores sont d'un beau *jaune doré*; ils sont larges et anguleux; la couche des tubes est adhérente au pied, laissant près de lui une dépression circulaire. La chair est tendre, jaune pâle ou crème jaunâtre, *brun roussâtre* sous la cuticule du chapeau, quelquefois légèrement bleue quand on l'entame; l'odeur est agréable.

Cette espèce s'observe dans les bois d'essences variées, en été et en automne.

M. Quélet donne ce Bolet comme comestible, mais il sera bon, en attendant les expériences, de le regarder comme *suspect*.

Variétés. — D'ordinaire la chair ne bleuit pas, et sous cette forme ce Cep est typique. Elle peut cependant bleuir quelquefois légèrement.

Confusion avec d'autres espèces. — C'est surtout avec le *Boletus chrysenteron* qu'on peut le confondre, mais ses pores sont plus larges, d'un beau jaune d'or, sa chair n'est pas rouge sous l'épiderme et le pied n'est pas strié de rouge.

Bolet à chair jaune. — *Boletus chrysenteron* (pl. LXIII, fig. 4, p. 170).

Le chapeau de ce champignon est très finement velouté, brun pâle avec une teinte un peu rougeâtre ; souvent il se crevasse et, là où la chair est mise à nu, une couleur rouge se manifeste ; de même, quand on entame le chapeau, on voit que la chair *est rouge sous l'épiderme*, son diamètre varie de 4 à 6 centimètres. Le pied est jaune ou jaune ocracé, *pointillé ou strié de rouge*. Les pores anguleux sont d'un jaune vif, quelquefois verdoyant. Les tubes sont jaune verdâtre, souvent leur hauteur diminue au voisinage du pied, de sorte que dans leur ensemble ils apparaissent comme libres par rapport à cet organe ; ils peuvent cependant quelquefois être adhérents, décurrents avec une échancrure ou dépression autour du pied. La chair est molle, jaune, bleuissant quelquefois, mais très légèrement.

Ce Bolet est assez commun en été et automne dans les forêts ombragées.

Il est comestible, d'après M. Quélet, et suspect, d'après certains auteurs.

Bolet à pied épais. — *Boletus pachypus* (pl. LXV, fig. 1, p. 179).

Le chapeau un peu velouté de cette espèce est d'ordinaire *pâle*, sa teinte est *crème*, *abricot pâle*, feuille morte ou *grisâtre*, souvent même il est complètement *blanc* ; son diamètre varie de 9 à 15 centimètres. Le pied, qui a 15 à 35 millimètres d'épaisseur, est *jaune*, orné d'un *réseau blanc* avec *une large zone purpurine*, soit en haut, soit en bas. Les pores et les tubes sont jaunes, puis tachetés de vert ou de bleu. La chair est jaune, puis *bleue rapidement* à l'air, partiellement rose dans le pied. L'odeur et la saveur sont désagréables.

Cette espèce s'observe en été et automne dans les bruyères et les bois arides.

On la regarde comme *vénéneuse*.

Variété. — Une variété blanche (*albidus*) a été signalée pour cette espèce. Le chapeau est blanchâtre, un peu verdâtre, le pied finement réticulé, blanc citrin.

Bolet jaune. — *Boletus luteus* (pl. LXV, fig. 2, p. 179).

Le chapeau est *brun marron, brun roussâtre*, pâlissant en vieillissant, il est alors rayé, son diamètre varie de 4 à 8 centimètres, il est couvert d'un enduit visqueux par l'humidité qui lui donne une teinte livide. Le pied est blanchâtre ou crème jaunâtre, pointillé au sommet de granules qui peuvent devenir bruns ; *l'anneau* qui existe en haut du pied est blanc crème ou gris violacé, à la fin brunâtre ; le diamètre du pied varie de 15 à 20 millimètres de diamètre. Les pores et les tubes sont *jaunes*, petits, ronds ; la couche des tubes est adhérente au pied. La chair est blanchâtre, molle et douce, ou un peu aigrelette.

On trouve ce champignon dans les *bois de Pins* en été et automne.

Il est *comestible* et même très bon, si l'on prend soin d'enlever la pellicule visqueuse du chapeau et si on le récolte jeune. On en fait usage en Bavière, en Prusse, en Bohême. Sa chair prend une teinte violacée à la cuisson.

Bolet des bœufs. — *Boletus bovinus* (pl. LXV, fig. 4, p. 179).

Le chapeau de cette espèce est *fauve incarnat pâle*, couleur nankin, ou jaune ocracé, glabre, son diamètre varie de 3 à 9 centimètres, il est ondulé à la fin. Le pied est de la même teinte que le chapeau, d'ordinaire cylindrique, quelquefois un peu atténué vers le haut ; son épaisseur est de 8 à 12 millimètres. Les *pores sont larges*, composés (c'est-à-dire qu'il y a des tubes plus larges divisés en tubes plus étroits, fig. 4, à droite), dentelés, de couleur jaune ocracé ou crème *olivâtre* ou olivâtre brun ; les tubes descendent un peu sur le haut du pied et sont *décurrents*. La chair est blanchâtre, crème incarnat, verdissant quelquefois très légèrement à l'air, douce.

On trouve ce Bolet en été et automne dans les forêts de Pins.

C'est une espèce *comestible* assez bonne.

Bolet panaché. — *Boletus variegatus* (pl. LXV, p. 3, p. 179).

Le chapeau est convexe, puis étalé, humide et *visqueux, lubréfié* par l'humidité, il est parsemé d'*écailles appliquées* sur lui et ne se séparant pas ou de *flocons granuleux bruns* ; le fond du chapeau est jaune ocracé ; son diamètre varie de 4 à 14 centimètres. Le pied est jaune ocracé ou paille, quelquefois un peu roussâtre, d'autrefois pâlissant ; son épaisseur varie de 10 à 30 millimètres, sa hauteur de 3 à 8 centimètres. Les pores d'abord jaunes, deviennent rapidement brun olivâtre ou bruns, ils sont assez larges ; les tubes forment une couche adhérente au pied. La chair est tendre, jaune ou jaune ocracé pâle, *bleuissant ou non*; elle a une odeur de chlore.

Ce Bolet apparaît en été et automne dans les forêts de Pins.

On doit le considérer comme *suspect* jusqu'à nouvel ordre, quoique M. Quélet le donne comme comestible avec un point d'interrogation.

Bolet Satan. — *Boletus Satanas* (pl. LXVI, fig. 1, p. 180).

Ce Bolet est une des plus grosses espèces de Polyporées. Son chapeau peut varier de 15 à 30 centimètres; son pied ovoïde a de 3 à 5 centimètres de diamètre. La couleur du chapeau est *blanc grisâtre*, devenant en vieillissant ocracé pâle ou prenant dans quelques cas une teinte un peu verdâtre. Le pied jaunâtre est orné supérieurement d'un *réseau rouge de sang*; assez fréquemment cette teinte rouge peut s'étendre sur tout le pied et le réseau devient peu distinct. Les pores ronds, petits sont d'un beau *rouge sang*, cette teinte s'atténue plus tard, mais elle reste toujours visible, en partie mélangée de jaune ocracé. Les tubes sont jaunes. La chair d'abord blanche ou crème prend à l'air une *teinte bleue très accusée*.

C'est en été, dans les pâturages, les bruyères, ou les lieux découverts des bois que l'on trouve cette espèce.

Elle est regardée comme *vénéneuse*.

Bolet à pied rouge. — *Boletus erythropus* (pl. LXVI, fig. 3, p. 180).

Ce champignon est voisin du précédent. Il est beaucoup plus petit, de 7 à 12 centimètres; le pied est jaune, ventru, de 2 à 3 centimètres de diamètre; il est *pointillé de rouge*. Le chapeau est brun. Les pores sont *rouges*. La chair est crème jaune, puis verte ou bleue, rouge près des tubes.

On trouve cette forme en été et dans les forêts de Conifères.

Elle est également *vénéneuse*.

Bolet blafard. — *Boletus luridus* (pl. LXVI, fig. 2, p. 180).

Ce troisième champignon à pores rouges est également très voisin des deux précédents. Il a le pied *cylindrique* et, en général, relativement grêle, de 15 à 20 millimètres de diamètre; il peut cependant quelquefois atteindre 3 et 4 centimètres; sa teinte est jaune ou ocracée, et il est orné d'un *réseau* rouge sanguin. Le chapeau est couleur café au lait, brun clair ou olivâtre. Les pores sont *rouges*, la chair jaune *bleuit* rapidement à l'air.

Cette espèce est commune en été et en automne dans les bois et les pâturages.

On la regardait jusque dans les derniers temps, comme *vénéneuse*. Cependant M. le colonel Hermary a annoncé à la Société Mycologique qu'elle était comestible.

Voici ce que m'a écrit M. le colonel Hermary à ce sujet:

« Lorsque j'étais professeur à l'École d'application de Fontainebleau, il y avait un capitaine du génie, M. Leblanc, qui faisait fréquemment usage de cette espèce. Il la connaissait par les indications d'un membre de sa famille (son père, je crois), mais il ne connaissait que celle-là et ne s'occupait pas du tout d'études mycologiques.

« J'ai voulu m'assurer par moi-même de l'innocuité de ladite espèce, j'en ai mangé d'abord cru un morceau gros comme le doigt, et n'ayant eu aucun malaise, j'ai augmenté progressivement la dose. La saveur en est assez agréable. »

M. Hermary a mangé ce Bolet apprêté au beurre : « Les morceaux découpés, avant d'être jetés dans la poêle, avaient été lavés à l'eau vinaigrée, mais ce n'était qu'un lavage rapide *qu'on ne pouvait pas qualifier de macération* ; je l'ai trouvé assez agréable bien qu'inférieur à l'*edulis*. » M. Hermary n'a pas été incommodé par ce champignon, mais un de ses amis qui l'avait mangé avec lui a eu une diarrhée pendant la nuit suivante. Il conclut en disant « *que cette espèce peut être indigeste, mais nullement vénéneuse* ».

Bulliard et quelques autres naturalistes avaient signalé d'ailleurs cette espèce comme comestible.

Noms vulgaires. — Bruguetfol, Cul de Saoumo, Faux cep, Oignon de loup.

Bolet parasite. — *Boletus parasiticus* (pl. LXIV, fig. 1, p. 177).

Le nom de cette espèce rappelle un mode de vie très singulier qui permet de la reconnaître à coup sûr sans aucune difficulté : elle pousse sur un autre champignon, le Scléroderme verruqueux. C'est à la partie inférieure de ce dernier que l'on voit apparaître de petits cylindres terminés par une tête renflée, ébauches du pied et du chapeau. Quand il est adulte, le Bolet a le chapeau jaune brunâtre clair, à reflet souvent verdoyant, quelquefois craquelé, de 3 a 6 centimètres. Le pied est jaune, de 6 à 12 millimètres d'épaisseur, couvert de flocons frisés et fauves. Les pores sont larges, anguleux, irréguliers, jaune d'or, puis un peu vineux. Cette teinte vineuse s'observe quelquefois d'ailleurs sur tout le champignon jeune. La chair est ferme, jaune.

Ce champignon est assez *rare*, je l'ai observé plusieurs années de suite à la même place à Pierrefonds et à Franchard (Fontainebleau), dans les forêts ombragées ou dans les rochers découverts, sur le Scleroderme verruqueux.

Ses *propriétés alimentaires sont inconnues*.

Bolet bai brun. — *Boletus badius* (pl. LXVII, fig. 1, p. 183).

BOLET

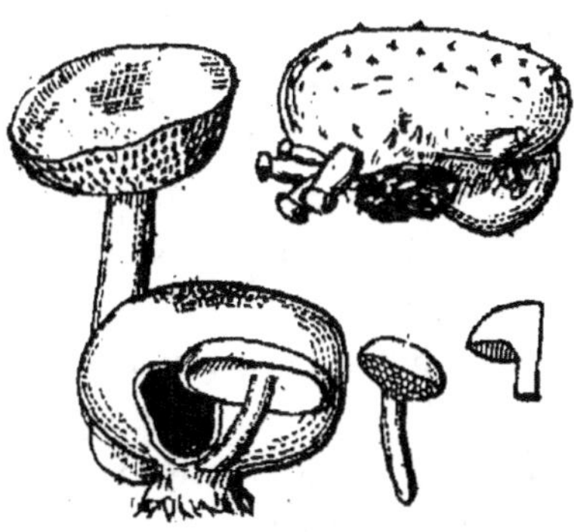

1. B. parasiticus

1. Bolet parasite, *B. parasiticus*; propriétés alimentaires in-connues, voir p. 176.

Le chapeau est *brun*, brun rougeâtre, fauve, de 3 à 8 centimètres, un peu visqueux, mais ce caractère n'est pas toujours net, surtout par la sécheresse. Le pied a de 12 à 20 millimètres d'épaisseur, 6 à 9 centimètres de haut; il est ocracé pâle ou *brun clair*, couvert d'une sorte de farine brune. Les pores d'abord crème jaunâtre, *deviennent verdâtres au toucher*. La couche des tubes, qui est jaune verdâtre, adhère au pied. La chair blanche ou blanc jaunâtre *bleuit légèrement* à l'air; quelquefois cependant cette coloration ne s'observe pas.

Cette espèce est *assez commune* en été et en automne dans les bois de Pins et de Sapins.

C'est un champignon *comestible excellent* qui peut certainement quand il est jeune et bien frais *rivaliser* avec le Cep ou *Boletus edulis*. M. Boudier le déclare même supérieur. On sait que pendant longtemps il a été regardé par Fries comme malfaisant. MM. Roze et Richon dans leur excellent ouvrage le déclarent suspect. Mon expérience personnelle m'a montré que cette dernière opinion n'est pas fondée.

Bolet granulé. — *Boletus granulatus* (pl. LXVII, fig. 3, p. 183).

La couleur du chapeau de cette belle espèce est variable; il est souvent brun roussâtre ou brun marron, quelquefois ocracé pâle et couleur abricot; il est *visqueux*, de 3 à 8 centimètres. Le pied est jaune citron ou blanc légèrement jaunâtre, orné au sommet de *grains floconneux* de couleur crème, quelquefois brunâtres en vieillissant; ce pied a de 10 à 18 millimètres de diamètre, de 3 à 6 centimètres de haut; il est fréquemment couvert de gouttelettes d'eau laiteuse. Ce dernier caractère s'observe sur les pores qui sont d'un jaune soufre; l'orifice des pores est ponctué comme le pied: aussi il arrive souvent que ces pores apparaissent comme mouchetés de brun; la couche des tubes est adhérente ou même décurrente sur le pied. La chair est jaunâtre, de saveur un peu aigrelette ou nulle.

Cette espèce des forêts de Pins est commune en été et automne.

Elle est *comestible* d'après les expériences de MM. Quélet, Planchon et Cornu. Il faut avoir soin d'enlever la *pellicule visqueuse du chapeau* et de récolter le champignon jeune. Il a alors les qualités du Cep.

Noms vulgaires. — Bolet de Pin, Cèpe pleureur, Fouge rous, Nonnete, Pinade, Salero.

Bolet livide. — *Boletus lividus* (pl. LXVII, fig. 2, p. 183).

Le chapeau de ce champignon est d'abord convexe, puis déprimé en entonnoir à la fin; il est lubréfié ou un peu visqueux, de couleur *feuille morte*, ocracé brunâtre, ou blanc citron tacheté de brun et de gris livide. Le pied est brun clair ou jaunâtre, de 10 à 20 millimètres de

BOLETS

(1 et 3. Espèces vénéneuses ou suspectes ;
2 et 4. Espèces comestibles).

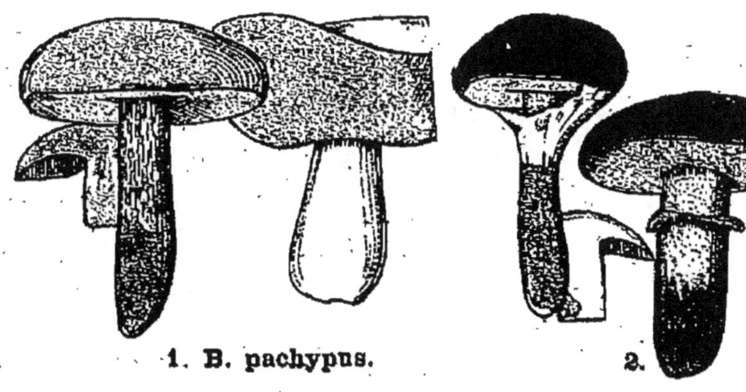

1. B. pachypus.

2.

B. luteus.

3. B. variegatus.

4. B. bovinus.

1. **Bolet à pied épais,** *B. pachypus;* espèce vénéneuse, voir
p. 173. — **2. Bolet jaune,** *B. luteus;* comestible excellent, voir
p. 174. — **3. Bolet panaché,** *B. variegatus;* espèce suspecte,
voir p. 174. — **4. Bolet des bœufs,** *B. bovinus;* espèce comestible, voir p. 174.

BOLETS

(Espèces vénéneuses ou suspectes).

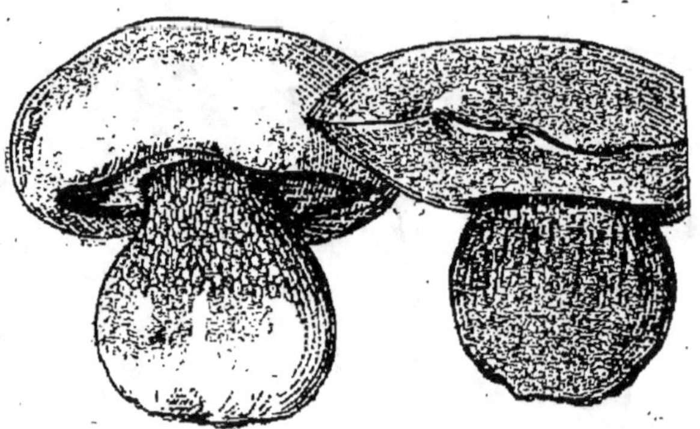

1. B. satanas.

2. B. luridus.   B. erythropus.

1. Bolet Satan, *B. Satanas*; espèce vénéneuse, voir p. 175. —
2. Bolet blafard, *B. luridus*; espèce regardée jusqu'ici comme
vénéneuse, elle serait comestible cependant d'après M. Hermary,
voir p. 175. — **3. Bolet à pied rouge,** *B. erythropus*; espèce
vénéneuse, voir p. 175.

diamètre, souvent court, de 3 à 6 centimètres de haut. Les pores sont d'abord d'un *jaune soufre*, puis quelquefois verdâtres, d'ordinaire *ocracés, brunâtres* en vieillissant. Les tubes sont *courts* et *décurrents* assez longuement sur le pied. La chair est jaune se tachant de vert ou de crème sale, se teintant de rouge surtout dans le pied.

Cette espèce est rare, elle s'observe dans les forêts humides d'Aulnes, de Bouleaux.

Ses *propriétés alimentaires sont inconnues*.

En terminant, je citerai, sans en donner les descriptions, les espèces suivantes *très rares* sur lesquelles un dessin renseignera un peu. On pourra trouver une description de leur organisation dans les ouvrages des différents mycologues ou dans la Nouvelle Flore des champignons de MM. Costantin et Dufour.

Le **Bolet pomme de pin** (*Boletus strobilaceus*) (pl. LXVIII. fig. 1, p. 184), est considéré comme suspect.

Le **Bolet jaune clair** (*Boletus flavus*) (pl. LXVIII, fig. 2, p. 184), qui a un anneau et un chapeau jaune orangé, mérite cette même qualification de **véuéneux**.

Le **Bolet sanguin** (*Boletus sanguineus*) (pl. LXVIII, fig. 3, p. 184), qui a un chapeau rouge sang. et des pores jaunes, ne devra pas non plus être consommé.

Le **Bolet pourpre** (*Boletus purpureus*) possède un chapeau rouge pourpre ainsi que le pied et des pores rouges, il doit être probablement vénéneux comme le *Bolet Satan*.

Le **Bolet noircissant** (*Boletus nigrescens*) de MM. Roze et Richon, qui est voisin du Bolet raboteux, est à bon droit suspect, car sa chair devient d'un *bleu* intense.

Le **Bolet à beau pied** (*Boletus calopus*) a un pied rouge avec un réseau et des pores jaunes, il est voisin du *B. pachypus*; ses propriétés alimentaires sont incertaines, inconnues.

Le **Bolet dépoli** (*Boletus impolitus*) (pl. LXVIII, fig. 4, p. 184), très rare, est comestible excellent ; il a le chapeau brun, le pied brunâtre moucheté de brun et les pores jaunes.

GENRE FISTULINE

[Du latin : *fistula*, tube].

Ces champignons charnus se distinguent des *Bolets* par *l'absence de pied* ou par leur *pied latéral* et par leurs tubes *indépendants les uns des autres*; on peut en pressant sur ces tubes montrer qu'ils ne sont pas soudés entre eux.

Fistuline Foie (*Fistulina hepatica*) (pl. LXVII, fig. 4, p. 183).

Ce champignon est souvent extrêmement gros, de 10 à 20 centimètres, quelquefois plus, à chapeau rougeâtre ou rouge brunâtre, un peu visqueux. Le pied, quand il existe, est rosé ou rosé nuancé d'ocracé ou de rouge brunâtre. Les pores sont crème, puis rosés. La chair est rouge, fibreuse, aqueuse, épaisse.

Ce champignon pousse sur les troncs de Chêne.

Il est *comestible* soit cru, soit cuit; il est en général peu estimé. On le vendait au siècle dernier à Florence. Cordier recommande l'usage des jeunes individus.

Noms vulgaires. — Glu de Chêne, Foie de Bœuf, Langue de Bœuf, Langue de Chêne.

FAMILLE DES HYDNÉES

Les caractères de cette famille sont ceux du genre *Hydne*.

GENRE HYDNE

[Du grec : *hydnon*, nom du champignon].

Le genre *Hydne* est caractérisé par l'existence d'*aiguillons* placés soit à la partie inférieure d'un chapeau, soit sur les côtés d'un gros tubercule, soit sur les ramifications d'un pied qui se divise comme un arbre. Ces aiguillons constituent la partie fertile du champignon, celle qui porte les basides et les spores.

Hydne imbriqué. — *Hydnum imbricatum* (pl. LXIX, fig. 1, p. 187). (Petite Fl. des Champ., Cost. et Duf., p. 54.)

Cet Hydne se distingue par l'existence d'un chapeau et par la présence de *grosses écailles* à la surface de cet organe qui est brun, de 2 à 10 centimètres de diamètre. Le pied est blanc ou brun clair, épais de 15 à 5 millimètres, haut de 2 à 5 centimètres. Les aiguillons sont *blanc*

BOLETS

(1 et 4. Espèces comestibles ; 2 et 3. Espèces suspectes).

1. B. badius.

2.

B. lividus.

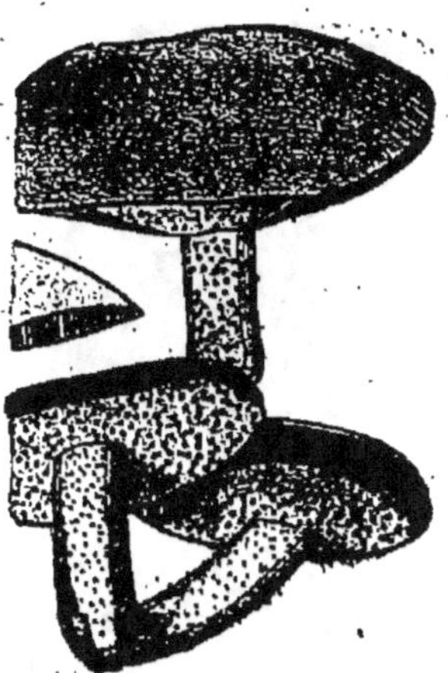

3. B. granulatus.

4. F. hepatica.

1. **Bolet bai brun,** *B. badius ;* comestible excellent, voir p. 187.
2. Bolet livide, *B. lividus;* propriétés alimentaires inconnues, voir p. 178. — **3. Bolet granulé,** *B. ganulatus ;* espèce
comestible, voir p. 178. — **4. Fistuline Foie,** *F. hepatica ;*
espèce comestible, voir p. 182.

BOLETS

(1, 2 et 3. Espèces suspectes ; 4. Espèce comestible).

1. B. strobilaceus.   2. B. flavus.
3. B. sanguineus.   4. B. impolitus.

1. **Bolet pomme de pin**, *B. strobilaceus;* espèce suspecte, voir p. 183. — 2. **Bolet jaune clair**, *B. flavus;* espèce suspecte, voir p. 183. — 3. **Bolet sanguin**, *B. sanguineus;* espèce suspecte, voir p. 183. — 4. **Bolet impoli**, *B. impolitus,* comestible excellent, voir p. 183.

cendré, grêles, ils descendent un peu sur le pied. La chair est dure, fragile, zonée, grisâtre, puis brunâtre foncé ; sa saveur est amère.

Ce champignon rare pousse dans les bois de Conifères des montagnes, en été, automne.

Il est *comestible*, mais peu délicat. Il constitue cependant une ressource alimentaire des montagnards du Jura et des Alpes.

Noms vulgaires. — Barbes, Barca de Baca, Baquetes, Brouquichous, Chevrette de Suisse, Penchenilio, Poncherillo.

Hydne bosselé. — *Hydnum repandum* (pl. LXXI, fig. 1, p. 191). (Petite Fl. des Champ., Cost. et Duf., p. 55.)

Cette deuxième espèce du genre Hydne est beaucoup plus commune dans nos pays. Le chapeau arrondi, à bords souvent ondulés, est crème roussâtre, *crème rosé*, couleur saumon ou nankin ; son diamètre ordinaire est de 5 à 8 centimètres, mais il peut atteindre quelquefois 10 centimètres. Le pied est épais, souvent difforme, de 10 à 20 millimètres d'épaisseur, de 4 à 6 centimètres de hauteur ; il est blanc, ocracé ou de la teinte du chapeau très diluée. Les aiguillons sont fragiles, ils descendent sur le haut du pied, leur couleur est *blanche*, puis crème, puis couleur chair. La chair est blanche, un peu amère ou poivrée au bout d'un certain temps de mastication.

Cet Hydne est commun en automne et en été, dans les forêts ombragées.

Ce champignon *est consommé* partout en Italie depuis le siècle dernier (Micheli, Vittadini). On l'apporte fréquemment sur le marché de Nice (M. Barla). C'est donc un assez bon *comestible*.

Variétés. — 1° La variété *album* (blanche) a le chapeau blanc.

2° La variété *rufescens* (roussâtre) a le chapeau roux fauve.

Noms vulgaires. — Arresteron, Baquetes, Barbe de vache, Brouquichou, Chamois, Chevrelle, Chevrotine chamois, Érinace, Eurchon, Farinet, Langue de chat, Lurchon, Moissin rous, Mouton, Penchenille, Pied de mouton blanc, Rignoche, Urchin, Ursin.

Hydnum lisse. — *Hydnum lævigatum* (pl. LXIX, fig. 3, p. 187).

Le chapeau est gris chamois ou *gris lilas*, devenant brunâtre ; le diamètre varie de 8 à 20, quelquefois 30 centimètres. Le pied est épais de 15 à 30 millimètres, court, de 4 à 5 c., il est également gris lilas ou brunâtre. Les aiguillons sont *violacés*, puis brunâtres. La chair est blanche et douce.

Cette espèce est rare ; elle existe cependant en abondance dans les bruyères des Alpes, aux environs de Nice où on la consomme, car elle est *comestible*.

Plusieurs autres Hydnes *très rares* peuvent être également consommés : l'*Hydne écailleux* (*Hydnum subsquamosum*), l'*Hydne mou* (*Hydnum molle*, pl. LXIX, fig. 2, p. 187). Je donne leur port en invitant le lecteur à se reporter à la *Nouvelle Flore des Champignons* de MM. Cost. et Dufour (p. 159) pour leur distinction.

On connaît aussi plusieurs espèces *suspectes* très rares également, dont la chair est *amère* et les *aiguillons bruns* : l'*Hydne âcre* (*Hydnum acre*) et l'*Hydne amer* (*H. amarescens*) (1).

Hydne hérisson. — *Hydnum erinaceum* (pl. LXIX, fig. 4, p. 187).

Ce très gros champignon, qui a quelquefois la grosseur d'une tête d'enfant, présente un peu l'aspect d'une épaulette. Il est formé d'un gros tubercule de couleur blanche ou crème ocracé sur lequel pendent des lanières effilées au bout, de 3 à 4 centimètres de long, de 3 à 4 millimètres de large ; ces lanières sont blanchâtres ou crème.

Ce champignon rare pousse sur les troncs de Chênes et de Pommiers. Il est *comestible* et délicat.

Noms vulgaires. — Houppe des arbres, Penchenilia.

Hydne coralloïde. — *Hydnum coralloides* (pl. LXIX, fig. 5, p. 187).

Ce champignon est d'un blanc de neige ; il est formé par une sorte de tige rameuse dont les dernières ramifications ont 4 à 5 millimètres d'épaisseur et sur lesquelles pendent des aiguillons de 4 à 8 millimètres de long sur 2 à 3 de large ; ces aiguillons s'effilent à leur extrémité. Ces lanières s'observent non seulement sur les dernières ramifications de la tige, mais sur les branches voisines.

Ce champignon est *rare* ; il existe en automne par exemple au Gros Fouteau, à Fontainebleau, sur les morceaux d'arbres (de Hêtre, de Sapin).

Il est *comestible* et d'un goût délicat.

Noms vulgaires. — Chevelure des arbres blanche, Corail, Corne de cerf, Hérisson.

FAMILLE DES CLAVARIÉES

Les Clavariées sont des champignons ramifiés ou simples et, dans ce dernier cas, en massue ou en colonne. Les rameaux sont le plus ordinairement cylindriques, quelquefois aplatis.

(1) *Nouv. Fl. des Champ.*, Cost. et Duf., p. 159.

HYDNES

(Espèces comestibles).

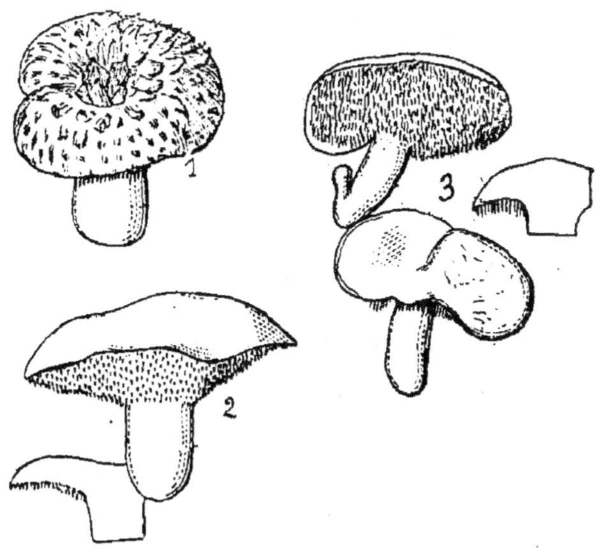

1. H. imbricatum, p. 182.   **3. H. lævigatum**, p. 185.
2. H. molle, p. 186.

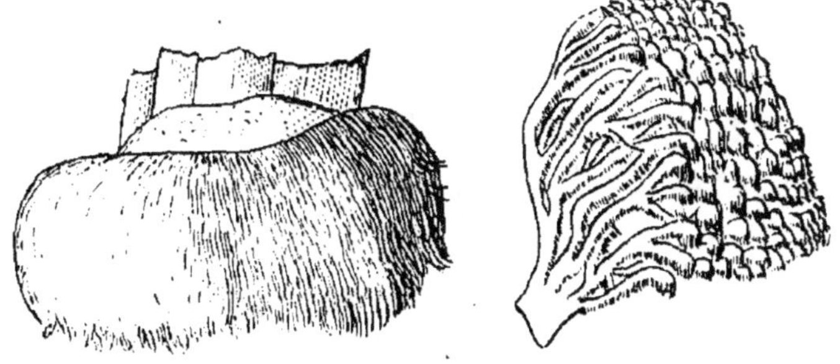

4. H. erinaceum, p. 186.   **5. H. coralloides**, p. 186.

SPARASSIS, CLAVAIRES

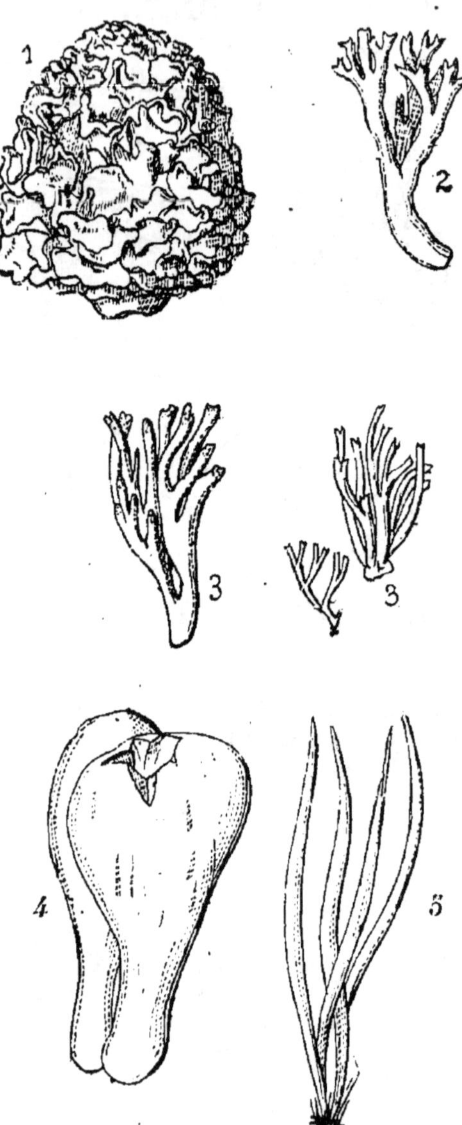

1. **Sparassis crispa,** p. 189. — 2. **C. coralloides,** p. 190. —
3. **C. cinerea,** p. 190. — 4. **C. pistillaris,** p. 193. —
5. **C. fusiformis,** p. 193.

GENRE SPARASSIS

[Du grec : *sparasso*, je déchire ; champignon à divisions nombreuses].

Ce genre comprend des champignons à *rameaux aplatis*, en lames ondulées irrégulières.

Sparassis crépu. — *Sparassis crispa* (pl. LXX, fig. 1, p. 188).

Ce champignon présente un pied épais, de 3 à 4 centimètres de diamètre, court. De ce pied partent des *rameaux aplatis* en rubans nombreux, ondulés, d'un blanc crème ou jaunâtres. L'ensemble du champignon peut, dans certains cas, atteindre 3 à 4 décimètres de haut.

Ce champignon est très rare, il pousse dans les bois de Chênes ou de Sapins en été, sur la terre (forêt de Chantilly).

Il est *comestible*, d'un excellent goût et se vend sur certains marchés à Iéna (d'après M. Pfeiffer).

GENRE CLAVAIRE

[Du latin : *clava*, massue].

Ce genre comprend des espèces simples ou ramifiées, à tige *arrondie*.

Clavaire jaune. — *Clavaria flava* (pl. LXXI, fig. 3. p. 191) (Petite Fl. des Champ., Cost. et Dufour, p. 56).

Cette grosse Clavaire a un *tronc épais*, de 2 à 6 centimètres de diamètre, *blanc*, puis un peu jaunâtre. Elle se ramifie un grand nombre de fois de façon à faire un arbuscule, d'un *beau jaune* d'or, de 10 centimètres et plus de hauteur. La spore est *jaune citrin très pâle*.

Ce champignon est terrestre ; il croît en automne dans les forêts ombragées.

Il est *comestible*, et constitue un aliment sain que l'on consomme en Italie, en France et en Allemagne. On vend cette Clavaire sur les marchés de Bourbonne-les-Bains, de Fontainebleau, de Bourges et d'Épinal (MM. Bojoly et Bernard).

Noms vulgaires. — Balai, Barbe de chèvre, Bouchibarbo, Buisson, Erpetta da terra, Espignette, Galinolo, Gallinette, Gasparina, Gauteline, Mainotte, Manelos grogas, Manelos flouridos, Menotte, Pied de coq, Poule, Richetta, Richetta roussa, Sponga d'erpetta, Tripette.

Clavaire belle. — *Clavaria formosa* (pl. LXXI, fig. 2, p. 191).

Dans cette espèce le tronc est épais comme dans la précédente, mais il est au début *incarnat rosé*. Les rameaux sont *roussâtre rosé* ou orangé rosé avec les extrémités *jaune citron*. Sur des individus très jeunes on peut avoir le tronc rose et les extrémités citrines, teintées par les spores. Sur des individus âgés la coloration citrine des extrémités disparaît par suite de la chute des spores, et ces parties prennent une teinte incarnat roussâtre. Les spores sont donc d'un *jaune citron pâle*.

Cette espèce se trouve dans les forêts ombragées en automne.

M. Quélet la donne comme *comestible*, mais MM. Roze et Richon la regardent comme *suspecte*. Elle est cependant vendue, d'après M. Bernard, sur les marchés de Fontainebleau sous le nom de Menotte. Elle purge quelquefois légèrement.

Nom vulgaire. — Menotte.

Clavaire en croissant. — *Clavaria corniculata* (pl. LXXI, fig. 4, p. 191).

Cette Clavaire *jaune* forme des touffes compactes de 4 à 6 centimètres de haut. Le *tronc est grêle*, il n'a guère plus de 2 à 3 millimètres d'épaisseur à la base ; il s'aplatit souvent vers le haut et se ramifie en fourche à plusieurs reprises ; les derniers rameaux sont fréquemment *en croissant*.

On trouve cette Clavaire en été jusqu'à la fin de l'automne, dans les bois, cachée dans l'herbe.

Ses propriétés alimentaires sont inconnues.

Clavaria coralloïde. — *Clavaria coralloides* (pl. LXX, fig. 2, p. 188).

Cette Clavaire est ramifiée et *blanche* ; le tronc de base peut avoir environ de 10 à 15 millimètres d'épaisseur, les dernières ramifications de 3 à 4 millimètres ; la hauteur de l'ensemble du champignon peut être de 5 à 10 centimètres. Les derniers rameaux *se terminent en pointe*, ils ne sont pas divisés en dents comme dans le *Clavaria cristata* (Clavaire à crête), qui est d'ailleurs plus grêle.

Ce champignon pousse en été et automne dans les forêts ombragées.

Il est *comestible*.

Clavaire cendrée. — *Clavaria cinerea* (pl. LXX, fig. 3, p. 188).

Cette Clavaire est ramifiée et cendrée, sa hauteur varie de 3 à 7 centimètres. Les derniers rameaux ont de 2 à 4 millimètres. Le tronc est blanchâtre et les rameaux gris clair, quelquefois d'un gris nuancé de lilas. La spore est incolore.

On trouve cette espèce en été et automne dans les forêts ombragées.

Elle est *comestible* et mangée communément dans les villages près

HYDNE ET CLAVAIRE

(1 et 2. Espèces comestibles).

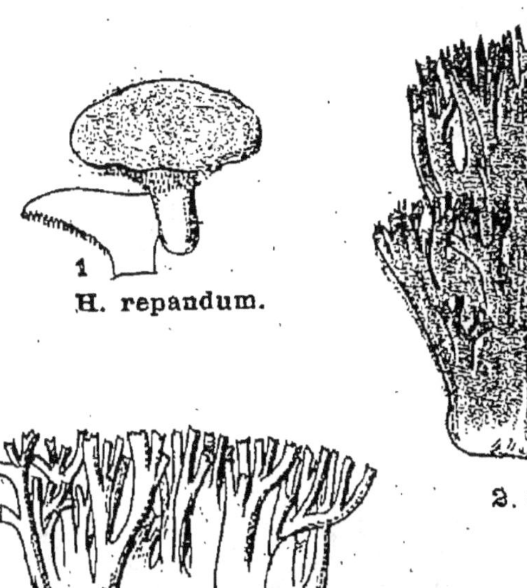

H. repandum.

2. C. formosa.

3. C. flava.

C. corniculata

1. **Hydne bosselé,** *H. repandum;* espèce comestible, voir p. 185. — **2. Clavaire belle,** *C. formosa*; espèce comestible, mais souvent indigeste, voir p. 189. — **3. Clavaire jaune,** *C. flava;* espèce comestible, voir p. 189. — **4. Clavaire en croissant,** *C. corniculata,* voir p. 190.

Planche LXXII.

CLAVAIRE, STÉRÉE, CRATERELLE
ET HELVELLE

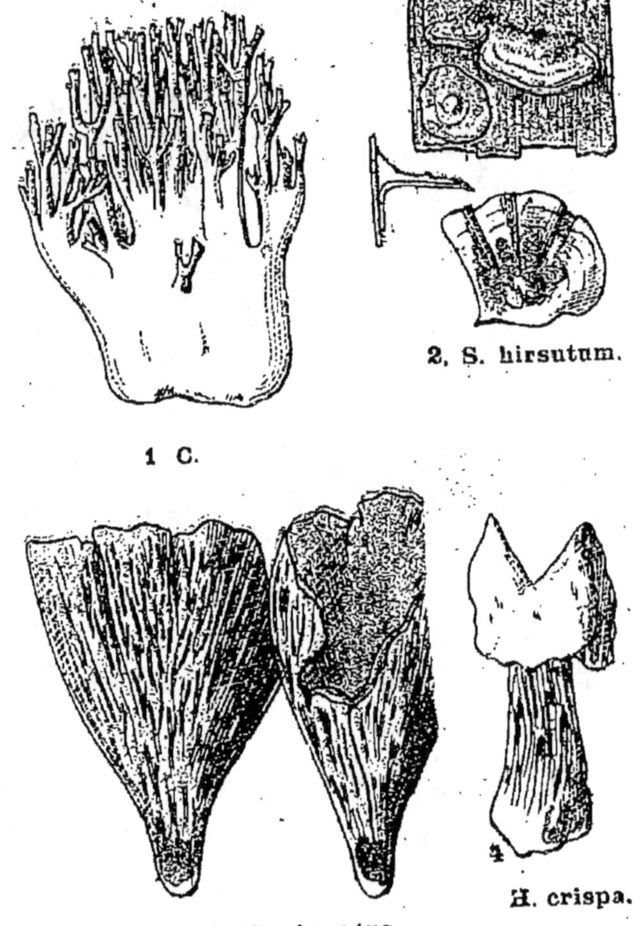

2, S. hirsutum.

1 C.

H. crispa.

3. C. clavatus.

1. Clavaire à pointes pourpres, *C. acroporphyrea*, espèce comestible, voir p. 193. — **2. Stérée hirsute,** *S. hirsutum ;* espèce non comestible, voir p. 196. — **3. Craterelle en massue,** *C. clavatus ;* espèce comestible, voir p. 196. — **4. Helvelle crépue,** *H. crispa ;* espèce comestible, voir p. 212.

de Fontainebleau sous le nom de Menotte. On la vend sur les marchés de Bourbonne-les-Bains et de Perpignan (M. Bernard).

Variétés. — 1° Il y a une variété *lilascens* (lilas) à tronc blanc, à rameaux lilas grisâtre et à extrémités blanc crème.

2° Une deuxième *rufoviolacea* (roux violacé) a les rameaux nettement violets et les extrémités brunâtres ou rousses.

Nom vulgaire. — Menotte.

Une Clavaire voisine *tout à fait violette*, le *Clavaria amethystea* (1) (Clavaire améthyste) est vendue à Perpignan.

Clavaire à pointes pourpres. — *Clavaria acroporphyrea.* Synonyme : *Clavaria Botrytis* (pl. LXXII, fig. 1, p. 192).

Le tronc de ce champignon est *épais et blanc* au début, il peut devenir ocracé et plus tard rosé. Sur ce tronc commun se dressent un très grand de ramifications dont les *extrémités sont roses*. En se développant les rameaux fourchus s'allongent et gardent leur pointe rose, mais cette teinte peut s'étendre plus tard sur presque tous les rameaux de divers ordres et même sur le tronc. Le champignon adulte a de 15 à 20 centimètres de haut, le tronc de 3 à 6 centimètres d'épaisseur.

On trouve cette Clavaire à l'automne dans les forêts ombragées.

Elle est *comestible*, très appréciée sur certains marchés, en particulier ceux de Nice, de Montpellier, de Bourbonne-les-Bains, de Fontainebleau, de Bourges et d'Épinal (M. Bernard). On la récolte dans la forêt de Compiègne. J'ai mangé ce champignon, je l'ai trouvé assez agréable quoique un peu ferme; il ne faut prendre que les individus jeunes.

Clavaire dorée. — *Clavaria aurea.* (Petite Fl., C. et D., p. 56.)

Le *tronc est ici crème ocracé* ou fauve et les rameaux raides, très divisés, sont d'un *jaune d'œuf* qui passe au jaune ocracé. Les spores sont *ocracées*, cette teinte des spores distingue ce champignon du *Clavaria flava* qui lui ressemble et qui a les spores blanc jaunâtre.

Cette espèce se développe surtout dans les forêts de Conifères.

MM. Roze et Richon l'indiquent comme *suspecte et indigeste.*

Clavaire pilon. — *Clavaria pistillaris* (pl. LXX, fig. 4, p. 188).

Ce champignon a la forme d'une massue, de 1 centimètre de diamètre à la base, de 3 à 5 centimètres en haut; sa teinte est jaune ocracé ou brun clair.

Il n'est pas très rare en été et automne dans les forêts ombragées.

Il serait *comestible*, mais de médiocre qualité.

Clavaire fusiforme. — *Clavaria fusiformis* (pl. LXX, fig. 5, p. 188).

____

(1) *Nouvelle Flore des Champignons*, Cost. et Dufour, p. 170.

Cette Clavaire est d'un *beau jaune d'or*; elle *est simple*, *amincie aux deux extrémités*, *non ramifiée*, mais il y a toujours *plusieurs individus sou dés* ensemble à la base. Sa hauteur est de 10 centimètres environ; elle a 3 à 5 millimètres dans sa partie la plus renflée.

On la trouve en automne dans les bois arides et dans les bruyères.

Elle est *comestible* et se vend, d'après M. Patouillard, sur le marché de Lons-le-Saunier.

FAMILLE DES THÉLÉPHORÉES

Dans cette famille, les organes reproducteurs sont portés sur *une surface lisse* ou rugueuse, ayant quelquefois des plis, mais ne présentant jamais ni feuillets, ni tubes, ni aiguillons. Les champignons qui se rattachent à ce groupe ont des formes variées, de *corne d'abondance*, de *toupie*, de *lame*, de *croûte*.

GENRE CRATERELLE

[Du latin : *crater*, coupe].

Dans ce genre on trouve des espèces charnues, en forme de toupie, de cornet, ou minces en forme de corne d'abondance. La surface inférieure est lisse ou pourvue de plis souvent ramifiés.

Craterelle corne d'abondance. — *Craterellus cornucopioides* (pl. LXXIII, fig. 1, p. 195).

La forme de ce champignon est celle d'une corne d'abondance. Les bords de la corne se rabattent et constituent un chapeau de 3 à 6 centimètres, brun noirâtre, moucheté, écailleux. Le pied est creux et gris cendré, gris lilas noirâtre, gris d'encre avec des plis ou des enfoncements irréguliers.

Ce champignon singulier se trouve assez communément en été et automne dans les bois et les forêts ombragés.

(1. Espèce comestible).

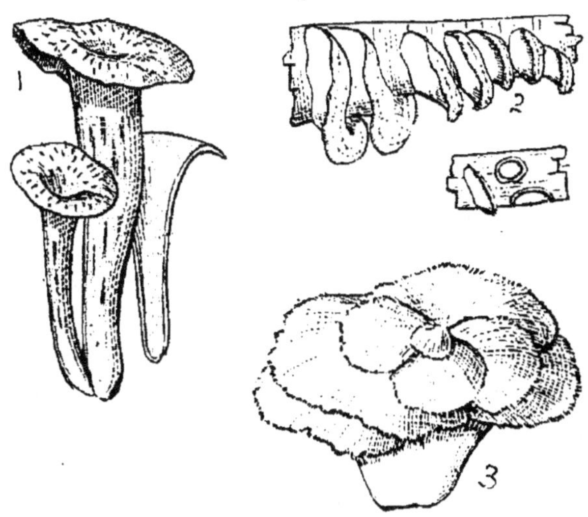

1. **Craterellus cornucopioides**, p. 194. — 2. **Stereum purpureum**, p. 196. — 3. **Thelephora terrestris**, p. 196.

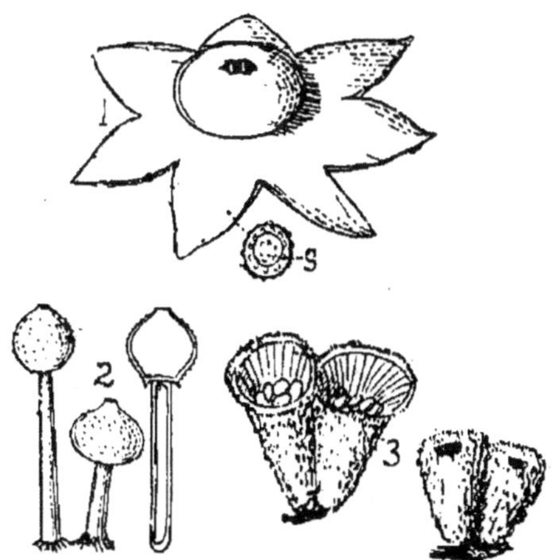

1'. **Geaster hygrometricus**, p. 197. — 3'. **Cyathus striatus**,
p. 197. — 2'. **Tulostoma mammosum**, p. 197.

Il est *comestible*, mais sa chair est très mince, aussi sert-il plutôt de condiment; il a un peu le goût de la Truffe.

Nom vulgaire. — Trompette des morts.

Craterelle en massue. — *Craterellus clavatus* (pl. LXXII, fig. 3, p. 192).

Ce champignon, quand il est jeune, a un peu la forme d'une toupie. En vieillissant, le chapeau se creuse et se découpe aux bords; son diamètre moyen est de 3 à 6 centimètres, mais on peut voir des chapeaux ayant 20 centimètres; la couleur est variable, ocracé teinté de rose purpurin ou gris livide. Le dessous du chapeau présente des *rides saillantes* ou des plis ramifiés, anastomosés, réticulés, d'un *gris lilas* ou *gris rosé*. Le pied est court, de 1 à 2 centimètres d'épaisseur, blanc, blanc ocracé ou blanc lilas.

On ne trouve ce champignon que dans les sapinières des montagnes, dans le Jura, les Vosges et les Alpes.

Il est *comestible*.

A côté de ces deux espèces, je dois signaler le **Craterelle sinué** (*Craterellus sinuosus*) qui est également comestible, mais qui est rare et jamais abondant.

On peut également mentionner trois champignons qui n'ont qu'un intérêt spéculatif : le **Théléphore terrestre** (*Thelephora terrestris*) (pl. LXXIII, fig. 3, p. 195) qui est brun et écailleux par-dessus, rugueux irrégulier par-dessous; la **Stérée hirsute** (*Stereum hirsutum*) (pl. LXXII, fig. 2, p. 192) qui est un champignon extrêmement commun, partout dans les bois, sur les arbres coupés, sur les souches, c'est d'abord une croûte d'un beau jaune qui se sépare d'un côté du bois pour former un chapeau laineux un peu zoné blanchâtre ou gris jaunâtre; enfin la **Stérée pourprée** (*St. purpureum*) (pl. LXXIII, fig. 2, p. 195).

FAMILLE DES LYCOPERDÉES

Cette famille est caractérisée par le mode de naissance des spores. Dans toutes les familles précédentes, les spores étaient *exposées à l'air* dans leur développement. Ici les *spores sont internes*. Quand on presse un fruit mûr d'un Lycoperdon entre les doigts, on en voit sortir une poussière qui est formée par les spores s'échappant de l'intérieur du champignon.

Dans ce groupe on rencontre un certain nombre de genres peu importants au point de vue pratique et que je caractériserai brièvement.

Les **Cyathes** ont la forme d'un petit creuset brunâtre, à l'intérieur de cette coupe se trouvent de petites masses ovoïdes, aplaties. C'est à l'intérieur de ces derniers petits corpuscules que se trouvent les spores ou germes.

Ex. : Cyathe hirsute, *Cyatus hirsutus* (pl. LXXIII, fig. 3', p. 195).

Les **Tulostomes** ont un pied et une petite tête arrondie percée d'un orifice au sommet par lequel s'échappent les spores à la maturité.

Ex. : Tulostome mamelonné, *Tulostoma mammosum* (pl. LXXIII, fig. 2', p. 195).

Les **Géastres** ont deux enveloppes : l'externe se fend et s'étale en étoile à la surface du sol, tandis que la deuxième enveloppe reste close sauf à son sommet qui se perce d'un orifice par lequel s'échappent les spores.

Ex. : Géastre hygrométrique, *Geaster hygrometricus* (pl. LXXIII, fig. 1'. p. 195).

Les **Sclérodermes** ont une *peau épaisse*, une chair divisée en loges qui disparaissent rapidement; ils possèdent des racines bien développées. Les spores naissent directement sur les basides : les petites pointes (stérigmates) qui portent d'ordinaire les semences sont *nulles* ou *très courtes*.

Les **Pisolithes** ont leur tissu interne divisé *en loges persistantes*.

Les **Lycoperdons** ont un fruit à peau *mince* et les spores sont portées sur *un long pédicelle* qui tombe avec elles.

Je vais insister un peu plus sur ces **trois** derniers genres communs ou importants au point de vue de leurs propriétés.

GENRE SCLÉRODERME

[Du grec : *scléros*, dur ; *derma*, peau].

Ce genre est caractérisé par une *enveloppe épaisse*, par l'absence de pied, par une chair divisée en logettes disparaissant rapidement et par le développement important du système des racines qui attachent le champignon au sol. Les spores naissent sur des basides et sont portées sur des *pédicelles nuls ou très courts*.

Scléroderme verruqueux. — *Scleroderma verrucosum* (pl. LXXIV, fig. 1, p. 198).

SCLÉRODERME, PISOLITHE, LYCOPERDON

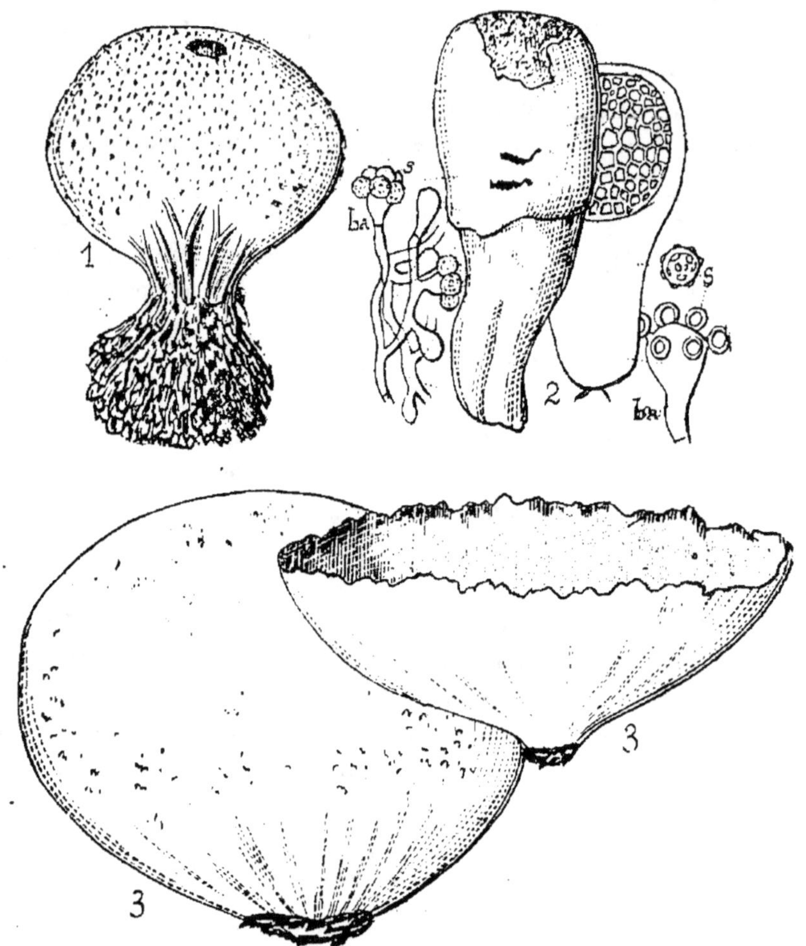

1. S. verrucosum   2. P. crassipes

3. L. giganteum

1. Scléroderme verruqueux, *S. verrucosum;* espèce vénéneuse, voir p. 197. — **2. Pisolithe à pied épais,** *P. crassipes; ba,* baside; *s,* spores dépourvues de pédicelle; espèce comestible à l'état jeune, voir p. 200. — **3. Lycoperdon géant,**
L. giganteum; comestible à l'état jeune, voir p. 199.

Ce champignon est presque sphérique, ou un peu *aplati*, reposant sur un tronc en continuité avec un système important de cordons souterrains formant des racines très développées. L'enveloppe est ocracée, brun clair, régulièrement mouchetée de *petites écailles* ou verrues. Le fruit à la maturité s'ouvre à la partie supérieure par un orifice découpé. Quand on coupe le champignon, on trouve un tissu brunâtre, réduit en poussière brune à la maturité. L'odeur est forte et vireuse.

C'est un des champignons *les plus communs* partout dans les bois sablonneux, les bruyères, pendant l'été et l'automne.

Cette espèce est *nuisible*.

Scléroderme vulgaire. — *Scleroderma vulgare*. Synonyme : *Scleroderma aurantium*.

Le fruit est sessile, le plus souvent *sphérique*, comme dartreux, à *écailles assez larges*. La déhiscence se fait au sommet ou irrégulièrement. Il est fréquemment teinté de *jaune franc*, mais assez souvent ocracé ou brun clair.

Cette espèce des bruyères et des bois est moins commune que la précédente. On la trouve en été, automne et hiver.

Elle est *suspecte*.

GENRE LYCOPERDON

[Du grec : *lyco* 'oup ; *perdon*, vesse].

Dans ce genre se trouvent des espèces dont le fruit a la *peau mince*. La chair, d'abord ferme et blanche dans la jeunesse, se change rapidement en une *poussière brune* ; au microscope cette poussière se montre formée par des débris de filaments et par les spores qui sont portées sur un long pédicelle appelé stérigmate qui tombe avec elles.

Dans ce genre on peut signaler :

Lycoperdon géant. — *Lycoperdon giganteum*. Synonyme : *Bovista gigantea* (pl. LXXIV, fig. 3, p. 198).

Ce champignon atteint d'ordinaire 20 centimètres de diamètre, mais il peut avoir une taille beaucoup plus considérable. J'ai été avisé il y a quelques années que deux individus énormes de cette espèce s'étaient développés dans un jardin, l'un avait 60 centimètres de haut ; le plus petit des deux échantillons m'a été envoyé et je l'ai conservé, desséché, dans mon laboratoire. Il est sphérique ou piriforme, il se termine par une petite racine souterraine. L'enveloppe est blanchâtre, jaune ocracé, brun clair ou brun grisâtre ; elle devient très fragile à la maturité et se détache en aréoles irrégulières.

Cette espèce est *comestible*, mais seulement lorsqu'elle est très jeune ; on la recherche en Italie.

Nom vulgaire. — Vesse de loup.

Lycoperdon à pierreries. — *Lycoperdon gemmatum* (pl. LXXV, fig. 1. p. 202).

Quand il est jeune ce champignon est d'un beau blanc. On y distingue un pied et une tête sphérique. Cette dernière a de 3 à 5 centimètres de diamètre. Le pied est presque cylindrique, de 5 à 20 millimètres de diamètre. A la surface de la tête se distinguent des écailles pointues, serrées, blanches ; on en remarque de deux sortes : les unes grandes, les autres petites ; ces dernières sont disposées régulièrement en cercle autour des grandes ; les grandes sont très caduques et quand elles sont tombées on voit à la surface de l'enveloppe du champignon un réseau assez élégant, polygonal. En vieillissant, le champignon devient brun et s'ouvre au sommet par un orifice jamais très large.

On trouve très communément cette espèce dans les forêts ombragées en été et automne.

D'après Bulliard, on consomme dans beaucoup d'endroits cette espèce *quand elle est jeune.* Il est probable que la plupart des Lycoperdons sont comestibles. Micheli en indique onze espèces que l'on mange à Florence. On ne peut guère les manger que lorsque la chair existe encore et n'est pas transformée en poussière.

Nom vulgaire. — Vesse de loup.

GENRE PISOLITHE (Synonyme : *Polysac*)

[Du grec : *pisos*, pois ; et *lithos*, pierre].

Dans ce genre l'enveloppe est simple, non flexible, se déchirant irrégulièrement. La masse intérieure est *partagée en loges persistantes* contenant les spores ; ces dernières quand elles se séparent sont insérées sans pédicelle sur la baside (*s.* fig. 2, p. 198).

Pisolithe à pied épais. — *Pisolithus crassipes.* Synonyme : *P. arenarius, Polysaccum crassipes* (pl. XXIV, fig. 2, p. 198).

Cette espèce a un fruit ovoïde brun roussâtre de 5 à 7 centimètres de diamètre rempli à la maturité d'une poussière brune très abondante sortant de logettes distinctes. Au-dessous du fruit est *un pied* quelquefois aussi large se terminant par de nombreuses ramifications *radicellaires*. Tout le champignon peut avoir 15 à 20 centimètres de haut.

Cette espèce est méridionale. Elle a été cependant trouvée à Nantes et même au Mans; elle pousse à la fin de l'été et en automne dans les champs, les terrains sablonneux. On la récolte communément à Nice.

On la mangerait en Italie quand elle est jeune.

FAMILLE DES CLATHRÉES

Les Clathrées se rapprochent des Lycoperdées parce que les spores sont d'abord internes, mais elles deviennent rapidement externes. Il y a une *volve* dans les représentants de cette famille; cette membrane entoure le champignon jeune comme la coquille entoure l'œuf; elle se déchire de bonne heure vers le haut, mais elle reste à la base sous forme d'*étui* d'où sort soit un réseau fructifère, soit une colonne surmontée d'une tête alvéolée.

Par la présence d'une *volve*, les Clathrées rappellent les Amanites et les Volvaires.

Cette famille comprend deux genres :

1º Les **Clathres**, dont l'appareil fructifère a l'aspect d'un réseau sphérique ;

2º Les **Phalles**, qui sont formés d'une colonne surmontée d'une tête alvéolée.

GENRE CLATHRE

[Du latin : *clathri*, barreaux].

Il y a dans ce genre une volve qui forme un étui entourant sa base d'un *réseau sphérique rouge*.

Clathre grillagé. — *Clathrus cancellatus.* Synonyme : *Clathrus ruber* (pl. LXXV, fig. 2, p. 202).

LYCOPERDON, CLATHRE ET PHALLE

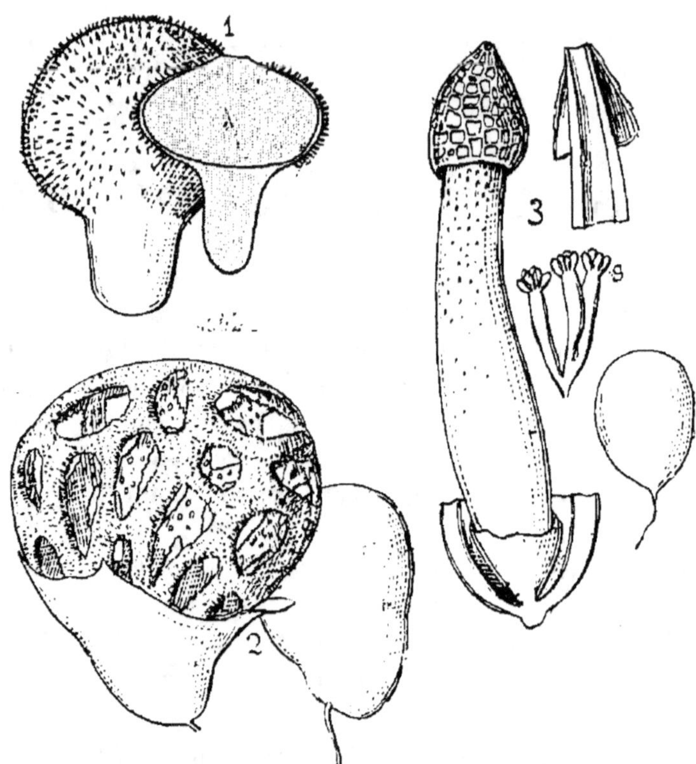

1. L. gemmatum   **3. P. vulgaris**

2. C. cancellatus

1. Lycoperdon à pierreries, *L. gemmatum;* comestible à l'état jeune, voir p. 200. — **2. Clathre grillagé,** *C. cancellatus;* espèce suspecte, p. 201. — **3. Phalle vulgaire,** *P. vulgaris;* comestible à l'état d'œuf, p. 203.

Cette plante épanouie a de 5 à 10 centimètres ; elle forme un *réseau rouge*, quelquefois orangé, rarement jaune ou blanc. Les rameaux de ce réseau forment une voûte sphérique percée de larges trous losangiques. A *l'intérieur du réseau non épanoui* se trouve une *substance verdâtre*. Tout le réseau est engainé dans un étui blanc qui est le reste de la volve. Un petit cordon radical part de la base de cette volve. L'odeur de ce champignon est *fétide*.

C'est une espèce du Midi et du Sud-Ouest que l'on trouve dans les lieux stériles, dans les bois secs.

On doit la regarder comme *suspecte*.

GENRE PHALLE

[Du latin : *Phallus*, nom du champignon].

Dans les champignons de ce genre, il existe une *volve* d'où sort une colonne formant pied surmontée d'un chapeau conique perforé à son sommet et creusé de côté d'alvéoles contenant une substance visqueuse où se trouvent les spores.

Phalle vulgaire. — *Phallus vulgaris* (pl. LXXV, fig. 3, p. 202).

Quand il est jeune, ce champignon a l'aspect et la grandeur d'un œuf de poule, mais il est sphérique ; il est presque toujours enterré ou peu saillant à la surface du sol, il porte à la base un petit cordon ou racine qui se ramifie et est fréquemment en relation avec plusieurs de ces boules. Bien que la volve soit membraneuse, ce champignon a dans la main une consistance gélatineuse. Le pied du champignon développé a 8 à 14 centimètres de haut et environ 2 centimètres d'épaisseur, il est blanc ou blanc crème et est creusé d'une multitude de petits trous. Le chapeau est verdâtre ; il présente, lorsque la matière visqueuse est tombée, la même teinte que le pied ; il est *creusé de grandes alvéoles*. Ce champignon a une odeur infecte qui le fait découvrir de très loin.

Il est très commun dans les forêts ombragées, en été et automne. Ascherson et Paulet doutent qu'il soit nuisible. M. Huyot a annoncé récemment, à la Société mycologique, qu'on le vend à Lagny lorsqu'il est encore à l'état d'œuf. Certains animaux le mangent à cet âge (chats, sangliers). Personne d'ailleurs n'aurait l'idée de le manger adulte, il a une odeur trop repoussante.

FAMILLE DES TRÉMELLINÉES

Ce sont des champignons *gélatineux* poussant sur des souches et dont les *basides sont cloisonnées en quatre cellules.*

Je signalerai seulement :

Les **Trémelles** qui ont des formes irrégulières, qui sont souvent foliacées ou rappellent quelquefois un cerveau par leurs circonvolutions ; elles sont d'ordinaire de couleur vive (jaunes, violettes, rarement noires) et leurs spores sont *ovoïdes*. Exemple : Trémelle mésentérique (*Tremella mesenterica*) qui est jaune d'or (pl. LXXVII, fig. 1, p. 209).

Les **Exidies**, qui ont souvent la forme de boutons de guêtre et dont la couleur est souvent noire ; elles ont des spores un peu *courbées*, arquées. Exemple : Exidie glanduleuse (*Exidia glandulosa*), qui est d'un brun noir (pl. LXXVI, fig. 1, p. 207).

Dans ces deux genres, les basides sont divisées en quatre cellules placées côte à côté.

Les **Auriculaires** sont des champignons *gélatineux* dont les *basides sont divisées en quatre cellules superposées.* Exemple : l'Auriculaire trémelloïde (*Auricularia tremelloides*) à chapeau poilu, zoné, blanchâtre par-dessus, lisse et violet en dessous (pl. LXXVII, fig. 2, p. 209).

ASCOMYCÈTES

Cet ordre comprend des champignons de formes variées : les uns sont en coupe plus ou moins étalée, les autres sont pourvus d'un pied avec une tête alvéolée ou lobée ; plusieurs sont souterrains. Tous ont un caractère commun, ils se reproduisent toujours à l'aide de spores naissant *à l'intérieur* de cellules appelées *asques*.

Ce grand groupe, qui est en grande partie composé d'espèces très petites et microscopiques, est subdivisé en un grand nombre de familles. Je n'ai, dans le livre actuel, que quelques genres à mentionner.

Le genre **Pezize** comprend des espèces ayant la forme de coupe posée sur le sol, étalée, quelquefois enroulée en oreille et fendue sur un côté, souvent supportée par un pied.

Les **Bulgaries** poussent sur le bois et sont de consistance gélatineuse.

Le genre **Morille** est caractérisé par l'existence d'un pied et d'une tête creusée d'alvéoles.

Le genre **Helvelle** est formé d'espèces à pied lisse ou creusé de sillons ou de lacunes et surmonté d'un chapeau formé de lobes irréguliers et rabattus sur le pied.

Le genre **Gyromitre** comprend des champignons dont le chapeau est creusé de sillons irréguliers.

Les **Verpes** ont le chapeau en forme d'un dé rabattu sur le pied, mais non soudé à lui.

Les **Léoties** ont une tête lisse non découpée en lames et n'ayant pas la forme d'un dé.

Les **Xylaires** poussent sur le bois et sont formés d'une colonne *noire* cylindrique ou d'une massue.

Les **Élaphomyces** sont des champignons souterrains dont la chair forme à la maturité une masse pulvérulente.

Les **Truffes** sont des champignons souterrains à chair ferme marbrée de noir, de brun rougeâtre ou de gris foncé.

Dans les **Chæromyces** et les **Terfez**, également souterrains, la chair est blanchâtre. Les asques sont allongés dans le premier genre, ovoïdes dans le second.

GENRE PEZIZE

[Du latin : *Pezicae*, nom du champignon].

Les espèces de ce genre sont en forme de *coupe* avec ou sans pied; la coupe est quelquefois fendue sur le côté et enroulée au bord.

Pezize vésiculeuse. — *Peziza vesiculosa* (pl. LXXVII, fig. 4, p. 209).

Cette Pezize est de forme *globuleuse*, son orifice, très étroit au début, s'ouvre ensuite plus largement ; elle a de 3 à 5 centimètres de diamètre. La couleur est blanc crème à l'extérieur, moucheté de flocons brunâtres. L'intérieur de la coupe est brun clair ou café au lait pâle.

On trouve cette espèce presque toute l'année sur les fumiers, sur les terrains gras, dans les jardins, en groupes.

Cette espèce est *comestible*.

Pezize hémisphérique. — *Peziza hemisphærica* (*Petite Fl. des Champ.*, Costantin, et Dufour, p. 61).

Cette Pezize est d'abord hémisphérique avec un orifice assez petit, puis elle s'étale à la fin assez largement; elle reste cependant toujours en coupe de 1 à 3 centimètres, rarement plus. Elle est *poilue à l'extérieur ainsi qu'au bord*, les poils sont bruns, en fascicules. Sur cette face externe la teinte du champignon est *brune* ou brun ocracé; à l'intérieur il est grisâtre, gris blanchâtre.

On trouve cette espèce à terre, dans les forêts ombragées, assez communément en été et automne.

Ses propriétés alimentaires sont *inconnues*.

Pezize veinée. — *Peziza venosa* (pl. LXXVI, fig. 3, p. 207).

Ce champignon est pourvu d'un *pied très court* ou nul. Sa coupe est très *rapidement étalée*; elle apparaît alors comme un disque plat, irrégulier, *veiné, sillonné*, d'un *brun* foncé, de 8 à 10 centimètres de diamètre. Le dessous de ce disque est *blanchâtre* avec des veines surtout accusées au vosinage du pied. Ce champignon a une odeur d'eau de Javel.

Cette espèce est rare, et elle ne pousse qu'au premier *printemps*, en mars ou avril.

Elle est récoltée par les paysans qui la mangent, car elle est *comestible* malgré son odeur désagréable qui disparaît à la cuisson. On la vend sur le marché du Havre.

Pezize blanc noir. — *Peziza leucomelas* (pl. LXXVI, fig. 2, p. 207).

Cette Pezize reste en coupe haute et jamais étalée; les *bords en sont irrégulièrement crénelés*; elle a 3 centimètres de diamètre sur 3 à 5 centimètres de hauteur; elle est lisse et *blanc grisâtre extérieurement*, creusée de quelques sillons à la base dans le pied qui est court de 1 centimètre environ. L'intérieur de la coupe est brun clair.

Cette espèce pousse au *printemps* dans les bois sablonneux. Elle est assez rare.

Pezize en coupe. — *Peziza acetabulum* (pl. LXXVIII, fig. 6, p. 210).

Cette Pezize en coupe a un pied présentant des *côtes peu nombreuses, saillantes*, se ramifiant à plusieurs reprises dans le bas de la coupe. Le diamètre de la coupe est de 4 à 5 centimètres; la hauteur de tout le champignon, avec le pied, de 5 à 6 centimètres; le diamètre du pied varie de 10 à 25 millimètres. L'extérieur de la coupe est brun clair ainsi que le dedans; le pied est ordinairement blanchâtre.

Cette espèce est très commune au *printemps* à terre le long des sentiers.

EXIDIE, PEZIZES ET BULGARIE

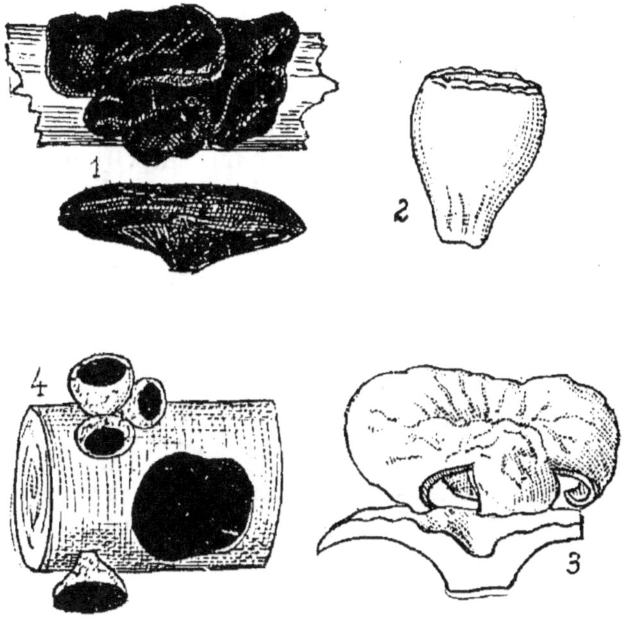

1. **Exidie glanduleuse**, *E. glandulosa*, voir p. 204. — **2. Peziza blanc noir**, *P. leucomelas;* comestible, voir p. 206. — **3. Pezize veinée**, *P. venosa;* comestible, voir p. 206. — **4. Bulgarie salissante**, *B. inquinans;* comestible, voir p. 211.

Elle est *comestible*.

Noms vulgaires. — Oreille, Oreillette.

Pezize cochenille. — *Peziza coccinea* (pl. LXXVIII, fig. 1, p. 210).
Synonyme : *Peziza epidendra.*

Cette Pezize en coupe a un *pied court* de 3 à 4 millimètres de haut,
sa teinte à l'extérieur est blanc crème, ocracé pâle ou rosé, elle est souvent revêtue d'un duvet blanchâtre qui s'épaissit vers le pied. La coupe
mesure de 15 à 30 millimètres, sa couleur interne est d'un *beau rouge
vif.*

On trouve quelquefois cette espèce en hiver, quand le temps est doux,
mais le plus souvent au printemps, elle pousse *sur des brindilles de bois.*

Elle est souvent mangée crue par les enfants comme friandise, avec
un peu de beurre (M. Rolland).

Noms vulgaires. — Coccigrole, Coccigrue.

Pezize orangée. — *Peziza aurantia* (pl. LXXVIII, fig. 3, p. 210).

Cette belle Pezize *rouge orangé*, qui a de 2 à 9 centimètres de diamètre,
est très variable de forme : elle peut être en *coupe un peu aplatie* ou en
coupe *très étalée*, relevée irrégulièrement sur les bords ; d'autres fois
ses bords sont fendus d'un côté et ils sont enroulés. Cette dernière
forme est rare et le type étalé est prédominant. Extérieurement elle
est *crème blanchâtre* et comme couverte de farine.

Cette Pezize est commune à terre, en été et en automne.

Elle est *comestible*.

Pezize oreille d'âne. — *Peziza onotica* (pl. LXXVIII, fig. 2, p. 210).

Cette Pezize a la forme d'une oreille d'âne ou de lapin. Elle mesure de
3 à 5 centimètres de haut sur 2 à 3 de large, elle est *jaune* ou *orangée*
ou couleur de miel.

On la trouve en automne parmi les feuilles dans les bois.

Elle est *comestible*.

On peut manger un certain nombre d'autres espèces : la *Pezize bai brun*
(*Peziza badia*), la *Pezize en limaçon* (*Peziza cochleata*), la *Pezize léporine*
(*Peziza leporina*) et la *Pezize à gros pied* (*Peziza macropus*).

GENRE BULGARIE

[Du latin : *bulga*, bourse].

Les Bulgaries sont *gélatineuses* ; la fructification est au début sphérique presque fermée, puis elle s'ouvre et s'étale à la maturité comme
une Pezize.

TRÉMELLINÉES, MORILLES, PEZIZES

(3. Espèce comestible).

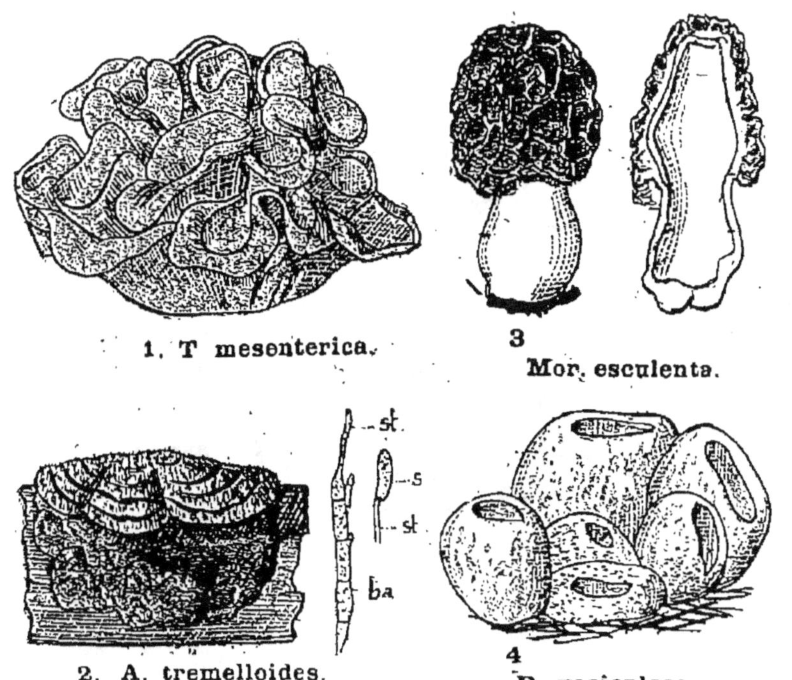

1. T. mesenterica.

3
Mor. esculenta.

2. A. tremelloides.

4
P. vesiculosa.

1. **Trémelle mésentérique**, *T. mesenterica*, voir p. 204. —
2. **Auriculaire trémelloïde**, *A. tremelloides*, voir p. 204 ;
ba, baside; st, stérigmate; s, spore. — 3. **Morille comestible**, *M. esculenta* (MORILLE); comestible excellent, voir p. 211.
— 4. **Pezize vésiculeuse**, *P. vesiculosa;* espèce comestible,
voir p. 205.

PEZIZES, HELVELLE ET MORILLE

(Espèces comestibles).

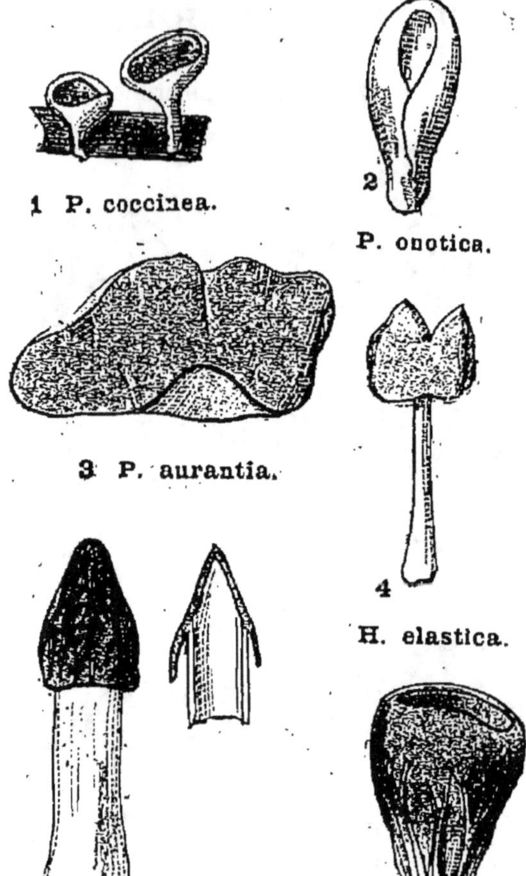

1. **Pezize cochenille**, *P. coccinea;* comestible, voir p. 208. —
2. **Pezize oreille d'âne**, *P. onotica;* comestible, voir p. 208.
— 3. **Pezize orangée**, *P. aurantia;* comestible, voir p. 206.
— 4. **Helvelle élastique**, *H. elastica;* comestible, voir p. 212.
— 5. **Morille à pied ridé**, *M. rimosipes;* comestible, voir
p. 212. — 6. **Pezize en coupe**, *P. acetabulum;* comestible,
voir p. 206.

Bulgarie salissante. — *Bulgaria inquinans* (pl. LXXVI, fig. 4, p. 207).

Le fruit est arrondi, globeux, il ne tarde pas à devenir creux en s'ouvrant, puis plat et convexe même comme un bouton de guêtre. Sa couleur extérieurement est *brun roussâtre*, intérieurement *noirâtre*. Sa taille est de 1 à 3 centimètres.

Cette espèce est très commune en hiver, au printemps et en automne sur les vieux troncs de Hêtres couchés sur le sol.

Elle serait *comestible* d'après Cordier, qui rapporte que les Cosaques la mangeaient, pendant l'invasion, en 1815.

GENRE MORILLE

[De l'allemand : *Morchel*, nom du champignon].

Les Morilles ont *un pied* surmonté d'une tête arrondie creusée de nombreuses *alvéoles*.

Morille comestible. — *Morchella esculenta* (pl. LXXVII, fig. 3, p. 209).

Le chapeau est ovoïde, d'un *jaune ocracé clair* ou d'un *brun fuligineux* noirâtre ; sa taille est très variable, de 3 à 7 centimètres de diamètre. Le pied est blanc, cylindrique ou souvent renflé à la base. L'ensemble du chapeau et du pied a souvent de 10 à 15 centimètres de haut.

Cette espèce est très précoce, *elle ne pousse qu'au printemps*, en avril et rarement en mai.

C'est une *espèce comestible très recherchée*. On la consomme partout ; en particulier, sur le marché de Paris, il s'en vend de très grandes quantités, à un prix très élevé (6 à 8 francs le kilogramme, tandis que le champignon de couche se vend de 1 fr. 50 à 2 francs).

Noms vulgaires. — Ambourigau, Ambourigau de souca, Ambourigau de li tilagna, Manigoule, Mérigoule, Mirgoule, Morchelon, Morille, Mourille, Mourillo.

Morille aiguë. — *Morchella acuminata* (*Nouvelle Fl. des Champ.*, Costantin et Dufour, p. 214).

Le chapeau est très conique, à alvéoles étroites disposées les unes à la suite des autres. Les *côtes longitudinales* séparant les alvéoles sont épaisses et réunies par des rides transversales. Le chapeau peut avoir 6 centimètres de haut sur 3 centimètres de large. La couleur du chapeau est brunâtre, le pied est blanc, *court*, de 2 centimètres d'épaisseur et de 3 à 4 centimètres de haut.

Cette espèce pousse en avril dans les jardins.

Elle est *comestible* et bien appréciée, mais moins commune que la précédente.

Morille à pied ridé. — *Morchella rimosipes* (pl. LXXVIII, fig. 5, p. 210).

Le chapeau brunâtre est conique, mais il *n'adhère pas au pied* dans la partie supérieure de celui-ci autour duquel il forme une sorte de gaine. Le pied est long *par rapport au chapeau* : le premier ayant 3 centimètres de haut, le second peut en avoir 9, sur 20 à 25 millimètres de large. La couleur du pied est blanchâtre, il est ridé dans le sens de sa longueur, creux.

On trouve cette espèce *au printemps* dans les bois ; elle est *rare*.

C'est une espèce *comestible* qui serait recherchée si elle était plus commune.

GENRE HELVELLE

[Du latin : *helus*, gris blanc].

Le chapeau est membraneux, *à lobes irrégulièrement rabattus* sur le pied.

Helvelle crépue. — *Helvella crispa* (pl. LXXII, fig. 4, p. 192).

Le chapeau a 3 à 4 centimètres de haut et autant de large : il est *blanc*, avec le dessous crème jaunâtre ou même brunâtre. Le pied est *blanc*, *creusé de sillons* et présentant des côtes irrégulières ; il est étroit en haut, de 12 à 15 millimètres de diamètre et renflé en bas, de 3 centimètres environ d'épaisseur. Sa hauteur est de 7 à 8 centimètres. La chair est blanche, l'odeur peu sensible.

Ce champignon pousse en automne dans les bois, sur la terre ; il est d'ordinaire solitaire.

Il est *comestible* et son goût rappelle un peu celui de la Morille, surtout quand il est jeune.

Helvelle élastique. — *Helvella elastica* (pl. LXXVIII, fig. 4, p. 210).

Le chapeau est ocracé pâle par-dessus et blanc par-dessous, sa largeur varie de 2 à 3 centimètres. Le pied blanchâtre est étroit, il mesure de 2 à 5 millimètres d'épaisseur, sur 6 à 9 centimètres de haut.

On trouve cette Helvelle en été et automne dans les taillis.

Elle est *comestible*, mais peu recherchée à cause de sa petite taille.

Il y a une variété entièrement blanche, une variété fuligineuse et une variété brune.

GENRE GYROMITRE

[Du latin : *gyrus*, cercle; et *mitra*, mitre].

Ces champignons sont pourvus d'une tête et d'un pied. La *tête n'est pas lisse* comme dans les Helvelles, Verpes et Léoties, elle n'est pas alvéolée comme dans les Morilles, elle est simplement *creusée de sillons irréguliers.*

Gyromitre comestible. — *Gyromitra esculenta* (pl. LXXIX, fig. 1, p. 214).

Le chapeau est *difforme*, à plis ou sillons contournés, serrés; il est glabre, brun châtain, souvent très foncé, le bord adhère au pied ; sa taille varie de 4 à 8 centimètres de large sur autant de hauteur. Le pied est *court*, roussâtre pâle, ou blanc incarnat, de 1 à 2 centimètres de large, sur 3 à 4 centimètres de haut. Une section en long passant par l'axe du **champignon** montre que le chapeau et le pied sont *creux, caverneux*, à chair brun clair. L'odeur et la saveur sont agréables.

On trouve ce champignon rare au printemps et en automne, dans les friches et les forêts de Conifères.

Il est *comestible* et estimé.

GENRE VERPE

[Du latin : *verpa*, verpe].

Dans ce genre, il y a un chapeau et un pied. Le chapeau est lisse et en *dé* ou en *doigt de gant* recouvrant le haut du pied.

Verpe en dé. — *Verpa digitaliformis* (pl. LXXIX, fig. 2, p. 214).
Le chapeau est orangé pâle, jaunissant ou gris blanchâtre, grisâtre, de 2 à 3 centimètres de diamètre. Le pied est cylindrique, égal, blanchâtre ou jaunâtre, couvert de petites écailles.

On trouve ce Champignon *au printemps* dans les petits bois ; il est rare. *On le mange* dans certains pays.

GENRE LÉOTIE

[Du grec : *leios ;* lisse].

Il y a dans ce genre une tête bien distincte du pied, *arrondie, lisse*, ne recouvrant pas le haut du pied comme un dé.

GYROMITRE, VERPE, LÉOTIE ET XYLAIRE

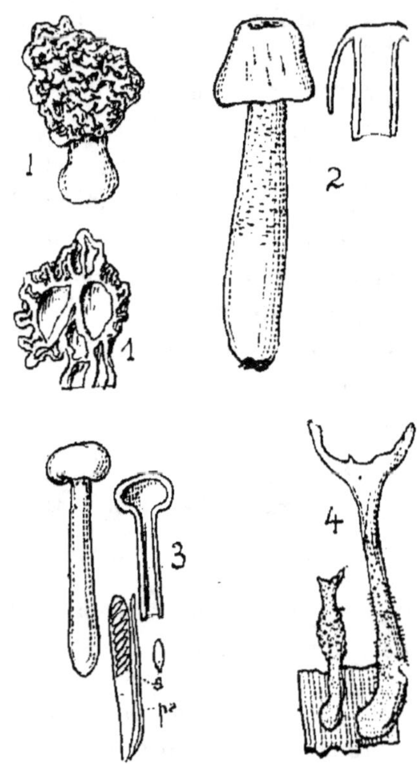

1. **Gyromitre comestible**, *G. esculenta;* comestible, voir
p. 213. — **2. Verpe en dé**, *V. digitaliformis;* espèce comestible, voir p. 213. — **3. Léotie visqueuse**, *L. lubrica; s*, spores,
à droite une spore est isolée, à gauche plusieurs spores sont
dans un asque; *pa*, paraphyse, filament stérile entre les asques;
propriétés alimentaires inconnues, voir p. 215. — **4. Xylaire
du bois**, *X. hypoxylon;* espèce non comestible, voir p. 215.

Léotie visqueuse. — *Leotia lubrica* (pl. LXXIX, fig. 3, p. 214).

Le chapeau est gélatineux, arrondi, roulé en dessous, jaune ou jaune brunâtre, tirant sur le vert, de 10 à 15 millimètres. Le pied est visqueux, jaune ou légèrement verdâtre, de 3 à 6 centimètres.

Cette espèce est assez commune en été et automne dans les forêts ombragées sur la terre et les souches.

Ses propriétés alimentaires sont *inconnues*.

GENRE XYLAIRE

[Du grec : *xylon*, bois, parce que ces champignons poussent sur le bois].

Ce sont *des champignons noirs*, en colonne simple ou peu ramifiée produisant des asques dans de petites cavités ou bouteilles qui se forment en haut de la colonne.

Xylaire du bois. — *Xylaria hypoxylon* (pl. LXXIX, fig. 4, p. 214).

Ce champignon se trouve, en automne et au printemps, sur les souches. Il est formé d'une colonne *noire*, *poilue* à la base, s'élargissant au sommet qui est souvent fourchu, *pulvérulent* et *blanc*. En vieillissant cette Xylaire perd cette teinte blanche et se creuse à sa partie supérieure de petites cavités *qui contiennent* les asques. La consistance de ce champignon est celle du *liège*.

Cette espèce est extrêmement commune.

GENRE ÉLAPHOMYCE

[Du grec : *elaphos*, cerf, et *myces*, champignon].

Les Élaphomyces sont des champignons *souterrains* dont les tissus se *transforment en poudre* brune noirâtre à la maturité.

Élaphomyce granulé. — *Elaphomyces granulatus* (pl. LXXX, fig. 1, p. 216).

Ce champignon a la grosseur d'une noix, il est sphérique ou oblong, d'un jaune fauve ou brunâtre, couvert de papilles ou de verrues granuleuses, entouré au début de filaments blanc jaunâtre. La pulpe est d'un brun noirâtre, contenant des asques renfermant de 1 à 8 spores épaisses, sphériques, d'un roux plus ou moins noirâtre ; la chair forme à la fin une poudre brune composée des spores.

ÉLAPHOMYCE, TRUFFE ET TERFEZ

(2 et 3. Espèces comestibles).

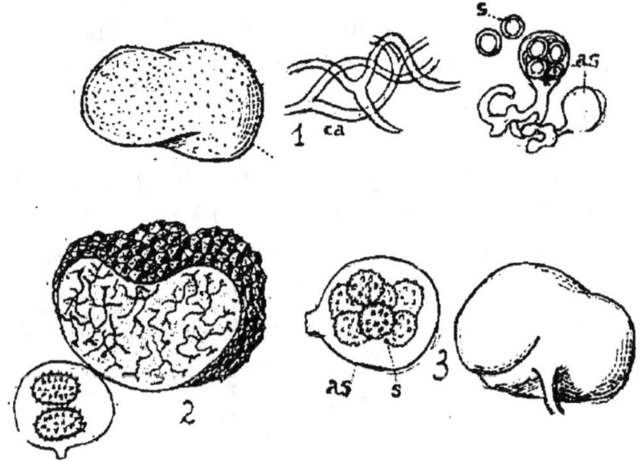

1. **E. granulatus.**

2. **T. melanosporum** 3. **T. leonis**

1. Elaphomyce granulé, *E. granulatus;* espèce non comestible; *ca*, filaments qui existent dans le fruit mûr, fortement grossis, vus au microscope; *as*, asques et *s*, spores vus au microscope, voir p. 215. — **2. Truffe à spores noires**, *T. melanosporum;* truffe comestible la plus appréciée; dessin en bas à gauche, un asque avec deux spores hérissées, voir p. 217. — **3. Terfez du lion**, *T. leonis;* espèce comestible; *as*, asque; *s*, spore vus au microscope, voir p. 219.

On le trouve toute l'année au pied des arbres les plus variés, **Chênes, Hêtres, Pins,** etc.

Cette espèce est mangée sans inconvénients par divers animaux, mais elle n'est pas comestible pour l'homme.

GENRE TRUFFE

[Du latin : *Tuber*, nom de la Truffe].

Ce sont des champignons *souterrains* dont la chair n'est pas pulvérulente ; elle reste ferme et est *marbrée* de *brun rougeâtre*, de *noir ou de gris foncé* ou de couleur pâle, mais toujours pourvue de *veines*.

Truffe à spores noires. — *Tuber melanosporum* (pl. LXXX, fig. 2, p. 216).

Le tubercule est globuleux ou irrégulièrement oblong, *brun noir*, couvert extérieurement de *verrues polygonales*. Sa consistance n'est pas dure. Sa chair est *noirâtre*, parcourue en tous sens par *des veines roussâtres*. Les asques sphériques contiennent de 2 à 6 spores noires *hérissées de pointes*.

On trouve cette espèce dans les bois de **Chênes** (Chêne pubescent) à la fin de l'automne et au commencement de l'hiver. On la cultive dans le midi et le sud-ouest de la France.

C'est l'espèce *comestible* la plus appréciée.

Cette plante est l'objet d'un commerce très étendu dans tout le midi de la France.

Noms vulgaires. — Trifola negra, Truffa, Truffe franche, Truffe des gourmands, Truffe noire, Trufo negro.

Truffe d'hiver. — *Tuber brumale.*

Cette Truffe ressemble extérieurement à la précédente, mais la *chair est grisâtre*, parcourue par des *veines blanches*. Les asques contiennent 2 à 6 spores *hérissées de pointes* comme dans le cas précédent.

On trouve cette espèce à la fin de l'automne et en hiver dans les bois de **Chênes** dont le sol est calcaire.

Cette espèce est *comestible*, moins parfumée que l'espèce précédente pour laquelle elle est souvent vendue.

Noms vulgaires. — Truffe musquée, Truffe musquée du Périgord, Truffe puante de Provence, Truffe vermande de Poitou, Trufo.

Truffe d'été. — *Tuber æstivum.*

Ce champignon est brunâtre foncé presque noir, couvert extérieurement de *verrues coniques ou en tronc de pyramide*. La chair est *roussâtre*, parcourue de veines blanchâtres, *peu nombreuses*. Les asques contiennent de 2 à 6 spores d'*un brun jaunâtre, réticulées alvéolées*. L'odeur est forte et agréable, ainsi que la saveur.

On trouve cette espèce en terrain argileux, dans les bois de Chênes ; on la récolte *en été et en automne*.

Cette espèce est *comestible* et moins estimée que les deux précédentes.

Noms vulgaires. — Truffe de Saint-Jean du Poitou, Truffe gros grain, Truffe petit grain de Bourgogne, Truffe blanche, Truffe d'été, de la Saint-Jean de Bourgogne, Truffe messingeonne du Dauphiné, Truffe blanche, Truffe maïenque de Provence.

Truffe à mésentérique. — *Tuber mesentericum.*

Cette espèce a des spores *réticulées alvéolées* comme la précédente. Le tubercule est hérissé noir de *verrues polygonales aiguës*. La chair est d'un *jaune fauve* (avec une cavité à la base), elle est parcourue de nombreuses *veines pâles*, mais de même couleur, anastomosées, pliées, *ondulées*, rappellant un mésentère. L'odeur est forte, la saveur agréable.

On trouve cette espèce en automne et en hiver au pied des Chênes et des Bouleaux.

C'est une Truffe de second ordre.

Noms vulgaires. — Truffe fouine, Truffe grosse ou Petite Fouine de Bourgogne, Truffe Samaroquo des Condomois.

Tuber crochu. — *Tuber uncinatum.*

Cette Truffe a des spores *réticulées*. Le tubercule est *brun noirâtre* recouvert d'*aspérités prismatiques*, comme dans les deux espèces précédentes. La chair est d'abord *blanchâtre*, puis *brun grisâtre* à veines moins foncées. Tous ces caractères rapprochent donc beaucoup cette espèce de la précédente, elle s'en distingue par ses papilles *crochues*.

Cette espèce se récolte non seulement dans le Périgord, la Provence et le Poitou, mais surtout dans la Bourgogne et la Champagne, en *automne*.

Elle est de seconde qualité.

GENRE TERFEZ

[De *Terfez*, nom arabe].

Ce sont des champignons blanchâtres à chair *pâle, dépourvue de veines*, mais comme divisée en compartiments polygonaux.

Terfez du lion. — *Terfezia Leonis* (pl. LXXX, fig. 3, p. 216).

Ce champignon est *blanchâtre*, blanc ocracé, *lisse à l'extérieur*, ayant un volume variant entre celui d'une noix et celui d'une orange. La *chair est blanchâtre*, comme divisée en compartiments irrégulièrement polygonaux, brun clair; les asques sont sphériques, les spores arrondies, incolores ou ocracé pâle, sphériques, verruqueuses.

Cette espèce est rare dans le midi de la France; elle est au contraire commune en Algérie; les Arabes en font une très grande consommation, cuite à l'eau ou avec du lait.

Ce champignon de qualité inférieure n'est pas recherché en France.

TABLE ALPHABÉTIQUE

DES NOMS FRANÇAIS VULGAIRES ET LATINS DES GENRES ET DES ESPÈCES

OBSERVATIONS

Les noms de familles sont en **CAPITALES**.
Les noms de genres en **caractères compacts**.
Les noms français et vulgaires en caractères ordinaires.
Les noms latins sont en *italiques*.
Les variétés sont entre parenthèses.

CORBEIL. — Imprimerie Ée. CRÉTÉ.

BOTANIQUE

Les fils d'Émile DEYROLLE,

PARIS — 46, rue du Bac — PARIS

Fournisseur de tous les Lycées et Collèges, de toutes
les Écoles normales et des Ecoles primaires supérieures, adjudicataire des
fournitures pour les Écoles de la Ville de Paris.

Extrait du Catalogue général :

BOITES A BOTANIQUE. — En fer-blanc avec courroie en forte
tresse, modèle fort sans compartiment (fig. 1).

De 25 cent. de longueur....	2 60	De 45 cent. de longueur....	4 50
30 — —	3 »	50 — —	5 25
35 — —	3 50	55 — —	5 75
40 — —	4 »	60 — —	6 75

Les modèles moyens de 40 à 50 cent. sont généralement adoptés.

Ces mêmes boites avec compartiment à l'extrémité, pour boîtes à cryptogames, insectes ou autres, en plus (fig. 2)... .... 1 »

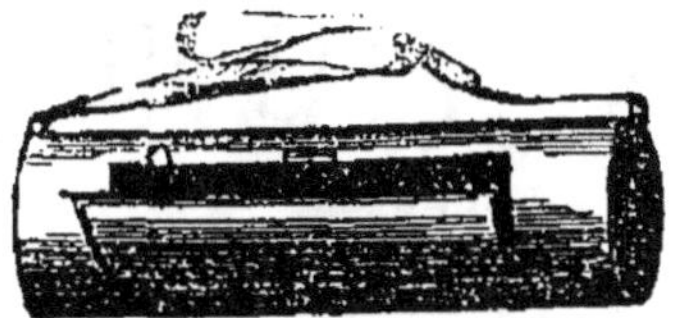

Fig. 1.
Boîte à botanique ordinaire.

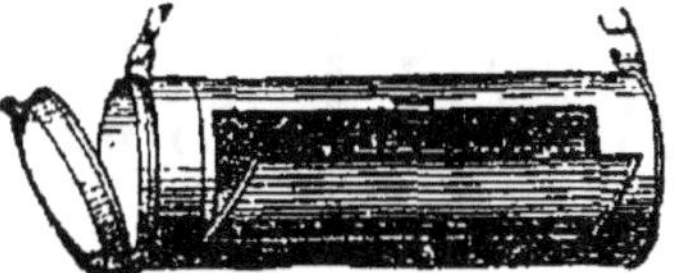

Fig. 2.
Boîte à botanique à compartiment.

PRESSES POUR LA PRÉPARATION DES PLANTES. — Modèle en
bois composé de 2 plateaux en sapin avec traverses en chêne et
courroies en cuir... 6 »
La même, avec vis et écrous en bois pour le serrage .... 12 »
Modèle en toile métallique tendue sur cadre en fer avec courroies en
toile.. 7 »
La même, avec courroies en cuir.............................. 8 »
Modèle cartable en toile... .... 7 »
— en cuir... .... 9 »
HOULETTTES ou DÉPLANTOIRS. — Modèle ordinaire........ 2 50
Modèle piochon fixe (fig. 3)................................. 4
Modèle piochon articulé Deyrolle (fig. 4)................. 7 50

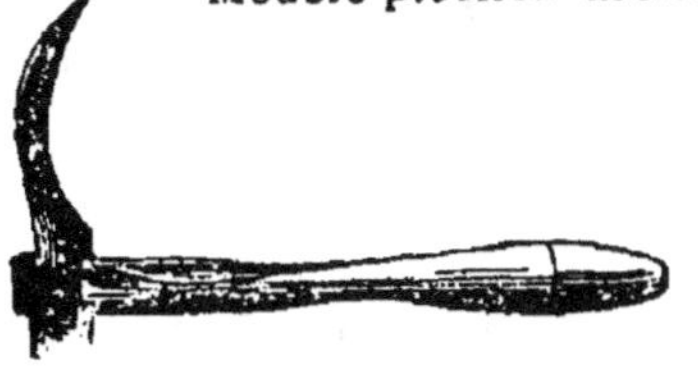

Fig. 3.

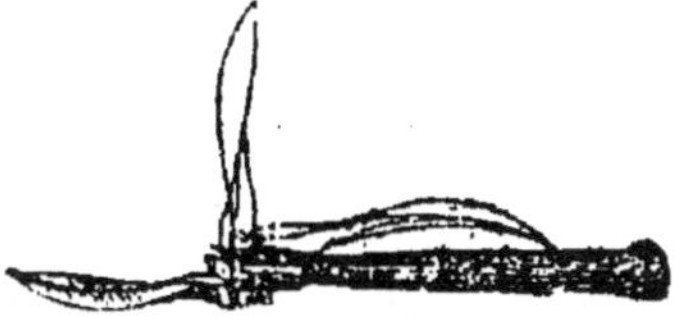

Fig. 4.

Piochons ordinaires et articulés.

*Cet instrument est très pratique, la lame pouvant être repliée sur le
manche, tenue ouverte à angle droit, ou étendue entièrement.*

HISTOIRE NATURELLE

DE LA FRANCE

en 26 volumes in-12, avec planches et figures

Cette collection comprendra 26 volumes, qui paraîtront successivement et qui formeront une histoire naturelle complète de la France.

L'étude de l'histoire naturelle sera ainsi simplifiée et mise à la portée de tous ; c'est du reste un des moyens les plus puissants de répandre cette science et de permettre à ceux qui n'y sont pas initiés de former des collections très intéressantes. Avec de tels ouvrages, on n'aura plus à lutter contre les difficultés du début qui ont découragé un grand nombre de personnes qui avaient pensé que l'étude des sciences naturelles ne présente pas de réelles difficultés, ce qui est exact ; d'autre part, elle offre d'autant plus de charme qu'on peut la cultiver en tous temps et partout.

15 volumes ont déjà parus : nous les indiquons ci-dessous en caractères gras ; la plupart des autres sont en préparation et deux sont sous presse.

Nous donnons ci-après la nomenclature des diverses parties de l'ouvrage.

1re PARTIE. Généralités.
2e — **Mammifères.** 143 fig. 3 fr. 50
3e — **Oiseaux.** 132 fig. et 27 pl. col. — 5 fr. 50.
4e — **Reptiles et Batraciens.** 55 fig. dans le texte. — 2 fr.
5e — Poissons.
6e — **Mollusques,** *Céphalopodes, Gastéropodes.* 20 planches. — 4 fr.
7e — **Mollusques,** *Bivalves,* Tuniciers, Bryozoaires. 18 planches. — 4 fr.
8e — **Coléoptères,** 27 pl. — 4 fr.
9e — Orthoptères, Névroptères.
10e — Hyménoptères.
11e — **Hémiptères,** 9 pl. — 3 fr.
12e — **Lépidoptères,** 18 planches coloriées. — 5 fr.
13e — Diptères, Thysanoures, Aptères.
14e — Arachnides.
15e — Acariens, Crustacés. Myriapodes, fig. — 3 fr. 50.
16e — **Vers** avec fig. — 3 fr. 50.
17e — **Cœlentérés. Échinodermes,** avec fig. — 3 fr. 50.
18e — **Plantes vasculaires** (Nouvelle Flore de MM. Bonnier et De Layens, 2145 figures. — 4 fr. 50.
19e — **Mousses et Hépatiques** (Nouvelle Flore de M. Douin, avec 1288 fig.). — 5 fr.
20e — **Champignons** (Nouvelle Flore de MM. Costantin et Dufour, 3904 fig. — **5 fr. 50**
21e — Lichens.
22e — Algues.
23e — Géologie.
24e — Paléontologie.
25e — Minéralogie, pl. — 3 fr.
26e — Technologie, *Applications des sciences naturelles.*

Camus. Catalogue des plantes de France, de Suisse et de Belgique. Paris, 1888. 1 vol. in-8 de 250 pages, broché 4 fr. 25, cart. 4 fr. 75

Camus. Guide pratique de botanique rurale. 52 pl., cartonné. 10 fr.

Catalogue des plantes de Provence. Pamiers, 1889. 1 vol., 165 p. 4 fr. 50

Houlbert (C.). Catalogue des Cryptogames cellulaires du département de la Mayenne. Première partie, Muscinées. Angers, 1888. 1 vol. in-8, 48 pages... 2 fr.

Lefébure de Fourcy (E.). Vade-mecum des herborisations parisiennes, conduisant sans maître aux noms d'ordre, de genre et d'espèce des plantes spontanées ou cultivées dans un rayon de 25 lieues autour de Paris. 6ᵉ édit. comprenant les Mousses et les Champignons. Paris, 1891. 1 vol. in-18, cart........................... 4 fr. 50

Martel (V.). Les Cécidies des environs d'Elbeuf. Première liste de galles ou galloïdes récoltées en 1891, avec diagnoses. 1892. In-8, 56 pages... 1 fr. 75

Niel (E.). Catalogue des plantes phanérogames vasculaires et cryptogames semi-vasculaires du département de l'Eure. Paris, 1889. 1 vol. gr. in-8, 138 pages..................................... 3 fr.

Olivier (E.). Flore populaire de l'Allier. Moulins, 1886. In-8, 43 p. 2 fr.

Pelletan (J.). Les Diatomées. Histoire naturelle, préparation, classification et description. Paris, 1889. 2 gr. vol. in-8 avec grav. et pl., broché.. 19 fr.
Relié chagrin.. 22 fr.

Trabut (L.). D'Oran à Mecheria. Notes botaniques et catalogue des plantes remarquables. Alger, 1887. Grand in-8, 36 pages.. 1 fr. 50

Vallot (J.). Essai sur la flore du pavé de Paris, limité aux boulevards extérieurs, suivi d'une florule des ruines du Conseil d'État. Paris, 1884. 1 vol. in-16... 3 fr.
Papier de Hollande, 5 fr.; papier du Japon.................. 8 fr.

Vallot (J.). Guide du botaniste et du géologue à Cauterets. Paris, 1886. 1 vol. in-18... 3 fr. 50

JOURNAL DE BOTANIQUE

PARAISSANT DEUX FOIS PAR MOIS

Directeur : M. L. **MOROT**

ADMINISTRATION ET RÉDACTION : 9, rue du Regard.

Chaque numéro se compose de 16 pages in-8 avec figures et planches en noir et en couleurs, avec articles originaux (sur les champignons, algues, phanérogames; anatomie et physiologie) et analyse des publications nouvelles.

Prix de l'abonnement : 12 francs par an.

9 782016 185759